Die
Brocardschen Gebilde
und
ihre Beziehungen
zu den
verwandten merkwürdigen Punkten und Kreisen des Dreiecks.

Von

Dr. A. Emmerich,
Gymnasiallehrer zu Mülheim a. d. Ruhr.

Mit 50 Figuren im Text und einer lithographischen Tafel.

Berlin.
Druck und Verlag von Georg Reimer.
1891.

Vorwort.

Die Geometrie der „Brocardschen Gebilde" reicht mit ihren Anfängen bis in das erste Viertel unseres Jahrhunderts zurück. In einem im Jahre 1816 veröffentlichten Schriftchen: „Über einige Eigenschaften des ebenen geradlinigen Dreiecks" *) beschäftigte sich A. L. Crelle eingehend und an erster Stelle mit den Eigenschaften eines vorher nicht bekannten merkwürdigen Winkels und Punktes am Dreieck und legte dadurch den Grund zu Forschungen, die in der Folge durch C. F. A. Jacobi in Pforta und mehrere seiner Schüler (z. B. G. Emsmann) erfolgreich weitergeführt wurden, aber nach Jacobis Tode (1855) wieder in Vergessenheit gerieten. 1875 wurden diese Untersuchungen von neuem ins Leben gerufen durch H. Brocard, der ihr Gebiet erheblich erweiterte. Bald fanden sich zahlreiche Männer, die den Brocardschen Gebilden ihr Interesse zuwandten; auch die Beziehungen zu den verwandten merkwürdigen Elementen des Dreiecks wurden mit in den Kreis der Betrachtung gezogen. Brocard selbst erkannte (1881) die Bedeutung seiner Ergebnisse für die Theorie dreier gleichwendig ähnlichen Figuren. Nicht um eine Reihe interessanter isolierter Sätze handelt es sich jetzt und in der Folge, sondern um die Untersuchung dreier bezüglich der Seiten eines Dreiecks homologen Geraden bezw. Punkte. Von besonderer Fruchtbarkeit erweisen sich hierbei die Fälle, wo die drei Geraden durch die Ecken oder durch *einen*

*) S. die Quellenübersicht.

Punkt laufen bezw. die drei Punkte auf den Mittelloten der Seiten oder auf *einer* Geraden liegen; eine Reihe ausgezeichneter Punkte, Geraden, Kreise des Dreiecks ergeben sich in Gefolgschaft dieser Sonderannahmen, bekannte Gebilde erscheinen in neuer Beleuchtung.

Die vorliegende Schrift sucht diese Forschungen aus den Quellen heraus in elementarem Gewande und nach didaktischen Grundsätzen darzustellen. Gern hätte Verf. auch noch die in den letzten zehn Jahren aufgefundenen Beziehungen zu den Kegelschnitten an geeigneter Stelle eingeflochten; allein es war zu befürchten, dass dadurch bei dem elementaren Charakter der übrigen Partieen die Harmonie des Ganzen gestört worden wäre; auch schien es geboten, bezüglich der zum Verständnisse der Schrift erforderlichen Vorkenntnisse einen einheitlichen Standpunkt festzuhalten. Was diesen letzteren anbelangt, so genügt die Vertrautheit mit den Hauptsätzen der Planimetrie und Trigonometrie, um sich in dem Buche zurechtzufinden. So dürfte sich aus dem einen oder anderen Kapitel Stoff zu zusammenhängenden Übungen entnehmen lassen, der vielleicht zur Verwendung auf den Oberklassen unserer höheren Schulen nicht ungeeignet befunden wird.

Die Benennungen der merkwürdigen Punkte etc. sind die von den beteiligten Forschern gegenwärtig angewandten.*) Allerdings ist mit dieser Nomenklatur der Übelstand verbunden, dass mehrere Elemente nicht den Namen ihres erstmaligen Ergründers, sondern den eines späteren Entdeckers tragen. Als nämlich durch Brocards Arbeiten die Geometrie des Dreiecks einen ungeahnten Aufschwung erhielt, und sich bei der Fülle der Ergebnisse die Einführung kurzer

*) Hierbei ist zu bemerken, dass der Grebesche Punkt seit 1884 im Auslande nach E. Lemoine benannt wird, weil dieser Forscher jenen Punkt (seit 1873) zum Gegenstande zusammenhängender Studien gemacht hat. Die Benennung „Grebescher Punkt" scheint von Hain (A, 1876) eingeführt zu sein und findet sich seit dieser Zeit in verschiedenen Bänden des Grunertschen Archivs; seit 1883 ist sie von den Mitarbeitern des Aufgaben-Repertoriums der Z. angenommen. S. auch N. C. 1880, S. 214.

Benennungen als notwendig herausstellte, da fand sich niemand, der die Kunde gebracht hätte von einer früheren Litteraturperiode des Gegenstandes, und so wurden die Bezeichnungen „Brocardscher Winkel“, „Brocardsche Punkte“ geschaffen, die seitdem gäng und gäbe geworden sind. (Der „Brocardsche Kreis“ trägt den Namen seines Urhebers.) Erst 1884 bezw. 1886 wurden die bezüglichen Verdienste Crelles wieder ans Licht gezogen,*) aber jetzt wäre eine unliebsame Verwirrung die Folge gewesen, wenn man an den einmal eingebürgerten Namen wieder hätte ändern wollen. Man wird daher „die Ehre, einigen jener Gebilde den Namen gegeben zu haben, füglich Demjenigen gönnen dürfen, der sie thatsächlich erst zum Allgemeingut der Geometer gemacht hat.“ **) Damit nun aber der geschichtlichen Treue kein Abbruch geschehe, hat Verf. auf Grund der bis jetzt bekannten Quellen es unternommen, die Urheberschaft für die wichtigeren Sätze und Formeln aufzuspüren und gehörigen Ortes kenntlich zu machen — eine Arbeit, für deren etwaige die gegenwärtige Periode betreffende Mängel derselbe die Nachsicht und eventuell die gefällige Berichtigung der Kundigen erbittet. Es hat sich ergeben, dass mehrere Sätze, die noch in den letzten Jahren als der Jetztzeit angehörig betrachtet wurden, auf ein früheres Datum zurückzusetzen sind; hier und da fanden sich Dinge — ich erwähne Hellwigs Untersuchungen über die sekundären Dreiecke —, die bis auf den heutigen Tag verschollen waren.

Bezüglich der Bezeichnungen, soweit dieselben nicht im Texte selbst erklärt sind, sei folgendes bemerkt. Die Winkel eines $\triangle$ ABC heissen α, β, γ, seine Seiten a, b, c, sein Inhalt $\triangle$. Die Scheitellinien AP, BP, CP eines Punktes P treffen die Seiten in den Punkten P_α, P_β, P_γ; die Fusspunkte der Lote von P auf die Seiten heissen P_a, P_b, P_c. Insbesondere bezeichnet O den Mittel-

---

*) S. des Verf. in der Quellenübersicht bezeichnete Abh. (März 1889).

**) M. Cantor in der Ztschr. f. Math. u. Phys. 1890; hist.-litt. Abt. S. 35.

punkt, *r* den Radius des Umkreises, G den Schwerpunkt, H den Höhenschnittpunkt, F den Mittelpunkt des Feuerbachschen und J den Mittelpunkt des Inkreises.

Den Herren Neuberg, Lemoine, Tucker, Uhlich, Lieber und Bermann sage ich bei dieser Gelegenheit meinen verbindlichsten Dank für die Überlassung wertvollen und selten gewordenen Quellenmaterials, den Herren Buchbinder und Auwers für die Unterstützung, welche sie mir in der Auffindung der von Jacobi (1851) zitierten Schrift von Schulz v. Strasznicki gewährten; auch Herrn Brocard fühle ich mich verbunden für die Liebenswürdigkeit, mit welcher derselbe die Erlaubnis zur (unwesentlich erweiterten) Nachbildung der von ihm gezeichneten Tafel (Beilage zu seiner Abh. vom Jahre 1883) erteilte.

Möge die Schrift zur Verbreitung einer Anzahl bisher zu wenig bekannter elementar-geometrischer Wahrheiten beitragen und zu weiteren Studien über die einfache und an schönen Eigenschaften unerschöpfliche Figur des geradlinigen Dreiecks anregen.

Mülheim a. d. Ruhr, im Mai 1891.

Der Verfasser.

Quellen.

1816. A. L. Crelle, Über einige Eigenschaften des ebenen geradlinigen Dreiecks rücksichtlich dreier durch die Winkelspitzen gezogenen geraden Linien, Berlin.

1825. C. F. A. Jacobi, De triangulorum rectilineorum proprietatibus quibusdam nondum satis cognitis, Numburgi. Schulprogramm von Pforta.

1827. L. C. Schulz von Strasznicki, Das geradlinige Dreieck und die dreiseitige Pyramide nach allen Analogieen dargestellt, Wien.

1833. Grunert, Supplemente zu Klügels mathematischem Wörterbuch, erste Abteilung, Artikel Dreieck, Leipzig.

1834. C. F. A. Jacobi, Anhänge zu seiner Übersetzung der Grondbeginsels der Meetkunde door J. H. van Swinden, betitelt: Elemente der Geometrie, Jena.

1843. C. Adams, Die Lehre von den Transversalen in ihrer Anwendung auf die Planimetrie, Winterthur.

1846. C. Adams, Die merkwürdigsten Eigenschaften des geradlinigen Dreiecks, Winterthur.

1847. Grebe, Das geradlinige Dreieck in Beziehung auf die Quadrate der Perpendikel, welche man von einem Punkte seiner Ebene auf seine Seiten fällen kann, betrachtet, A.*)

— H. Hoffmann, In ein gegebenes Dreieck ein ähnliches zu zeichnen, dessen Seiten mit den homologen des ersteren einen gegebenen Winkel bilden, A.

1853. Reuschle, Mathematische Abhandlung, Stuttgart. Programm des königl. Gymnasiums.

---

*) *Abkürzungen:* A = Archiv der Mathematik und Physik, Greifswald, später Leipzig. — A. f. = Association française pour l'Avancement des Sciences, Congrès de. — E. T. = Educational Times, London. — J. é. = Journal de Mathématiques élémentaires, Paris. — J. sp. = Journal de Mathématiques spéciales, Paris. — M. = Mathesis, Gent. — N. A. = Nouvelles Annales de Mathématiques, Paris. — N. C. = Nouvelle Correspondance mathématique, Brüssel. — Q. J. Quarterly Journal of pure and applied Mathematics, London. — Z. = Zeitschrift für mathematischen und naturwissenschaftlichen Unterricht, Leipzig.

1854. **Wiegand**, Ein mathematisches Thema aus der Schule, Halle.
— G. **Emsmann**, Über einen merkwürdigen Punkt im Dreiecke, Halle.
1855. **Hellwig**, Die durchgeschriebenen Kreise und die Kreisternionspunkte des Dreiecks, Halle.
1859. ?, Lady's and Gentleman's Diary, Qu. 1933.
1867. **Wetzig**, Über das Minimum oder Maximum der Summe der positiven und negativen Quadrate der Abstände eines Punktes von drei Geraden einer Ebene, Zeitschr. für Mathematik und Physik, Leipzig.
1873. **Lemoine**, Sur quelques Propriétés d'un Point remarquable du Plan d'un Triangle, A. f. Lyon.
1874. **Lemoine**, Notes sur les Propriétés du Centre des Médianes antiparallèles dans un Triangle, A. f. Lille.
1875. **Chadu**, Lösung einer von Brocard N. A. 1875 gestellten Aufgabe (S. die Einl. zum ersten Kap.), N. A.
1876. **Hain**, Über symmetrische Punktsysteme des Dreiecks, A.
1877. **Eutaris**, Journal de Math. élém. de Vuibert, S. 43.
— **Brocard**, Propriétés du Triangle, N. C.
1879. **Brocard**, Propriétés du Triangle, N. C.
— **Neuberg**, Brief, die von Brocard N. A. 1875 gestellte Aufgabe betreffend, N. C.
1880. **Brocard**, Propriétés du Triangle, N. C.
1881. **Brocard**, Étude d'un nouveau Cercle du Plan d'un Triangle, A. f. Alger.
— **Kiehl**, Zur Theorie der Transversalen, Bromberg. Programm der Realschule.
— **Neuberg**, Sur le Centre des Médianes antiparallèles, M.
1882. **Tarry** et **Neuberg**, Propriétés générales de trois Figures semblables, M.
— **Taylor**, On a six Points Circle connected with a Triangle, Messenger of Mathematics.
1883. **Morel**, Étude sur le Cercle de Brocard, J. é.
— **Brocard**, Nouvelles Propriétés du Triangle, A. f. Rouen.
— **Tucker**, The triplicate-Ratio Circle, Q. J.
1884. **Artzt**, Untersuchungen über ähnliche Punktreihen auf den Seiten eines Dreiecks und auf deren Mittelsenkrechten, sowie über kongruente Strahlbüschel aus den Ecken desselben; ein Beitrag zur Geometrie des Brocardschen Kreises, Recklinghausen. Programm des Gymnasiums.
— **Casey**, A Sequel to Euclid, 3. Aufl.; 4. Aufl. 1886; 5. Aufl. 1888, Dublin.
— **Lemoine**, Théorèmes divers sur les Antiparallèles des Côtés d'un Triangle, M.
— **Neuberg**, Mémoire sur le Tétraèdre, Académie royale de Belgique, Brüssel.
1885. **McCay**, On three Circles related to a Triangle, Royal Irish Academy, Dublin.
— **Lemoine**, Propriétés diverses du Cercle et de la Droite de Brocard, M.

1885. Lemoine, Propriétés relatives à deux Points qui se déduisent d'un Point quelconque comme les Points Ω, Ω' du Point K, A. f. Grenoble.
— Neuberg, Sur le Point de Steiner, A. f. Grenoble.
— Neuberg, Sur les Cercles de Tucker, E. T.
1886. Neuberg, Sur le Point de Steiner, J. sp.
— Lemoine et Neuberg, Notes sur la Géométrie du Triangle, M.
— Casey, On the harmonic Hexagon of a Triangle, Royal Irish Academy, Dublin.
— Artzt, Untersuchungen über ähnliche Dreiecke, die einem festen Dreieck umschrieben sind etc., Recklinghausen, Programm des Gymnasiums.
— Schoute, Over een nauwer Verband tusschen Hoek en Cirkel van Brocard, Koninklijke Akademie van Wetenschappen, Amsterdam.
— Artzt, Beiträge zur Geometrie des Brocardschen Kreises, Recklinghausen.
1887. Fuhrmann, Der Brocardsche Winkel des Dreiecks, A.
— Emmerich, Konstruktionsaufgaben zur Geometrie des Brocardschen Kreises, Mülheim a. d. Ruhr. Programm des Realgymnasiums
— Neuberg, Transmutations d'un Triangle, M.
— McCay, Sur l'Hyperbole de Kiepert, M.
— Emmerich, Sur les Points du Diamètre de Brocard, M.
— Vigarié, Sur quelques Cercles remarquables, J. é.
— Lemoine, Questions diverses sur la nouvelle Géométrie du Triangle, A. f. Toulouse.
1888. Neuberg, Sur les Triangles équibrocardiens, A. f. Oran.
— Simmons, An Introduction to the recent Geometry of the Triangle in Milne's Companion to the weekly Problem Papers, London.
1889. Gob, Notes de Géométrie recente, Société royale des Sciences de Liège, Brüssel.
— Fuhrmann, Der Brocardsche Winkel, Königsberg i. Pr. Programm des Realgymnasiums auf der Burg.
— Emmerich, Der Brocardsche Winkel des Dreiecks, Mülheim a. d. Ruhr. Programm des Realgymnasiums.

Diesen Schriften sind beizugesellen kleinere Artikel, welche in Form zu beweisender Sätze als Aufgaben (in M., J. é., E. T., Z.) in den letzten 10 Jahren gestellt worden sind. Hervorgehoben seien unter diesen die Beiträge von Artzt, Böklen, Brocard, Fuhrmann, Godt, Kiehl, Stegemann, Stoll und Tarry, welche im Aufgaben-Repertorium der Z. niedergelegt und später im Verein mit Sätzen anderer gleichzeitiger Schriftsteller von Lieber in 3 Programmabhandlungen (Stettin, Progr. des Friedr.-Wilh.-Realgymnasiums, 1886—1888) veröffentlicht wurden. Didaktischen Zwecken dient auch die Schrift von Fuhrmann: Synthetische Beweise planimetrischer Sätze, Berlin 1890, welche im Anhange (S. 115—190) die elementaren Eigenschaften der Brocardschen Gebilde und mit Hülfe der projektiven Geometrie die Beziehungen derselben zu den Kegelschnitten behandelt.

Abkürzungen der Autorennamen.

AD = Adams.	K = Kiehl.
AR = Artzt.	KR = Kücker.[4]
AL = E. van Aubel.[1]	LT = Laisant.
BÖ = Böklen.	LE = Lemoine.
BR = Brocard.	LG = de Longchamps.[5]
CY = Casey.	MC = McCay.
CH = Chadu.	MO = Morel.
CR = Crelle.	N = Neuberg.
D = Davis.[2]	R = Reuschle.
EH = Emmerich.	SE = Schoute.
EN = G. Emsmann.	SC = Scott.[6]
F = Fuhrmann.	SS = Simmons.
GL = Glaser.[3]	SN = Stegemann.
GB = Gob.	SL = Stoll.
GT = Godt.	TY = Tarry.
GE = Grebe.	TL = Taylor.
GR = Grunert.	TU = Tucker.
HA = Hain.	V = Vigarié.
HE = Hellwig.	WE = Wetzig.
HO = Hoffmann.	WI = Wiegand.
J = C. F. A. Jacobi.	WH = Woolhouse.[7]

[1]) M. 1881 S. 207. — [2]) Simmons S. 110. — [3]) Z. 1890 S. 31. — [4]) Z. 1890 S. 422. — [5]) J. sp. 1886 S. 126. — [6]) Simmons S. 178. — [7]) Lady's and Gentleman's Diary, 1865.

Inhaltsverzeichnis.

Erstes Kapitel.

Der Brocardsche Winkel.

Zweites Kapitel.

Die Brocardschen Punkte.

Drittes Kapitel.

Die Lemoineschen Kreise.

Viertes Kapitel.

Die Tuckerschen Kreise; der Taylorsche Kreis.

Fünftes Kapitel.

Die Beikreise.

Sechstes Kapitel.

Der Brocardsche Kreis.

Siebentes Kapitel.

Gleichbrocardische Dreiecke.

Achtes Kapitel.

Die Neubergschen und die McCayschen Kreise.

Ergänzungen.

Zu § 31, Satz 1 vergl. Jacobis Anhänge zu van Swinden, No. 342 und 406; ferner Adams 1843, Satz 42 und Tietz, Über Transversalen No. 23 (Progr. des Lyc. zu Braunsberg 1862).

Zu § 38, 9. Vermittelst des Kiehlschen Satzes (§ 61, 5) erkennt man, dass zu jedem Dreieck zwölf Punkte gehören, deren Fusspunktendreiecke einem gegebenen Dreieck ähnlich sind. Sollen die Fusspunktendreiecke dem Urdreieck ähnlich sein, so kommen noch in Betracht die Zentren der Apollonischen Kreise, die Schnittpunkte ihrer Zentrale mit $O\Omega$ und $O\Omega'$, sowie die Punkte der unendlich fernen Geraden. Diskussion des gleichschenkligen und des gleichseitigen Dreiecks nach diesen Gesichtspunkten!

Berichtigungen.

S. 24 Fig. 9 oben links l. $\varkappa_b$;

S. 37 Z. 12 fehlt am Schlusse der Faktor $\triangle$;

S. 89 Z. 4 v. u. l. Litteratur;

S. 91 Z. 12 v. u. l. HO (statt GH);

S. 93 Z. 4 l. a (statt α).

Die

Brocardschen Gebilde.

Es ist in der That bewundernswürdig, dass eine so einfache Figur, wie das Dreieck, so unerschöpflich an Eigenschaften ist. Wie viele noch unbekannte Eigenschaften anderer Figuren mag es nicht geben!

A. L. Crelle.
Sammlung mathematischer Aufsätze,
I 1821, S. 176.

Erstes Kapitel.

Der Brocardsche Winkel.

Einleitung.

Den Ausgangspunkt der Untersuchungen über die Brocardschen Figuren bildet die Aufgabe:

Innerhalb eines $\triangle$ ABC *einen Punkt* Ω *so zu bestimmen, dass die durch ihn gezogenen Scheitellinien mit den Seiten in gleicher Reihenfolge denselben Winkel bilden.*

Da die Richtung, in welcher der Umfang des Dreiecks durchlaufen wird, eine zwiefache sein kann — ABCA oder ACBA —, so lässt sich erwarten, dass *zwei verschiedene* Punkte Ω, Ω' der Forderung Genüge leisten, je nachdem

$$\angle\, \Omega AB = \Omega BC = \Omega CA \quad \text{(Fig. 1a) oder}$$

$$\angle\, \Omega' AC = \Omega' CB = \Omega' BA \quad \text{(Fig. 1b)}$$

sein soll.

Fig. 1a.

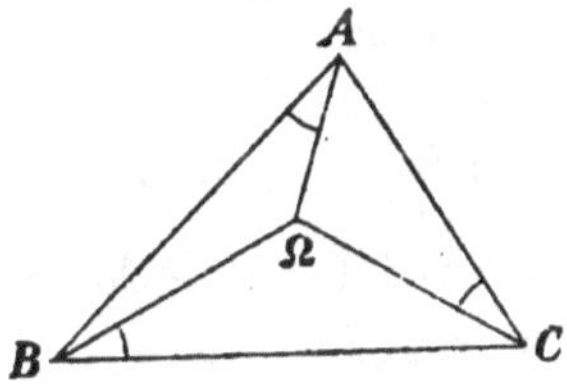

Fig. 1b.

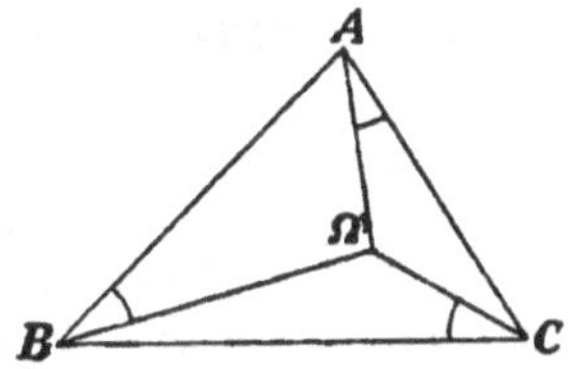

Die Bestimmung des Winkels (ω) in diesen beiden Fällen kann in mehrfacher Weise ausgeführt werden. Entnimmt man der Aufgabe die Folgerungen

$$\angle\, A\Omega B = 2R - \beta, \quad \angle\, B\Omega C = 2R - \gamma, \quad \angle\, C\Omega A = 2R - \alpha,$$

$$\angle\, A\Omega' C = 2R - \gamma, \quad \angle\, C\Omega' B = 2R - \beta, \quad \angle\, B\Omega' A = 2R - \alpha,$$

so gelingt es, die Verhältnisse der Strecken AΩ, BΩ, CΩ bezw. AΩ', BΩ', CΩ' untereinander und zu den Seiten des Dreiecks durch Winkelfunktionen darzustellen und zur Herleitung einer Gleichung zwischen $\alpha, \beta, \gamma, \omega$ zu verwerten; unmittelbar ergiebt sich eine solche durch Anwendung des Cevaschen Satzes in der goniometrischen Form. Eine andere Lösung beruht darauf, dass man die Teile, in welche △ABC von Ω bezw. Ω' aus zerfällt, mit dem ganzen Dreieck vergleicht und nachher wieder zusammensetzt. Stets gelangt man hierbei zu reellen Werten für ω, welche bezüglich der Winkel oder Seiten symmetrisch sind, woraus zu folgern, dass die Punkte Ω, Ω' in jedem Dreieck vorhanden sind, und dass den beiden Punkten *derselbe* Winkel ω entspricht. Dieser Winkel heisst der *Brocard*sche. Seine Zeichnung, sein Verhalten in verschiedenen Arten von Dreiecken, sein Maximum, ferner die Grenzen der Dreieckswinkel bei gegebenem ω bilden neben den vorzugsweise trigonometrischen Lösungen der anfangs genannten Aufgabe und manchen damit zusammenhängenden Formeln den Gegenstand dieses Kapitels.

§ 1. Die Grundformel.

$$\left.\begin{array}{ll} 1) & \cot\omega = \cot\alpha + \cot\beta + \cot\gamma \\ 2) & \cot\omega = \dfrac{\cos\alpha\cos\beta\cos\gamma + 1}{\sin\alpha\sin\beta\sin\gamma} \end{array}\right\} \text{(Cr)}.$$

Bem. Der Zusammenhang zwischen 1) und 2) wird vermittelt durch die aus $\cos(\alpha+\beta+\gamma) = -1$ oder

$$^{*)}\Sigma\cos\alpha\sin\beta\sin\gamma = \cos\alpha\cos\beta\cos\gamma + 1$$

fliessende Formel

$$(\alpha) \qquad \Sigma\cot\alpha = \cot\alpha\cot\beta\cot\gamma + (\sin\alpha\sin\beta\sin\gamma)^{-1}.$$

1. *Erste Herleitung* (Cr). Wird auf die Dreiecke BΩC, CΩA (Fig. 1a) der Sinussatz angewandt, so ergiebt sich

$$\begin{array}{c} a : C\Omega = \sin\gamma : \sin\omega, \\ \underline{C\Omega : b = \sin(\alpha-\omega) : \sin\alpha} \\ \sin\alpha : \sin\beta = \sin\gamma\sin(\alpha-\omega) : \sin\alpha\sin\omega, \end{array}$$

*) Das Summenzeichen Σ dient zur abgekürzten Darstellung symmetrischer Funktionen der Winkel oder Seiten des Dreiecks. In der That genügt es,

$$(\mathrm{a}_1)\qquad \sin(\alpha-\omega):\sin\omega=\sin\alpha^2:\sin\beta\sin\gamma,$$

$$\frac{\sin(\alpha-\omega)}{\sin\alpha\sin\omega}=\frac{\sin(\beta+\gamma)}{\sin\beta\sin\gamma},$$

$$\cot\omega-\cot\alpha=\cot\beta+\cot\gamma.$$

Ganz entsprechend gestaltet sich die Bestimmung des Winkels $\Omega'AC=\omega'$. Die Dreiecke $C\Omega'B$, $B\Omega'A$ (Fig. 1b) liefern

$$\begin{array}{l} a:B\Omega'=\sin\beta:\sin\omega',\\ \underline{B\Omega':c=\sin(\alpha-\omega'):\sin\alpha} \end{array}$$

$$\sin\alpha:\sin\gamma=\sin\beta\sin(\alpha-\omega'):\sin\alpha\sin\omega',$$

$$(\mathrm{a}_1')\qquad \sin(\alpha-\omega'):\sin\omega'=\sin\alpha^2:\sin\beta\sin\gamma,$$

$$\cot\omega'=\cot\alpha+\cot\beta+\cot\gamma.$$

Der Winkel ω' ist also gleich dem Winkel ω; und die Punkte Ω, Ω' sind *Winkelgegenpunkte*, d. h. Punkte, deren Scheitellinien gegen die Halbierenden der Dreieckswinkel gleiche Neigung haben.

2. *Zweite Herleitung* (Mo nach Br). (Fig. 1a).

$$\begin{array}{ll} a:B\Omega & =\sin\gamma:\sin(\gamma-\omega),\\ B\Omega:A\Omega & =\sin\omega:\sin(\beta-\omega),\\ \underline{A\Omega:b} & \underline{=\sin\omega:\sin\alpha} \end{array}$$

$$\sin\alpha:\sin\beta=\sin\gamma\sin\omega^2:\sin\alpha\sin(\beta-\omega)\sin(\gamma-\omega),$$

$$(\mathrm{a}_2)\qquad \sin(\beta-\omega)\sin(\gamma-\omega):\sin\omega^2=\sin\beta\sin\gamma:\sin\alpha^2,$$

$$\frac{\sin(\beta-\omega)}{\sin\beta\sin\omega}\cdot\frac{\sin(\gamma-\omega)}{\sin\gamma\sin\omega}=\frac{1}{\sin\alpha^2},$$

$$(\cot\omega-\cot\beta)(\cot\omega-\cot\gamma)=\cot\alpha^2+1,$$

$$\cot\omega^2-\cot\alpha^2-\cot\omega(\cot\beta+\cot\gamma)-(1-\cot\beta\cot\gamma)=0,$$

oder, da $\quad 1-\cot\beta\cot\gamma=\cot\alpha(\cot\beta+\cot\gamma)$ ist,

$$\cot\omega^2-\cot\alpha^2-(\cot\omega+\cot\alpha)(\cot\beta+\cot\gamma)=0,$$

$$(\cot\omega+\cot\alpha)(\cot\omega-\cot\alpha-\cot\beta-\cot\gamma)=0.$$

Die Nebenwurzel $\omega=\beta+\gamma$, welche der Gl. (a_2) genügt, entspricht nicht der Aufgabe.

das erste Glied eines solchen Trinoms hinzuschreiben, da die beiden anderen durch zyklische Verwechslung daraus zu erhalten sind; $\Sigma\cos\alpha\sin\beta\sin\gamma$ bezeichnet also die Summe $\cos\alpha\sin\beta\sin\gamma+\cos\beta\sin\gamma\sin\alpha+\cos\gamma\sin\alpha\sin\beta$.

3. *Dritte Herleitung* (Cr, Gr). Symmetrische Anwendung des Sinussatzes ergiebt (Fig. 1a):

$$C\Omega : A\Omega = \sin(\alpha-\omega) : \sin\omega,$$
$$A\Omega : B\Omega = \sin(\beta-\omega) : \sin\omega,$$
$$B\Omega : C\Omega = \sin(\gamma-\omega) : \sin\omega$$

$$(a_3) \qquad \sin(\alpha-\omega)\sin(\beta-\omega)\sin(\gamma-\omega) = \sin\omega^3,$$

$$(\cot\omega-\cot\alpha)(\cot\omega-\cot\beta)(\cot\omega-\cot\gamma)$$
$$= \sin\alpha^{-1}\sin\beta^{-1}\sin\gamma^{-1},$$

$$\cot\omega^3-\cot\omega^2\Sigma\cot\alpha+\cot\omega\Sigma\cot\beta\cot\gamma$$
$$= \cot\alpha\cot\beta\cot\gamma+\sin\alpha^{-1}\sin\beta^{-1}\sin\gamma^{-1},$$

also, da $\Sigma\cot\beta\cot\gamma = 1$ ist, und bei Rücksicht auf (α)

$$\cot\omega^3-\cot\omega^2\Sigma\cot\alpha+\cot\omega-\Sigma\cot\alpha = 0,$$
$$(\cot\omega^2+1)(\cot\omega-\Sigma\cot\alpha) = 0.$$

Zusatz 1. Der Zusammenhang der Gl. (a_1) oder der gleichwertigen

$$(a) \quad \begin{cases} \dfrac{\sin(\alpha-\omega)}{\sin\omega} = \dfrac{a^2}{bc}, \\ \dfrac{\sin(\beta-\omega)}{\sin\omega} = \dfrac{b^2}{ca}, \\ \dfrac{\sin(\gamma-\omega)}{\sin\omega} = \dfrac{c^2}{ab} \end{cases}$$

mit den Gleichungen (a_2), (a_3) ist leicht ersichtlich.

Zusatz 2. $\sin(\alpha-\omega) : \sin(\beta-\omega) : \sin(\gamma-\omega) = a^3 : b^3 : c^3$ (En).

$$\sin(\alpha-\omega) = \lambda\sin\alpha^3, \quad \sin(\beta-\omega) = \lambda\sin\beta^3, \quad \sin(\gamma-\omega) = \lambda\sin\gamma^3;$$

$$\lambda = \frac{\sin\omega}{\sin\alpha\sin\beta\sin\gamma}.$$

4. *Vierte Herleitung* (Ho). Verwandelt man in der Gl. (a_3) die Produkte in Summen, so ergiebt sich successive

links: $\frac{1}{2}\sin(\alpha-\omega)[\cos(\beta-\gamma)-\cos(\beta+\gamma-2\omega)]$

$$= \tfrac{1}{4}\sin(\alpha+\beta-\gamma-\omega)+\tfrac{1}{4}\sin(\alpha-\beta+\gamma-\omega)$$
$$-\tfrac{1}{4}\sin(\alpha+\beta+\gamma-3\omega)-\tfrac{1}{4}\sin(\alpha-\beta-\gamma+\omega)$$
$$= \tfrac{1}{4}\sin(2\gamma+\omega)+\tfrac{1}{4}\sin(2\beta+\omega)-\tfrac{1}{4}\sin 3\omega+\tfrac{1}{4}\sin(2\alpha+\omega)$$

$$= \tfrac{1}{4}\cos\omega\Sigma\sin 2\alpha + \tfrac{1}{4}\sin\omega\Sigma\cos 2\alpha - \tfrac{1}{4}\sin 3\omega$$

$$= \sin\alpha\sin\beta\sin\gamma\cos\omega - \cos\alpha\cos\beta\cos\gamma\sin\omega - \tfrac{1}{4}\sin\omega - \tfrac{1}{4}\sin 3\omega,$$

rechts: $\tfrac{1}{2}\sin\omega(\cos 0 - \cos 2\omega)$

$$= \tfrac{3}{4}\sin\omega - \tfrac{1}{4}\sin 3\omega.$$

Erneute Gleichsetzung führt zu

$$\sin\alpha\sin\beta\sin\gamma\cos\omega = (\cos\alpha\cos\beta\cos\gamma + 1)\sin\omega,$$

also zu 2).

§ 2. Geometrische Beweise der Grundformel.

1. (Ar). Um etwaige Schwierigkeiten des Beweises gleichmässig zu verteilen, werde geschrieben

$$\cot\omega - \cot\alpha = \cot\beta + \cot\gamma.$$

Die Summe der Kotangenten zweier Dreieckswinkel ist gleich dem Quotienten aus der anliegenden Seite und der zugehörigen Höhe. Um diesen Satz doppelt anwenden zu können, setzen wir

$$\cot\omega + \cot(180^0 - \alpha) = \cot\beta + \cot\gamma.$$

Für die rechte Seite bietet sich in dem $\triangle ABC$ (Fig. 2) der Wert $BC : AH_a$ dar. Ein Dreieck mit den Winkeln ω und $180^0 - \alpha$ ist das $\triangle A\Omega C$, in welchem $\angle \Omega CA = \omega$, $\angle A\Omega C = 180^0 - \alpha$ ist. Fällt man demnach $AD \perp C\Omega$, so ergiebt sich für die linke Seite der Wert $C\Omega : AD$. Nunmehr fragt es sich, ob die Proportion

Fig. 2.

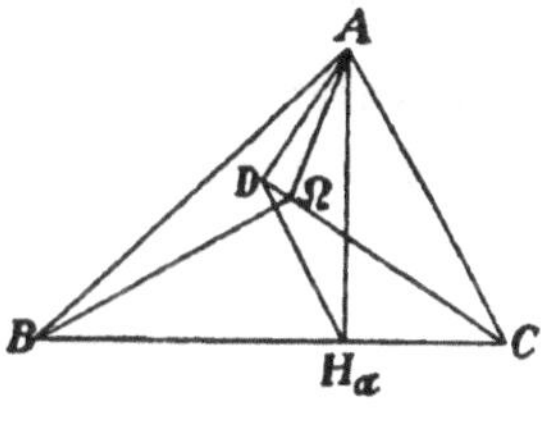

$$BC : AH_a = C\Omega : AD$$

stattfindet. BC und $C\Omega$ sind Seiten des $\triangle BC\Omega$. Um AH_a und AD in ein Dreieck zu bringen, verbinde man D mit H_a. Die Vergleichung der Winkel des $\triangle ADH_a$ mit denen des $\triangle C\Omega B$ wird dann vermittelt durch das Kreisviereck ADH_aC. Es ergiebt sich $\angle DAH_a = \Omega CB$, $\angle DH_aA = \Omega CA = \Omega BC$.

2. (Cr). Dieser Beweis stützt sich auf die Berechnung des Verhältnisses, in welchem die Seite AB durch die Scheitellinie

$C\Omega$ geteilt wird. Fällt man AD und BE $\perp$ $C\Omega$, so verhält sich (Fig. 3)

$$(\lambda) \qquad A\Omega_\gamma : B\Omega_\gamma = AD : BE.$$

Fig. 3.

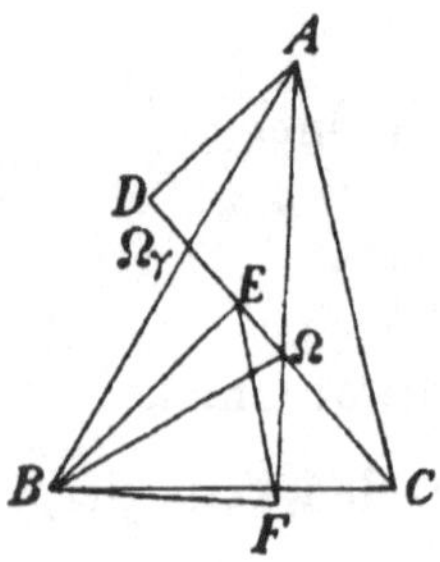

Da ein direkter Vergleich von AD und BE nicht angängig erscheint, so suche man ein Zwischenglied. Der Umstand, dass in dem rechtwinkligen $\triangle ACD$ $\angle ACD = \omega$ und dass $\angle BA\Omega$ ebenfalls $= \omega$ ist, legt es nahe, BF $\perp$ $A\Omega$ zu ziehen. So ergiebt sich

$$(\mu) \qquad AD : BF = b : c.$$

Um BF mit BE zu vergleichen, ziehe man EF. Das Kreisviereck $BE\Omega F$, in welchem $\angle B\Omega E = \gamma$, $\angle B\Omega F = \beta$ ist, lässt dann die Ähnlichkeit der Dreiecke BEF und ABC erkennen und verhilft somit zur Proportion

$$(\nu) \qquad BF : BE = b : c.$$

Aus (λ), (μ) und (ν) folgt

$$A\Omega_\gamma : B\Omega_\gamma = b^2 : c^2,\text{*)}$$

also für $A\Omega_\gamma = n$ die Gleichung

$$n : c - n = b^2 : c^2,$$

die entweder sofort in die dritte der Gleichungen (a) verwandelt oder folgendermassen umgeformt werden kann:

$$\frac{n}{c} = \frac{b^2}{b^2+c^2},$$

$$\frac{n}{b} = \frac{bc}{b^2+c^2},$$

$$\frac{b}{n} = \frac{b}{c} + \frac{c}{b},$$

$$(b_1) \qquad \frac{\sin(\alpha+\omega)}{\sin\omega} = \frac{\sin\beta}{\sin\gamma} + \frac{\sin\gamma}{\sin\beta},$$

$$\frac{\sin(\alpha+\omega)}{\sin\omega} = \frac{\sin(\alpha+\beta)}{\sin\beta} + \frac{\sin(\alpha+\gamma)}{\sin\gamma},$$

*) Analog ist $B\Omega_\alpha : C\Omega_\alpha = c^2 : a^2$, $C\Omega_\beta : A\Omega_\beta = a^2 : b^2$.

$$\sin\alpha(\cot\omega+\cot\alpha) = \sin\alpha(\cot\beta+\cot\alpha)+\sin\alpha(\cot\gamma+\cot\alpha),$$
$$\cot\omega = \cot\alpha+\cot\beta+\cot\gamma.$$

Zusatz. Der Zusammenhang der Gl. (b_1) oder der gleichwertigen

$$\text{(b)}\qquad \begin{cases} \dfrac{\sin(\alpha+\omega)}{\sin\omega} = \dfrac{b^2+c^2}{bc}, \\[2ex] \dfrac{\sin(\beta+\omega)}{\sin\omega} = \dfrac{c^2+a^2}{ca}, \\[2ex] \dfrac{\sin(\gamma+\omega)}{\sin\omega} = \dfrac{a^2+b^2}{ab} \end{cases}$$

mit den Gleichungen (a) wird durch Subtraktion ersichtlich.

§ 3. Die übrigen Formeln für cotω.

$$3)\ \cot\omega = \frac{a^2+b^2+c^2}{4\triangle}\quad (\text{Cr}).$$

Folgt aus 1) mit Rücksicht auf $\cot\alpha = \dfrac{-a^2+b^2+c^2}{4\triangle}$ und die entsprechenden Werte für $\cot\beta$, $\cot\gamma$. Oder aus Gl. (a), wonach

$$\sin\alpha\cot\omega-\cos\alpha = \frac{a^2}{bc},$$
$$\sin\alpha\cot\omega = \frac{-a^2+b^2+c^2}{2bc}+\frac{2a^2}{2bc}\quad \text{ist.}$$

Auch aus (b), noch einfacher durch Addition zusammengehöriger Gleichungen (a) und (b) ergiebt sich die Formel.

Fig. 4.

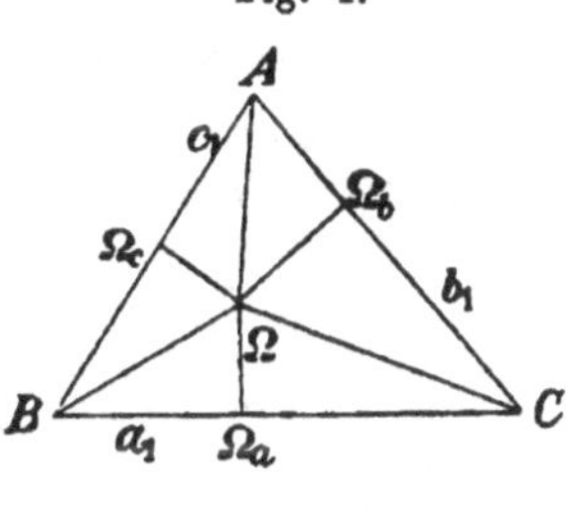

Geometrischer Beweis (J). Fällt man (Fig. 4) von Ω auf die Seiten die Lote $\Omega\Omega_a$, $\Omega\Omega_b$, $\Omega\Omega_c$ und bezeichnet $B\Omega_a$ mit a_1, $C\Omega_b$ mit b_1, $A\Omega_c$ mit c_1, so ist

$$a_1^2+b_1^2+c_1^2 = (a-a_1)^2+(b-b_1)^2+(c-c_1)^2,$$
$$aa_1+bb_1+cc_1 = \tfrac{1}{2}(a^2+b^2+c^2).$$

Nun ist

$$a_1 = \Omega\Omega_a \cot\omega, \quad b_1 = \Omega\Omega_b \cot\omega, \quad c_1 = \Omega\Omega_c \cot\omega,$$
$$a.\Omega\Omega_a + b.\Omega\Omega_b + c.\Omega\Omega_c = 2\triangle;$$

mithin ergiebt sich die Behauptung. —

$$4)\ \cot\omega = \frac{\sin\alpha^2 + \sin\beta^2 + \sin\gamma^2}{2\sin\alpha\sin\beta\sin\gamma} \quad (\text{Cr}).$$

Diese Formel erlaubt unmittelbar die Darstellung von $\Sigma\sin\alpha^2$ in Form eines Produktes. —

$$5)\ \cot\omega = \frac{2\sin\alpha^2 + 2\sin\beta^2 + 2\sin\gamma^2}{\sin 2\alpha + \sin 2\beta + \sin 2\gamma} \quad (\text{Br}).$$

Die Formel

$$\sin 2\alpha + \sin 2\beta + \sin 2\gamma = 4\sin\alpha\sin\beta\sin\gamma,$$

welche 5) in 4) überleitet, resultiert am einfachsten, wenn man $\triangle$ ABC durch Umkreisradien nach den Ecken zerschneidet und die Inhalte der Teile berechnet. —

$$6)\ \cot\omega = \frac{a\sin\alpha + b\sin\beta + c\sin\gamma}{a\cos\alpha + b\cos\beta + c\cos\gamma} \quad (\text{Br}). \text{ —}$$

$$7)\ \cot\omega =^{*)} \begin{vmatrix} 1, & 1, & 1 \\ \sin\alpha^3, & \sin\beta^3, & \sin\gamma^3 \\ \cos\alpha, & \cos\beta, & \cos\gamma \end{vmatrix} : \begin{vmatrix} 1, & 1, & 1 \\ \sin\alpha^3, & \sin\beta^3, & \sin\gamma^3 \\ \sin\alpha, & \sin\beta, & \sin\gamma \end{vmatrix} \quad (\text{F}).$$

Beweis. Aus $\sin(\beta-\omega):\sin(\gamma-\omega) = \sin\beta^3:\sin\gamma^3$ (§ 1, Zus. 2) folgt

$$\cot\omega = \frac{\sin\beta^3\cos\gamma - \sin\gamma^3\cos\beta}{\sin\beta^3\sin\gamma - \sin\gamma^3\sin\beta};$$

durch zyklische Verwechslung ergeben sich zwei andere Werte für $\cot\omega$ und aus allen dreien die Behauptung unter Anwendung des Satzes: Ist $l:l' = m:m' = n:n' = \xi$, so ist auch $l+m+n : l'+m'+n' = \xi$. —

---

*) $\begin{vmatrix} x, & y \\ x_1, & y_1 \end{vmatrix}$ heisst eine *Determinante zweiten Grades* und bedeutet $xy_1 - yx_1$;

$\begin{vmatrix} a, & b, & c \\ a_1, & b_1, & c_1 \\ a_2, & b_2, & c_2 \end{vmatrix}$ heisst eine *Determinante dritten Grades* und bedeutet

$$a\begin{vmatrix} b_1, & c_1 \\ b_2, & c_2 \end{vmatrix} + b\begin{vmatrix} c_1, & a_1 \\ c_2, & a_2 \end{vmatrix} + c\begin{vmatrix} a_1, & b_1 \\ a_2, & b_2 \end{vmatrix}.$$

$$8)\quad \cot\omega = \tfrac{1}{4}\Big(\cot\frac{\alpha}{2}\cot\frac{\beta}{2}\cot\frac{\gamma}{2} + \cot\frac{\alpha}{2}\operatorname{tg}\frac{\beta}{2}\operatorname{tg}\frac{\gamma}{2} + \cot\frac{\beta}{2}\operatorname{tg}\frac{\gamma}{2}\operatorname{tg}\frac{\alpha}{2} + \cot\frac{\gamma}{2}\operatorname{tg}\frac{\alpha}{2}\operatorname{tg}\frac{\beta}{2}\Big) \quad \text{(F)}.$$

Beweis.

$$2\cot\alpha = \left(\cos\frac{\alpha^2}{2} - \sin\frac{\alpha^2}{2}\right) : \sin\frac{\alpha}{2}\cos\frac{\alpha}{2} = \cot\frac{\alpha}{2} - \operatorname{tg}\frac{\alpha}{2}, \quad \text{also}$$

$$2\cot\omega = \Sigma\cot\frac{\alpha}{2} - \Sigma\operatorname{tg}\frac{\alpha}{2},$$

oder, da $\Sigma\cot\frac{\alpha}{2} = \Pi\cot\frac{\alpha}{2}\left(\text{d. h. } \cot\frac{\alpha}{2}\cot\frac{\beta}{2}\cot\frac{\gamma}{2}\right)$ ist,

$$4\cot\omega = \Pi\cot\frac{\alpha}{2} + \Sigma\cot\frac{\alpha}{2} - 2\Sigma\operatorname{tg}\frac{\alpha}{2}.$$

Nun ist

$$\cot\frac{\alpha}{2} - \operatorname{tg}\frac{\beta}{2} - \operatorname{tg}\frac{\gamma}{2} = \cot\frac{\alpha}{2}\left(1 - \operatorname{tg}\frac{\alpha}{2}\operatorname{tg}\frac{\beta}{2} - \operatorname{tg}\frac{\alpha}{2}\operatorname{tg}\frac{\gamma}{2}\right)$$

$$= \cot\frac{\alpha}{2}\operatorname{tg}\frac{\beta}{2}\operatorname{tg}\frac{\gamma}{2}, \quad \text{also}$$

$$\Sigma\cot\frac{\alpha}{2} - 2\Sigma\operatorname{tg}\frac{\alpha}{2} = \Sigma\cot\frac{\alpha}{2}\operatorname{tg}\frac{\beta}{2}\operatorname{tg}\frac{\gamma}{2}.$$

§ 4. Die anderen Funktionen des Brocardschen Winkels.

$$9)\quad \operatorname{cosec}\omega^2 = \operatorname{cosec}\alpha^2 + \operatorname{cosec}\beta^2 + \operatorname{cosec}\gamma^2 \quad \text{(Cr)}.$$

Erster Beweis (Cr). Aus 1) ergiebt sich durch Quadrieren

$$\cot\omega^2 = \cot\alpha^2 + \cot\beta^2 + \cot\gamma^2 + 2,$$

$$1 + \cot\omega^2 = (1 + \cot\alpha^2) + (1 + \cot\beta^2) + (1 + \cot\gamma^2).$$

Fig. 5.

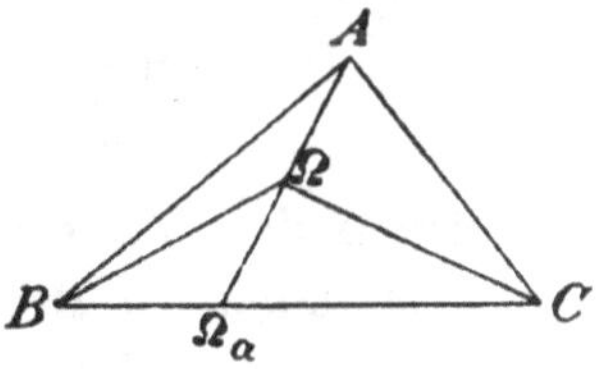

Zweiter Beweis (Fig. 5).

a. (Gr). $\dfrac{\triangle\,\Omega BC}{\triangle\,ABC} = \dfrac{\Omega\Omega_a}{A\Omega_a} = \dfrac{\Omega\Omega_a}{B\Omega_a}\cdot\dfrac{B\Omega_a}{A\Omega_a} = \dfrac{\sin\omega^2}{\sin\beta^2};$

b. (J). $\dfrac{\triangle\,\Omega BC}{\triangle\,ABC} = \dfrac{B\Omega\sin\omega}{h_a} = \dfrac{c\sin\omega^2}{c\sin\beta^2} = \dfrac{\sin\omega^2}{\sin\beta^2};$

c. (N). $$\frac{\triangle \Omega BC}{\triangle ABC} = \frac{\triangle \Omega BC}{\triangle \Omega AB} \cdot \frac{\triangle \Omega AB}{\triangle ABC} = \frac{a.B\Omega}{c.A\Omega}{}^{*)} \cdot \frac{A\Omega.B\Omega}{a.c}$$

$$= \frac{B\Omega^2}{c^2} = \frac{\sin\omega^2}{\sin\beta^2}.$$

Entsprechende Werte ergeben sich für $\frac{\triangle \Omega CA}{\triangle BCA}$, $\frac{\triangle \Omega AB}{\triangle CAB}$, und schliesslich durch Addition die Behauptung.

Zusatz. $\Sigma \frac{1}{a^2} = \frac{1}{4r^2 \sin\omega^2}$.

$$10)\ \sin\omega = \frac{2\triangle}{\sqrt{b^2c^2+c^2a^2+a^2b^2}} \quad (\text{Gr}).$$

$$11)\ \cos\omega = \frac{a^2+b^2+c^2}{2\sqrt{b^2c^2+c^2a^2+a^2b^2}} \quad (\text{En}).$$

10) ist am einfachsten aus 9), 11) aus 3) und 10) herzuleiten.

$$12)\ \cot 2\omega = \frac{a^4+b^4+c^4}{4\triangle(a^2+b^2+c^2)} \quad (\text{Br}).$$

§ 5. Aufgaben.

1. *Aus der Proportion*

$$\sin(\beta-\omega) : \sin(\gamma-\omega) = \sin\beta^3 : \sin\gamma^3$$

die Grundformel 1) *herzuleiten.*

Auflösung.

$$\frac{\sin(\beta-\omega)}{\sin\beta\sin\omega} : \frac{\sin(\gamma-\omega)}{\sin\gamma\sin\omega} = \frac{\sin\beta}{\sin\gamma\sin\alpha} : \frac{\sin\gamma}{\sin\alpha\sin\beta},$$

$$\frac{\cot\omega-\cot\beta}{\cot\omega-\cot\gamma} = \frac{\cot\gamma+\cot\alpha}{\cot\alpha+\cot\beta}.$$

Die Differenz der Zähler ist hier gleich der Differenz der Nenner; das ist nur unter der Bedingung möglich, dass der gemeinschaftliche Wert dieser Differenzen gleich Null ist.

2. *Unter welcher Bedingung sind* AB, AΩ, AΩ′, AC *vier harmonische Strahlen?* (En).

---

*) Dreiecke, deren Winkel an den Spitzen gleich oder supplementar sind, verhalten sich wie die Produkte der diese Winkel einschliessenden Seiten.

Auflösung. $\sin\omega : \sin(\alpha - 2\omega) = \sin\alpha : \sin\omega,$

$$\sin(\alpha - 2\omega)\sin\alpha = \sin\omega^2,$$
$$\sin[(\alpha-\omega)-\omega]\sin[(\alpha-\omega)+\omega] = \sin\omega^2,$$
$$\sin(\alpha-\omega)^2 = 2\sin\omega^2,$$
$$a^4 = 2b^2c^2.$$

3. *Gegeben a und ω; es soll die Gestalt des Dreiecks bestimmt werden.*

I. *Geometrische Lösung.* Durch α und ω sind die Richtungen von AB, AΩ, AC bestimmt. Wählt man Punkt C beliebig und legt an AC in C ∠ ω an, so erhält man Punkt Ω. Die dritte Ecke B auf dem anderen Schenkel des ∠ A liegt dann auf dem Kreise, der AC in C berührt und durch C und Ω geht.

Dieser Kreis ergiebt im allgemeinen zwei Schnittpunkte B, B_1; gleichwohl hat die Aufgabe nur eine Lösung, sintemal die Dreiecke ABC, ACB_1 ungleichwendig ähnlich sind. ***Durch a und ω ist also die Gestalt eines Dreiecks vollständig bestimmt.***

II. ***Trigonometrische Lösungen.*** 1) Aus

$$\cot\beta + \cot\gamma = \cot\omega - \cot\alpha,$$
$$\cot\beta\cot\gamma = 1 - \cot\alpha(\cot\omega - \cot\alpha)$$

ergiebt sich zur Berechnung von $\cot\beta$, $\cot\gamma$ eine quadratische Gleichung.

2) Nach (a) ist

$$\sin\beta\sin\gamma = \frac{\sin\alpha^2\sin\omega}{\sin(\alpha-\omega)};$$

hieraus und aus $\cos\alpha = \sin\beta\sin\gamma - \cos\beta\cos\gamma$ gewinnt man

$$\cos\beta\cos\gamma = \frac{\sin\omega - \sin\alpha\cos\alpha\cos\omega}{\sin(\alpha-\omega)},$$
$$\cos(\beta-\gamma) = \frac{\sin\omega - \sin\alpha\cos(\alpha+\omega)}{\sin(\alpha-\omega)}.$$

3) Nach (b) ist $\dfrac{\sin\beta^2 + \sin\gamma^2}{\sin\beta\sin\gamma} = \dfrac{\sin(\alpha+\omega)}{\sin\omega}$;

quadriert man diese Gleichung, subtrahiert beiderseits 4, radiziert und bedenkt, dass

$$\sin\beta^2 - \sin\gamma^2 = \sin(\beta-\gamma)\sin\alpha$$

ist, so erhält man mit dem Werte für $\sin\beta\sin\gamma$ unter 2)

$$\sin(\beta-\gamma) = \pm\frac{\sin\alpha}{\sin(\alpha-\omega)}\sqrt{\sin(\alpha+\omega)^2 - 4\sin\omega^2}.$$

Überführung der zweiten Auflösung in die dritte, oder umgekehrt!

4. *Gegeben* $\beta - \omega = \eta$, $\gamma - \omega = \zeta$; *gesucht* α.

Auflösung. $\sin\beta + \sin\gamma : \sin\beta - \sin\gamma = \cot\frac{1}{2}\alpha : \operatorname{tg}\frac{1}{2}(\beta-\gamma)$.

Nach der *Emsmann*schen Formel (§ 1, Zusatz 2) ist

$$\sin\beta : \sin\gamma = \sqrt[3]{\sin\eta} : \sqrt[3]{\sin\zeta};$$

mit $\beta - \gamma = \eta - \zeta$ ergiebt sich dann

$$\cot\frac{\alpha}{2} = \frac{\sqrt[3]{\sin\eta} + \sqrt[3]{\sin\zeta}}{\sqrt[3]{\sin\eta} - \sqrt[3]{\sin\zeta}} \cdot \operatorname{tg}\tfrac{1}{2}(\eta - \zeta).$$

Anm. Die Bestimmung von β, γ aus α, $\beta - \omega$ führt zu einer kubischen Gleichung.

§ 6. Zeichnung des Brocardschen Winkels.

Fig. 6.

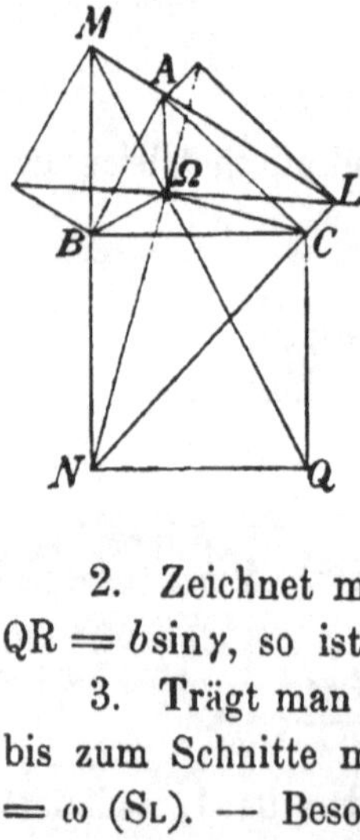

1. *Errichtet man* (Fig. 6) *am* △ABC *auf* BC *in* B, *auf* CA *in* C *und auf* AB *in* A *Lote, so entsteht ein dem* △ABC *ähnliches* △LMN, *dessen Seiten zu den homologen des ersteren im Verhältnisse* $\cot\omega : 1$ *stehen* (Cr).

Beweis.

$$\text{MN} = c\sin\beta^{-1} + a\cot\gamma$$
$$= a\left(\frac{\sin\gamma}{\sin\alpha\sin\beta} + \cot\gamma\right) = a\cot\omega.$$

— Daraus die *Konstruktion:* CQ‖BN, NQ‖BC; ∠QMN $= \omega$ (Br).

2. Zeichnet man △PQR aus PQ $= a\sin\alpha$, ∠PQR $= 2\text{R} - \alpha$, QR $= b\sin\gamma$, so ist ∠P $= \omega$ (Cr).

3. Trägt man auf AB die Strecke AD = BC ab, zieht BE‖DC bis zum Schnitte mit AC, ferner EF‖AD, DF‖AE, so ist ∠FAD $= \omega$ (Sl). — Besonderer Fall: Das gleichschenklige Dreieck mit der Spitze B.

4. Zieht man (Fig. 7) durch A die Parallele zu BC und in C die Umkreistangente, welche die Parallele in D schneidet, so ist ∠DBC $= \omega$ (Br). — Besonders einfach gestaltet sich diese Konstruktion für ein rechtwinkliges △ABC mit dem rechten Winkel bei A.

Die Konstruktionen 2, 3 und 4 beruhen auf dem aus Gl. (a_1) zu folgernden *Satze: Zeichnet man ein Dreieck, in welchem zwei Seiten sich wie $a^2 : bc$ verhalten und den $\angle 2R-\alpha$ einschliessen, so ist der der zweiten Seite gegenüberliegende Winkel gleich dem Brocardschen Winkel des $\triangle$ ABC.*

Fig. 7.

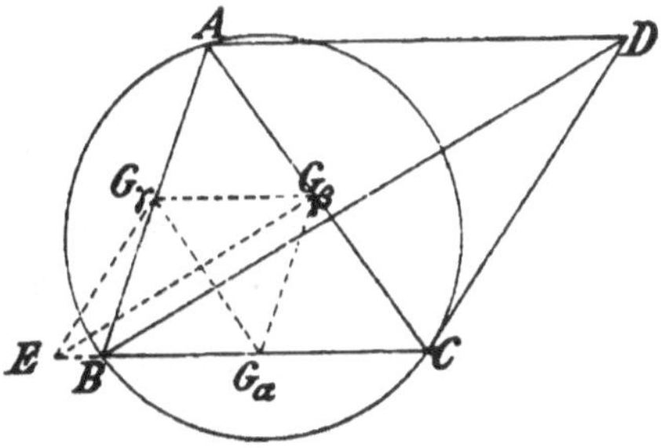

5. Zieht man (Fig. 7) durch G_γ die Antiparallele*) zu AB rücksichtlich des $\angle$ C, welche BC in E schneiden möge, so ist $\angle G_\beta EC = \omega$ (Ar). — Dies ist die Konstruktion 4 in ihrer Anwendung auf das Mittendreieck $G_\alpha G_\beta G_\gamma$.

6. Trägt man auf einer Geraden LX in derselben Richtung Strecken (LA',) LB', LC' ab, welche proportional den Quadraten der entsprechenden Seiten des $\triangle$ ABC sind und macht

$$(\angle XA'D = \alpha,) \quad \angle XB'E = \beta, \quad \angle XC'F = \gamma,$$

so schneiden sich (A'D,) B'E, C'F in einem Punkte T, so dass $\angle TLX = \omega$ ist (Lt).

Beweis. $LB' : LT = \sin(\beta-\lambda) : \sin\beta$ (λ bedeutet $\angle$ TLX),

$$LT : LC' = \sin\gamma : \sin(\gamma-\lambda),$$

$$LC' : LB' = \sin\gamma^2 : \sin\beta^2.$$

Multiplikation dieser Gleichungen führt auf § 5, 1.

Um hiernach ω zu konstruieren, ziehe man in A die Um-

*) Zwei gerade Linien heissen nach *Leibniz antiparallel* ($a\|$) bezüglich eines Winkels, wenn sie von demselben zwei ungleichwendig ähnliche Dreiecke abschneiden, d. h. zwei Dreiecke, bei denen es nicht möglich ist, durch irgendwelche Verlegung in ihrer Ebene alle entsprechenden Seiten in parallele Lage zu bringen. — Die Endpunkte zweier Antiparallelen liegen auf einem Kreise. Die Halbierenden der Winkel zweier Antiparallelen sind parallel den Halbierenden des Winkels und seines Nebenwinkels. — Zwei Höhen eines Dreiecks sind antiparallel mit Beziehung auf den dritten Dreieckswinkel; die Verbindungslinie ihrer Fusspunkte ist antiparallel zur dritten Seite. — Alle Antiparallelen zu einer Dreiecksseite sind parallel zur Umkreistangente in der gegenüberliegenden Ecke.

kreistangente, welche BC in L schneiden möge. Darauf verbinde man C mit dem Punkte, wo AB von dem Mittellote auf a getroffen wird, und bringe diese Verbindungslinie zum Schnitte mit der Parallele durch B zu CA. Heisst der Schnittpunkt T, so ist $\angle TLB = \omega$.

7. Legt man an einer Geraden LX nach derselben Seite hin die Strecken a, b, c als LA', LB', LC' unter den Winkeln α, β, γ an und verbindet den Schwerpunkt G' des $\triangle A'B'C'$ mit L, so ist $\angle G'LX = 90^0 - \omega$ (N). — Für den Beweis s. F. 6).

Anm. Zwei weitere Konstruktionen für ω, welche zugleich den Punkt Ω bezw. Ω' liefern, s. § 12. Die erste von diesen folgt übrigens unmittelbar aus dem in der Einleitung über die Grösse der Winkel $A\Omega B$, $B\Omega C$ etc. Gesagten.

§ 7. Der Brocardsche Winkel in den bekannten Arten des Dreiecks.

1. *Im gleichseitigen Dreieck ist* $\cot\omega = \sqrt{3}$, $\omega = 30^0$. Muss nun auch umgekehrt ein Dreieck gleichseitig sein, wenn sein Brocardscher Winkel 30^0 beträgt? Die Gl. (b) (§ 2) gewinnt unter dieser Voraussetzung die Form

$$\sin(\alpha + 30^0) = \tfrac{1}{2}\left(\frac{b}{c} + \frac{c}{b}\right),$$

welcher nur mit $b = c$ und $\alpha = 60^0$ entsprochen werden kann.

2. *Im gleichschenkligen Dreieck mit der Spitze* A *ist*

$$\sin(\alpha + \omega) = 2\sin\omega.$$

Folgt aus Gl. (b); ω ist also der Winkel zwischen der Mittellinie des einen Schenkels und dem anderen Schenkel. Ist ω gegeben, so ist α zweideutig bestimmt; ist nämlich $\sin(\alpha_1 + \omega) = 2\sin\omega$, so ist auch $\sin[(180^0 - \alpha_1 - 2\omega) + \omega] = 2\sin\omega$. Es haben daher die beiden gleichschenkligen Dreiecke, die zu demselben ω gehören, zwei Winkel an den Spitzen, deren Summe $= 180^0 - 2\omega$ ist. — Die Auflösung der Gleichung $\sin(\alpha + \omega) = 2\sin\omega$ ergiebt

$$\cot\omega = \frac{2 - \cos\alpha}{\sin\alpha} \quad \text{(Ho).}$$

3. *Im rechtwinkligen Dreieck mit dem rechten Winkel bei* A *ist*

$$\cot\omega = 2\operatorname{cosec}2\beta = 2\operatorname{cosec}2\gamma = \frac{a^2}{bc} = \frac{b}{c} + \frac{c}{b}.$$

Die Gestalt eines rechtwinkligen Dreiecks ist durch seinen Brocardschen Winkel bestimmt. Im gleichschenklig rechtwinkligen Dreieck ist $\cot\omega = 2$, $\omega = 26^\circ 33',9$; dieses ist der grösste Wert, welchen ω im rechtwinkligen Dreieck erlangen kann.

4. *Im spitzwinkligen Dreieck ist* $\cot\omega$ *kleiner, im stumpfwinkligen grösser als* $2\operatorname{cosec}2\delta$, *wo* δ *irgend einen der Winkel des Dreiecks bezeichnet* (Eh).

Beweis. Sind α, β, γ spitze Winkel, so folgt aus

$$\cos\alpha = \sin\beta\sin\gamma - \cos\beta\cos\gamma,$$

dass $\cos\alpha < \sin\beta\sin\gamma$, $\dfrac{1}{\cos\alpha} > \dfrac{1}{\sin\beta\sin\gamma}$, $\dfrac{\sin\alpha}{\cos\alpha} > \dfrac{\sin\alpha}{\sin\beta\sin\gamma}$, $\operatorname{tg}\alpha > \cot\beta + \cot\gamma$, $\operatorname{tg}\alpha + \cot\alpha > \cot\omega$, also $\cot\omega < 2\operatorname{cosec}2\alpha$ ist. Dieselbe Schlussweise ist gültig, wenn man von einem der beiden anderen Winkel ausgeht. — Ist α stumpf, also $\operatorname{cosec}2\alpha < 0$, so ist der Beweis nur für die spitzen Winkel zu erbringen. Man schliesst dann aus $\cos\gamma = \sin\alpha\sin\beta - \cos\alpha\cos\beta$ und $\cos\alpha < 0$, dass $\cos\gamma > \sin\alpha\sin\beta$ sein muss und gelangt in analoger Weise wie oben zur Behauptung. Aus $\cot\omega > \operatorname{tg}\gamma + \cot\gamma$ ist dann zu entnehmen, dass im stumpfwinkligen Dreieck $\cot\omega > 2$, $\omega < 26^\circ 33',9$ (Ss), während im spitzwinkligen Dreieck ω an diese Grenze nicht gebunden ist.

§ 8. Dreiecke, für welche eine einfache Beziehung zwischen ω und einem Dreieckswinkel gegeben ist.

1. Die Bedingung dafür, dass im $\triangle ABC$ $\omega = \dfrac{\alpha}{2}$ sei (A, Ω, Ω' in einer Geraden liegen), ist $a^2 = bc$ (Ha). Folgt aus Gl. (a). Ist ω gegeben, so hat man zur Bestimmung von β und γ die Gleichungen (s. § 1, Gl. a_3)

$$\sin(\beta-\omega)\sin(\gamma-\omega) = \sin\omega^2, \quad (\beta-\omega)+(\gamma-\omega) = 2R - 4\omega = 2\lambda.$$

Hieraus ergiebt sich durch Elimination von γ

$$\sin[-(\beta-\omega)]\sin[2\lambda-(\beta-\omega)] = -\sin\omega^2,$$
$$\sin[(\lambda-\beta+\omega)-\lambda]\sin[(\lambda-\beta+\omega)+\lambda] = -\sin\omega^2,$$
$$\sin(\lambda-\beta+\omega)^2 = \sin\lambda^2 - \sin\omega^2 = \sin(\lambda+\omega)\sin(\lambda-\omega);$$

wird dann λ durch seinen Wert R—2ω ersetzt, so folgt

$$\cos(\beta+\omega)^2 = \cos\omega\cos 3\omega \quad \text{(F)}; \quad \text{ebenso ist}$$

$$\cos(\gamma+\omega)^2 = \cos\omega\cos 3\omega$$

wegen der symmetrischen Natur der Gleichungen. — Ist umgekehrt β oder γ gegeben, so erhält man ω vermittelst einer Gleichung vierten Grades.

2. Die Bedingung dafür, dass im $\triangle$ ABC $\omega = \frac{\alpha}{3}$ sei (AΩ, AΩ' den $\angle$ A in drei gleiche Teile teilen), ist

$$b^2c^2(b^2+c^2) = a^6 - 2a^2b^2c^2 \quad \text{(Le)}.$$

Kann aus Gl. (a) gefolgert werden.

3. Die Bedingung dafür, dass im $\triangle$ ABC $\omega = 90^\circ - \alpha$ (CΩ ⊥ AB) sei, ist

$$b^4+c^4 = a^2(b^2+c^2) \quad \text{(Le)}.$$

Beweis. Die Gleichungen (a) und (b) liefern unter der angegebenen Voraussetzung

$$\frac{\cos 2\omega}{\sin\omega} = \frac{a^2}{bc}, \quad \frac{1}{\sin\omega} = \frac{b^2+c^2}{bc};$$

die zweite Gleichung giebt

$$\frac{1}{\sin\omega^2} = \frac{(b^2+c^2)^2}{b^2c^2}, \quad \frac{1-2\sin\omega^2}{\sin\omega^2} = \frac{b^4+c^4}{b^2c^2}.$$

Dieses Ergebnis vergleiche man mit demjenigen, welches durch Multiplikation beider Gleichungen entsteht.

Interessant ist die goniometrische Form der Bedingungsgleichung. Aus

$$\frac{-\cos 2\alpha}{\cos\alpha} = \frac{\sin\alpha^2}{\sin\beta\sin\gamma}$$

ergiebt sich durch Subtraktion der Zähler und der Nenner das neue gleiche Verhältnis $\frac{\cos\alpha^2}{\cos\beta\cos\gamma}$, aus diesem und dem zweiten durch korrespondierende Addition $\frac{1}{\cos(\beta-\gamma)}$; somit ist

$$\left.\begin{aligned} \cot\alpha^2 &= \cot\beta\cot\gamma; \\ \text{ferner}\quad \frac{1}{\cos(\beta-\gamma)} &= \frac{\cos 2\omega}{\sin\omega} \end{aligned}\right\} \text{(F)}.$$

Da $\beta+\gamma = 90^0+\omega$ ist, so hat man zur Bestimmung von β und γ

$$\sin(2\beta-\omega) = \sin(2\gamma-\omega) = \frac{\sin\omega}{\cos 2\omega} \quad (\text{F}).$$

— Ist umgekehrt β oder γ gegeben, so gewinnt man $\cot\omega$ als Wurzel einer kubischen Gleichung.

4. Die Bedingung dafür, dass im $\triangle$ABC $\cot\omega = 2\cot\alpha$ sei, ist $b^2+c^2 = 3a^2$ (cf. § 3). Unter derselben Voraussetzung ist

$$\cot\beta+\cot\gamma = \cot\alpha, \quad \cot\beta\cot\gamma = 1-\cot\alpha(\cot\beta+\cot\gamma).$$

Bei fest gewähltem a liegt A auf dem Kreise um G_a durch die entfernteren Ecken des über a errichteten Quadrates; denn $4(\frac{1}{2}a\sqrt{5})^2+a^2 = 2b^2+2c^2$.

5. Die Bedingung dafür, dass im $\triangle$ABC $\cot\omega = 3\cot\alpha$ sei, ist $b^2+c^2 = 2a^2$. (Ar).

Beweis. Aus

$$3\cot\alpha = \cot\alpha+\cot\beta+\cot\gamma \quad \text{folgt} \quad 2\cot\alpha = \frac{\sin\alpha}{\sin\beta\sin\gamma} \quad \text{oder}$$

$$2\cos\alpha = \frac{a^2}{bc}, \quad 2bc\cos\alpha = a^2, \quad \text{also} \quad b^2+c^2 = 2a^2.$$

Goniometrisch: $\cos 2\beta+\cos 2\gamma = 2\cos 2\alpha$ (N). Zur Bestimmung von β oder γ aus ω oder umgekehrt dienen die Gleichungen

$$\cot\beta+\cot\gamma = \tfrac{2}{3}\cot\omega, \quad \cot\beta\cot\gamma = 1-\tfrac{2}{9}\cot\omega^2.$$

Bei fest gewählter Grundlinie a ist der Ort der Spitze der Kreis um G_a mit einem der Höhe des gleichseitigen Dreiecks über a gleichen Halbmesser; denn $4(\frac{1}{2}a\sqrt{3})^2+a^2 = 2b^2+2c^2$.

Ein Dreieck wie das vorliegende, in welchem die Kotangente eines Winkels das arithmetische Mittel der Kotangenten der drei Winkel ist, ist seinem Mittelliniendreiecke ähnlich (Ar); denn es verhält sich

$$2b^2+2c^2-a^2:2c^2+2a^2-b^2:2a^2+2b^2-c^2 = 3a^2:3c^2:3b^2, \quad \text{also}$$

$$g_a:g_b:g_c = a:c:b.$$

Fig. 8.

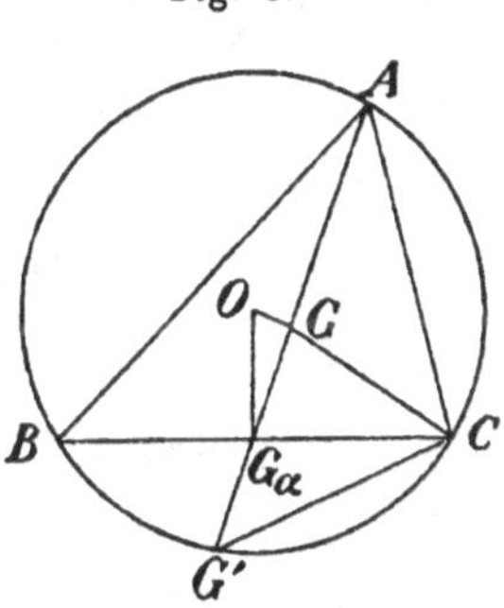

Verlängert man daher (Fig. 8) GG_a um sich selbst bis G′ und zieht G′C, so ist $\angle$G′CG $= \alpha$, $\angle$CG′G $= \beta$, $\angle$G′GC $= \gamma$, woraus folgt, dass G′ auf der Peripherie des Umkreises gelegen ist. Da G die Mitte von AG' ist, so erkennt man des weiteren, dass AG auf der Eulerschen Geraden OG senkrecht steht; daraus ergiebt sich dann ein einfaches Mittel, in einen gegebenen Kreis ein Dreieck der vorliegenden Art zu zeichnen.

§ 9. Das Maximum des Brocardschen Winkels.

1. Die *Crelle*sche Gl. (b_1) des § 2 erlaubt den Schluss, dass $\sin(\alpha+\omega) \geqq 2\sin\omega$ ist. Dieselbe Beziehung muss für jeden Dreieckswinkel statthaben. Bezeichnet daher δ irgend einen der Dreieckswinkel, so ist

$$\sin\omega \leqq \tfrac{1}{2}\sin(\delta+\omega), \quad \sin\omega \leqq \tfrac{1}{2}, \quad \omega \leqq 30^0.$$

Zusatz. Die Punkte Ω und Ω' liegen ihrem auf eine der Dreiecksseiten bezogenen Spiegelpunkte näher, als letzterer derjenigen Seite, in deren Endpunkt der Scheitel des $\angle 2\omega$ liegt.

2. $(\cot\beta-\cot\gamma)^2+(\cot\gamma-\cot\alpha)^2+(\cot\alpha-\cot\beta)^2=2(\cot\omega^2-3)$, folglich $\cot\omega^2 \geqq 3$, $\cot\omega \geqq \sqrt{3}$, $\omega \leqq 30^0$ (F).

3. In $\cot\omega = \cot\alpha+\cot\beta+\cot\gamma = \cot\alpha+\cot\beta-\cot(\alpha+\beta)$ handelt es sich für $\alpha =$ const. um das Minimum von

$$\cot\beta-\cot(\alpha+\beta) = \frac{\sin\alpha}{\sin\beta\sin(\alpha+\beta)} = \frac{2\sin\alpha}{\cos\alpha-\cos(\alpha+2\beta)}.$$

Das Maximum des Nenners findet statt, wenn $\cos(\alpha+2\beta) = -1$, $\alpha+2\beta = 180^0$, $\gamma = \beta$ ist. Bei konstantem α wird also ω ein Maximum, wenn das Dreieck gleichschenklig ist mit dem Winkel α an der Spitze. Es fragt sich daher, unter welcher Bedingung $\cot\alpha+2\cot\left(90^0-\frac{\alpha}{2}\right) = \cot\alpha+2\operatorname{tg}\frac{\alpha}{2} = \tfrac{3}{2}\operatorname{tg}\frac{\alpha}{2}+\tfrac{1}{2}\cot\frac{\alpha}{2}$ zum Minimum wird. Da aber das Produkt der beiden Summanden konstant ist, so wird das Minimum der Summe sich ergeben, wenn beide Bestandteile gleich sind*), wenn also $\operatorname{tg}\frac{\alpha^2}{2} = \tfrac{1}{3}$, $\alpha = 60^0$ ist. Weil nun das Dreieck gleichschenklig nach B und C ist, so muss es gleichseitig sein mit $\omega = 30^0$ (Br).

---

*) $x+\frac{p}{x} = \left(\sqrt{x}-\sqrt{\frac{p}{x}}\right)^2+2\sqrt{p}$.

§ 10. Die Grenzen der Dreieckswinkel bei gegebenem ω.

1. Aus den Gleichungen (b) (§ 2) ergiebt sich, dass für ein beliebiges zwischen 0 und 30° gelegenes ω der Winkel δ,*der Repräsentant irgend eines der Dreieckswinkel, seine extremen Werte erlangt, wenn

$$\sin(\delta+\omega) = 2\sin\omega$$

ist, wenn er also Winkel an der Spitze eines gleichschenkligen Dreiecks mit dem Brocardschen Winkel ω ist. Die beiden hohlen Winkel δ_1 und δ_2, $\delta_1 < \delta_2$, welche vorstehender Gleichung genügen, sind (§ 7, 2) verbunden durch die Relation

$$\delta_1+\omega+\delta_2+\omega = 180^\circ, \quad \delta_1+\delta_2 = 180^\circ-2\omega.$$

Es ist beispielsweise für

$$\omega = 10^\circ: \quad \delta_1 = 10^\circ\,19',3, \quad \delta_2 = 149^\circ\,40',7,$$
$$\omega = 20^\circ: \quad \delta_1 = 23^\circ\;\;9',6, \quad \delta_2 = 116^\circ\,50',4,$$
$$\omega = 29^\circ: \quad \delta_1 = 46^\circ\,50',4, \quad \delta_2 = \;\;75^\circ\;\;9',6,$$

während (§ 7, 1) für $\omega = 30^\circ$ die beiden Grenzen mit 60° zusammenfallen. — Für die Konstruktion von δ_1 und δ_2 aus ω s. § 7, 2.

2. Handelte es sich im § 7 darum, die Gleichung $\sin(\delta+\omega) = 2\sin\omega$ nach ω aufzulösen, so ist jetzt umgekehrt δ in seiner Abhängigkeit von ω darzustellen. Aus

$$\frac{\sin(\delta+\omega)}{\sin\delta\sin\omega} = \frac{2}{\sin\delta} \quad \text{folgt}$$

$$(\cot\delta+\cot\omega)^2 = 4(\cot\delta^2+1),$$

$$\cot\delta^2-\tfrac{2}{3}\cot\omega\cot\delta-\tfrac{1}{3}(\cot\omega^2-4) = 0,$$

$$\cot\delta_1 = \tfrac{1}{3}(\cot\omega+2\sqrt{\cot\omega^2-3}),$$

$$\cot\delta_2 = \tfrac{1}{3}(\cot\omega-2\sqrt{\cot\omega^2-3}) \quad \text{(N)}.$$

Dieselbe quadratische Gleichung für $\cot\delta$ muss sich auch ergeben, wenn man die Diskriminante der in § 5, 3 II 1) erwähnten Gleichung gleich Null setzt. —

Zwischen δ_1, δ_2 und ω lassen sich eine grosse Zahl einfacher und eleganter Beziehungen auffinden; die wichtigsten derselben sind in den Nummern 3—5 zusammengestellt*).

3. $\sin\delta_1\sin\delta_2 = 3\sin\omega^2, \quad \cos\delta_1\cos\delta_2 = 5\sin\omega^2-1.$

*) Bezüglich anderer, z. T. weiterer Ausführungen vergl. *McCay* (1885), *Simmons* und *Fuhrmann* (1889).

Beweis. Aus 2 folgt $\cot\delta_1 + \cot\delta_2 = \frac{2}{3}\cot\omega$,

$$\frac{\sin(\delta_1+\delta_2)}{\sin\delta_1 \sin\delta_2} = \frac{2}{3}\cot\omega,$$

$$\sin\delta_1 \sin\delta_2 = \sin 2\omega : \tfrac{2}{3}\cot\omega = 3\sin\omega^2.$$

Aus 1 folgt $\cos(\delta_1+\delta_2) = 2\sin\omega^2 - 1$,

$$\cos\delta_1 \cos\delta_2 = 3\sin\omega^2 + 2\sin\omega^2 - 1 = 5\sin\omega^2 - 1.$$

4. a. $\cos\left(\frac{\delta_1}{2} - \frac{\delta_2}{2}\right) = 2\sin\omega$ (Ss),

b. $\cos\frac{\delta_1}{2}\cos\frac{\delta_2}{2} = \frac{3}{2}\sin\omega$, $\sin\frac{\delta_1}{2}\sin\frac{\delta_2}{2} = \frac{1}{2}\sin\omega$ (F),

c. $\operatorname{tg}\frac{\delta_1}{2}\operatorname{tg}\frac{\delta_2}{2} = \frac{1}{3} = \operatorname{tg}30^0 \operatorname{tg}30^0$ (Ho).

Beweis. Aus 3 folgt $\cos(\delta_1 - \delta_2) = 8\sin\omega^2 - 1$,

$$2\cos\left(\frac{\delta_1}{2} - \frac{\delta_2}{2}\right)^2 = 8\sin\omega^2,$$

$$\cos\left(\frac{\delta_1}{2} - \frac{\delta_2}{2}\right) = 2\sin\omega.$$

Hieraus und aus $\cos\left(\frac{\delta_1}{2} + \frac{\delta_2}{2}\right) = \sin\omega$ (1) ergiebt sich das Weitere.

5. $\cot\frac{\delta^2}{2} - 2\cot\omega\cot\frac{\delta}{2} + 3 = 0$ (Mc).

Beweis. Nach 4 ist $\cot\frac{\delta_1}{2}\cot\frac{\delta_2}{2} = 3$, ferner ist

$$\cot\frac{\delta_1}{2} + \cot\frac{\delta_2}{2} = \frac{\sin\left(\frac{\delta_1}{2} + \frac{\delta_2}{2}\right)}{\sin\frac{\delta_1}{2}\sin\frac{\delta_2}{2}} = \frac{2\cos\omega}{\sin\omega} = 2\cot\omega;$$

demnach sind $\cot\frac{\delta_1}{2}$, $\cot\frac{\delta_2}{2}$ die Wurzeln der angegebenen Gleichung. Die Auflösung derselben ergiebt

$$\cot\frac{\delta_1}{2} = \cot\omega + \sqrt{\cot\omega^2 - 3}, \quad \cot\frac{\delta_2}{2} = \cot\omega - \sqrt{\cot\omega^2 - 3}.$$

§ 11. Darstellung nach α, β, γ symmetrischer Funktionen eines Winkels φ vermittelst des Brocardschen Winkels.

1. $\Sigma \frac{\sin(\alpha-\varphi)}{\sin\alpha} = 2\cos\varphi + \frac{\sin(\omega-\varphi)}{\sin\omega}$.

Beweis. $\Sigma \frac{\sin(\alpha-\varphi)}{\sin\alpha} = \Sigma\cos\varphi - \Sigma\cot\alpha\sin\varphi$

$= 3\cos\varphi - \cot\omega\sin\varphi$

$= 2\cos\varphi + \frac{\sin\omega\cos\varphi - \cos\omega\sin\varphi}{\sin\omega}$.

Beispiele. 1) $\varphi = \omega$. $\Sigma \frac{\sin(\alpha-\omega)}{\sin\alpha} = 2\cos\omega$;

2) $\varphi = -\omega$. $\Sigma \frac{\sin(\alpha+\omega)}{\sin\alpha} = 4\cos\omega$;

3) $\varphi = \omega - 90^0$. $\Sigma \frac{\cos(\alpha-\omega)}{\sin\alpha} = \frac{1+2\sin\omega^2}{\sin\omega}$;

4) $\varphi = -\omega - 90^0$. $\Sigma \frac{\cos(\alpha+\omega)}{\sin\alpha} = \frac{2\cos 3\omega}{\sin 2\omega}$.

2. $\Sigma \sin\alpha\sin(\alpha-\varphi) = 2\frac{\cos(\omega+\varphi)}{\sin\omega}\sin\alpha\sin\beta\sin\gamma$.

Beweis. $\Sigma\sin\alpha\sin(\alpha-\varphi) = \Sigma\sin\alpha^2.\cos\varphi - \Sigma\sin\alpha\cos\alpha.\sin\varphi$

$=$*) $2\Pi\sin\alpha.\cot\omega\cos\varphi - 2\Pi\sin\alpha.\sin\varphi$.

Beispiele. 1) $\Sigma\sin\alpha\sin(\alpha-\omega) = \frac{2\cos 2\omega}{\sin\omega}\sin\alpha\sin\beta\sin\gamma$;

2) $\Sigma\sin\alpha\sin(\alpha+\omega) = \frac{2}{\sin\omega}\sin\alpha\sin\beta\sin\gamma$;

3) $\Sigma\sin\alpha\cos(\alpha-\omega) = 4\cos\omega\sin\alpha\sin\beta\sin\gamma$;

4) $\Sigma\sin\alpha\cos(\alpha+\omega) = 0$ (N).

Die letzte Formel erlaubt den Schluss, dass von den drei Winkeln $\alpha+\omega$, $\beta+\omega$, $\gamma+\omega$ mindestens einer ein spitzer und mindestens einer ein stumpfer ist, abgesehen von dem speziellen Falle, dass alle drei Winkel gleich, also Rechte sind.

3. $\Sigma\sin\alpha\sin(\beta-\varphi)\sin(\gamma-\varphi)$

$= \frac{2\sin\omega - \sin(2\varphi-\omega)}{\sin\omega}\sin\alpha\sin\beta\sin\gamma$.

Beweis. $\sin(\beta-\varphi)\sin(\gamma-\varphi) = \sin\beta\sin\gamma\cos\varphi^2$

$+\cos\beta\cos\gamma\sin\varphi^2 - \sin\alpha\sin\varphi\cos\varphi$;

*) Vergl. die Bemerkungen zu den Formeln 4) und 5) im § 3.

$$\Sigma \sin\alpha \sin\beta \sin\gamma \cos\varphi^2 = 3 \sin\alpha \sin\beta \sin\gamma \cos\varphi^2,$$
$$\Sigma \sin\alpha \cos\beta \cos\gamma \sin\varphi^2 = \sin\alpha \sin\beta \sin\gamma \sin\varphi^2,$$
$$\Sigma \sin\alpha^2 \sin\varphi \cos\varphi = 2 \sin\alpha \sin\beta \sin\gamma \cot\omega \sin\varphi \cos\varphi.$$

Die Gesamtsumme ist demnach gleich

$$(2 + \cos 2\varphi - \cot\omega \sin 2\varphi) \sin\alpha \sin\beta \sin\gamma. \text{ —}$$

Beispiele.

1) $\Sigma \sin\alpha \sin(\beta - \omega) \sin(\gamma - \omega) = \sin\alpha \sin\beta \sin\gamma$ (N);
2) $\Sigma \sin\alpha \sin(\beta + \omega) \sin(\gamma + \omega) = (1 + 4\cos\omega^2) \sin\alpha \sin\beta \sin\gamma$;
3) $\Sigma \sin\alpha \cos(\beta - \omega) \cos(\gamma - \omega) = 3 \sin\alpha \sin\beta \sin\gamma$;
4) $\Sigma \sin\alpha \cos(\beta + \omega) \cos(\gamma + \omega) = (4\sin\omega^2 - 1) \sin\alpha \sin\beta \sin\gamma$.

4. $\sin(\alpha - \varphi) \sin(\beta - \varphi) \sin(\gamma - \varphi)$

$$= \sin\varphi^3 + \frac{\sin(\omega - \varphi)}{\sin\omega} \sin\alpha \sin\beta \sin\gamma.$$

Beweis. Ebenso wie bei der vierten Herleitung der Grundformel ergiebt sich für die linke Seite der Wert

$$\Pi \sin\alpha . \cos\varphi - \Pi \cos\alpha . \sin\varphi - \tfrac{1}{4}(\sin\varphi + \sin 3\varphi)$$
$$= \Pi \sin\alpha . \cos\varphi - \Pi \cos\alpha . \sin\varphi - \sin\varphi \cos\varphi^2.$$

Nach Formel 2) (§ 1) ist nun

$$\Pi \cos\alpha = \Pi \sin\alpha . \cot\omega - 1.$$

Dies einsetzend erhält man

$$\Pi \sin\alpha (\cos\varphi - \cot\omega \sin\varphi) + \sin\varphi (1 - \cos\varphi^2).$$

Beispiele.

1) $\Pi \sin(\alpha - \omega) = \sin\omega^3$ (Grundgleichung);
2) $\Pi \sin(\alpha + \omega) = 2 \sin\alpha \sin\beta \sin\gamma \cos\omega - \sin\omega^3$
$= \sin\omega (\sin\alpha^2 + \sin\beta^2 + \sin\gamma^2 - \sin\omega^2)$;
3) $\Pi \cos(\alpha - \omega) = \dfrac{\sin\alpha \sin\beta \sin\gamma}{\sin\omega} - \cos\omega^3$;
4) $\Pi \cos(\alpha + \omega) = \dfrac{\sin\alpha \sin\beta \sin\gamma}{\sin\omega} \cos 2\omega - \cos\omega^3$.

Anm. Die Aufdeckung des Zusammenhangs der vorstehenden Formeln sowie ihre Verwertung zur Ableitung weiterer Beziehungen sind lehrreich und nicht ohne Interesse. Auch lassen sich einige der speziellen Formeln mit Hülfe früherer Gleichungen noch leichter beweisen; so folgt Beispiel 1) der No. 3 sofort aus Gl. (a_2) und den zyklisch verwandten bei Rücksicht auf F. 9). — Die allgemeinen Formeln, welche meines Wissens noch nicht veröffentlicht sind, finden späterhin Anwendung; bezüglich der Beispiele und anderer Formeln sei auf *Fuhrmann* (1887) verwiesen.

Zweites Kapitel.

Die Brocardschen Punkte.

Einleitung.

Die in der Einleitung zum ersten Kapitel bezeichneten *Brocardschen Punkte* Ω, Ω′ zeigen eine bemerkenswerte Analogie zum Höhenschnittpunkte H. Während von diesem aus die Seiten unter Winkeln gesehen werden, welche den jeweils gegenüberliegenden Dreieckswinkeln supplementar (bezw. gleich) sind, erscheinen von jenen aus die Seiten unter Winkeln, welche den jeweils zweiten bezw. ersten der anliegenden Winkel zu 2R ergänzen; dabei wird die Reihenfolge der einer Seite anliegenden Winkel durch die normale Umlaufsrichtung ABCA bestimmt. Dieser Richtung folgt man auch, wenn man die gleichen Winkel ΩAB, ΩBC, ΩCA von Ω aus umläuft, weshalb man Ω als den *ersten*, seinen Winkelgegenpunkt Ω′, für welchen $\angle \Omega'AC = \Omega'CB = \Omega'BA$ ist, als den *zweiten* Brocardschen Punkt bezeichnet. In engem Zusammenhange mit der Konstruktion der Brocardschen Punkte durch Kreisbogen über den Seiten nach innen steht eine zweite mit Hülfe von Dreiecken, welche den Seiten nach aussen hin aufgesetzt und dem Urdreiecke in bestimmter Ordnung ähnlich sind. Zur näheren Erforschung der Natur der Punkte gehört dann die Betrachtung der Dreiecke, welche vermittelst ihrer Scheitellinien gebildet werden, die Darstellung ihrer Entfernungen von den Ecken und Seiten, die Vergleichung ihrer Fusspunktendreiecke untereinander und mit dem Urdreiecke. Fragt man nach denjenigen Scheitellinien, welche mit den durch Ω und Ω′ gezogenen möglichst einfach zusammenhängen, so sind dies neben den Winkelhalbierenden vor allem die *Gegenmittellinien* d. h. diejenigen Scheitellinien, welche mit den Halbierenden der Dreieckswinkel dieselben Winkel bilden wie die entsprechenden Mittellinien. Die genaueren Lagebeziehungen endlich zwischen den Brocardschen Punkten, dem Umkreismittelpunkte O und dem *Grebeschen Punkte* K, dem Schnittpunkte der Gegenmittellinien — OΩ′KΩ *zugleich Deltoid und Sehnenviereck* — resultieren aus dem Vergleiche des △ABC mit kongruenten oder ähnlichen Dreiecken, zu deren Betrachtung die Brocardschen Punkte und der Brocardsche Winkel naturgemäss hinleiten.

§ 12. Erzeugung der Brocardschen Punkte.

1. *Beschreibt man durch je zwei Ecken eines Dreiecks Kreise, deren jeder die jedesmal folgende Seite berührt, so schneiden sich diese Kreise in Ω; berührt dagegen jeder Kreis, die jedesmal vorhergehende Seite, so schneiden sich die Kreise in Ω'* (J).

Fig. 9.

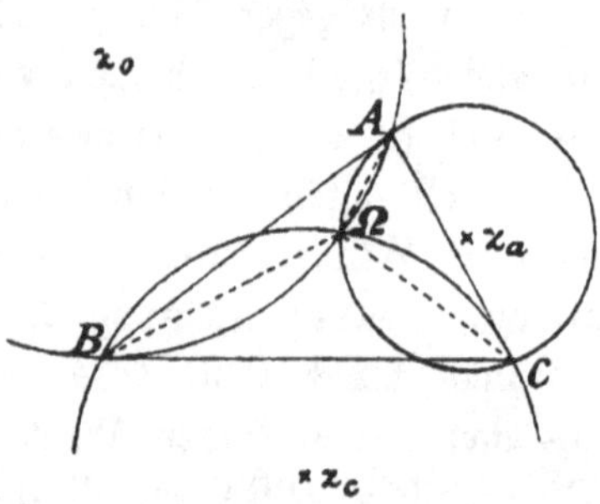

Beweis. Der Kreis $\varkappa_b$ (Fig. 9) durch A und B, welcher BC (in B) berührt, schneide den Kreis $\varkappa_c$ durch B und C, welcher CA berührt, in X. Dann ist $\angle XAB = XBC$ und $\angle XBC = XCA$, folglich auch $\angle XCA = XAB$ d. h. der Kreis durch C und A, welcher AB berührt, geht durch X, und X ist identisch mit Ω. — Analog ist zu zeigen, dass drei Kreise $\varkappa'_a$, $\varkappa'_b$, $\varkappa'_c$, deren erster durch A und B geht und CA in A berührt etc., sich in Ω' schneiden.

Anm. Die beiden Kreisternionen $\varkappa_a$, $\varkappa_b$, $\varkappa_c$; $\varkappa'_a$, $\varkappa'_b$, $\varkappa'_c$ werden als die dem Punkte Ω bezw. Ω' zugeordneten *Beikreise* des △ ABC bezeichnet.

2. *Legt man in jeder Ecke eines Dreiecks beiderseits den vorhergehenden Dreieckswinkel nach aussen hin an und verbindet die Spitzen der Aufsatzdreiecke mit den gegenüberliegenden Ecken des Urdreiecks, so schneiden sich die Verbindungslinien in Ω; legt man jedoch beiderseits den folgenden Dreieckswinkel nach aussen hin an und zieht die genannten Verbindungslinien, so schneiden sich dieselben in Ω'* (Br).

Beweis. Die Umkreise der Aufsatzdreiecke sind offenbar identisch mit den Beikreisen; es ist daher nur zu zeigen, dass die Verbindungslinien von Ω, beispielsweise, mit der Spitze eines Aufsatzdreiecks der ersten Gruppe und mit der gegenüberliegenden Ecke des Urdreiecks einen gestreckten Winkel bilden. Dieser Nachweis aber wird durch Vergleichung von Peripheriewinkeln leicht erbracht. — Vergl. übrigens § 6, 4 (Fig. 7).

3. *Zieht man* (Fig. 10) *durch den Berührungspunkt eines Beikreises eine Parallele zu derjenigen Seite, die weder Sehne noch Tangente des Kreises ist, und verbindet den Schnittpunkt der Parallele und des Kreises mit der gegenüberliegenden Ecke, so trifft die Verbindungslinie den Kreis in* Ω *bezw.* Ω' (D). — Folgt aus 1 und 2.

Fig. 10.

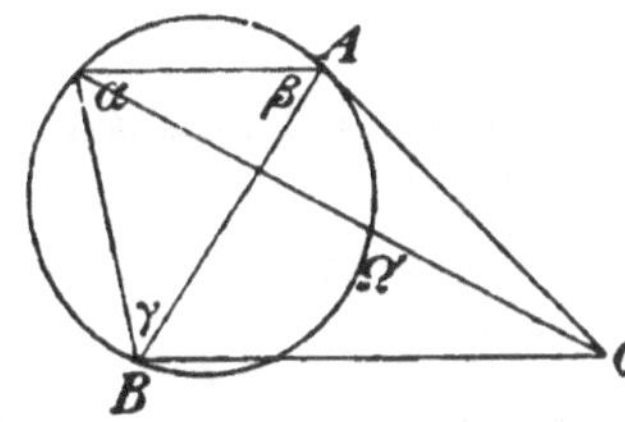

§ 13. Die Dreiecke, welche vermittelst der Scheitellinien durch Ω, Ω' gebildet werden.

1. *Die* (Fig. 11) *bis zum Schnitt mit den Seiten verlängerten Scheitellinien durch* Ω *erzeugen drei Paare ähnlicher Dreiecke; desgleichen die durch* Ω' *gezogenen Scheitellinien* (J).

$$(1)\quad \begin{cases} \triangle AB\Omega_a \sim B\Omega\Omega_a, \\ \triangle BC\Omega_\beta \sim C\Omega\Omega_\beta, \\ \triangle CA\Omega_\gamma \sim A\Omega\Omega_\gamma; \end{cases} \qquad (2)\quad \begin{cases} \triangle AC\Omega'_a \sim C\Omega'\Omega'_a, \\ \triangle BA\Omega'_\beta \sim A\Omega'\Omega'_\beta, \\ \triangle CB\Omega'_\gamma \sim B\Omega'\Omega'_\gamma. \end{cases}$$

Folgerungen. a. $B\Omega_a^2 = A\Omega_a . \Omega\Omega_a$; $C\Omega_a'^2 = A\Omega'_a . \Omega'\Omega'_a$.

b. $B\Omega_a : c = \Omega\Omega_a : B\Omega$; $C\Omega'_a : b = \Omega'\Omega'_a : C\Omega'$.

2. *Von* Ω *und* Ω' *aus zerfällt* △ ABC *in drei Paare ähnlicher Dreiecke.*

$$(3)\quad \begin{cases} \triangle \Omega CA \sim \Omega' BA, \\ \triangle \Omega AB \sim \Omega' CB, \\ \triangle \Omega BC \sim \Omega' AC. \end{cases}$$

Fig. 11.

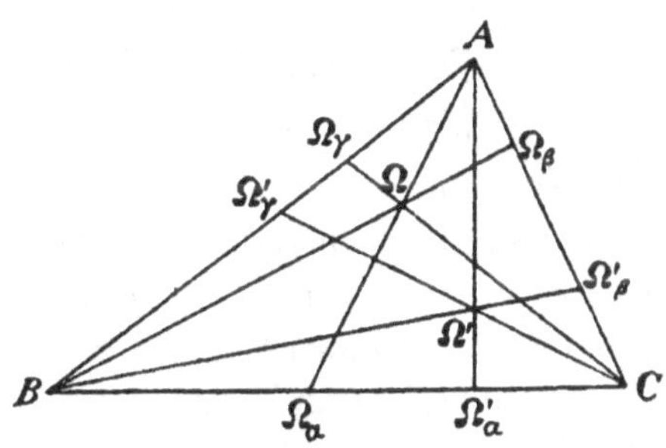

Folgerungen. a. *Die Verbindungslinien der Brocardschen Punkte mit einer Ecke verhalten sich wie die in dieser Ecke zusammenstossenden Seiten* (J).

$$A\Omega : A\Omega' = b : c,\quad B\Omega : B\Omega' = c : a,\quad C\Omega : C\Omega' = a : b.$$

b. $B\Omega . C\Omega' = C\Omega . A\Omega' = A\Omega . B\Omega'$.

c. $c . C\Omega = b . B\Omega'$, $a . A\Omega = c . C\Omega'$, $b . B\Omega = a . A\Omega'$.

d. $A\Omega : B\Omega : C\Omega = \frac{b}{a} : \frac{c}{b} : \frac{a}{c}$;

$A\Omega' : B\Omega' : C\Omega' = \frac{c}{a} : \frac{a}{b} : \frac{b}{c}$.

e. $\triangle BC\Omega : CA\Omega : AB\Omega = \frac{1}{b^2} : \frac{1}{c^2} : \frac{1}{a^2}$;

$\triangle BC\Omega' : CA\Omega' : AB\Omega' = \frac{1}{c^2} : \frac{1}{a^2} : \frac{1}{b^2}$.

Zusatz. Im gleichschenkligen Dreieck liegen Ω, Ω' symmetrisch zur Basishöhe ($\triangle \Omega CA \cong \Omega' BA$); ferner ist $B\Omega^2 = C\Omega . A\Omega$; $C\Omega'^2 = B\Omega' . A\Omega'$, wo A die Spitze bezeichnet (En).

3. *Von Ω und Ω' aus zerfällt* △ ABC *in drei Paare inhaltsgleicher Dreiecke* (En).

$$\triangle \Omega AB = \Omega' AC, \quad \triangle \Omega BC = \Omega' BA, \quad \triangle \Omega CA = \Omega' CB.$$

Beweis. Je zwei dieser Dreiecke enthalten den $\angle \omega$, und die Produkte der einschliessenden Seiten sind gleich nach 2. Folg. a.

4. Zu den erhaltenen neun Paaren ähnlicher Dreiecke treten neun weitere Paare hinzu, von denen immer — wie bisher — drei in der Art zusammengehören, dass die beiden folgenden aus dem ersten durch zyklische Verwechslung erhalten werden. Es ist

$$(4) \qquad \triangle A\Omega\Omega_\gamma \sim A\Omega'\Omega'_\beta, \ldots, \ldots \quad \text{(Ho)}$$

Zusatz. $\Omega_\gamma \Omega'_\beta a \parallel BC, \ldots, \ldots$

$$(5) \qquad \triangle \Omega_a CA \sim \Omega'_\gamma \Omega' A, \ldots, \ldots$$

$$(6) \qquad \triangle \Omega'_a BA \sim \Omega_\beta \Omega A, \ldots, \ldots$$

Durch Kombination von (1) und (2) mit (4) ergeben sich neun weitere Paare So findet sich, dass an jeder Ecke vier ähnliche Dreiecke einer Art und dreimal zwei ähnliche Dreiecke je einer anderen Art zusammenstossen. An der Ecke A beispielsweise liegen vier Dreiecke mit den Winkeln α, ω und je zwei mit den Winkeln α—ω, ω; α—ω, β; α—ω, γ.

§ 14. Die Scheitellinien durch Ω, Ω' und ihre Abschnitte.

1. $B\Omega_a = \frac{c \sin \omega}{\sin(\beta + \omega)}, \quad C\Omega_a = \frac{b \sin(\alpha - \omega)}{\sin(\beta + \omega)},$

$C\Omega_\beta = \frac{a \sin \omega}{\sin(\gamma + \omega)}, \quad A\Omega_\beta = \frac{c \sin(\beta - \omega)}{\sin(\gamma + \omega)},$

$$A\Omega_\gamma = \frac{b\sin\omega}{\sin(\alpha+\omega)}, \quad B\Omega_\gamma = \frac{a\sin(\gamma-\omega)}{\sin(\alpha+\omega)};$$

$$B\Omega'_\alpha = \frac{c\sin(\alpha-\omega)}{\sin(\gamma+\omega)}, \quad C\Omega'_\alpha = \frac{b\sin\omega}{\sin(\gamma+\omega)},$$

$$C\Omega'_\beta = \frac{a\sin(\beta-\omega)}{\sin(\alpha+\omega)}, \quad A\Omega'_\beta = \frac{c\sin\omega}{\sin(\alpha+\omega)},$$

$$A\Omega'_\gamma = \frac{b\sin(\gamma-\omega)}{\sin(\beta+\omega)}, \quad B\Omega'_\gamma = \frac{a\sin\omega}{\sin(\beta+\omega)}.$$

Gemäss § 2, 2 lassen sich die 12 Abschnitte leicht als Funktionen der Seiten darstellen (Cr).

Zusatz. Eine Scheitellinie durch einen Brocardschen Punkt und diejenige Seite, welche mit ihr den $\angle\omega$ bildet, bestimmen ein Dreieck, in welchem die dem genannten Winkel gegenüberliegende Seite die kleinste und zwar kleiner ist als die Hälfte der anliegenden Seite des Grunddreiecks.

2. $$A\Omega = \frac{b\sin\omega}{\sin\alpha}, \quad B\Omega = \frac{c\sin\omega}{\sin\beta}, \quad C\Omega = \frac{a\sin\omega}{\sin\gamma};$$

$$A\Omega' = \frac{c\sin\omega}{\sin\alpha}, \quad B\Omega' = \frac{a\sin\omega}{\sin\beta}, \quad C\Omega' = \frac{b\sin\omega}{\sin\gamma}.$$

3. $$A\Omega_\alpha = \frac{c\sin\beta}{\sin(\beta+\omega)}, \qquad A\Omega'_\alpha = \frac{b\sin\gamma}{\sin(\gamma+\omega)},$$

$$B\Omega_\beta = \frac{a\sin\gamma}{\sin(\gamma+\omega)}, \qquad B\Omega'_\beta = \frac{c\sin\alpha}{\sin(\alpha+\omega)},$$

$$C\Omega_\gamma = \frac{b\sin\alpha}{\sin(\alpha+\omega)}; \qquad C\Omega'_\gamma = \frac{a\sin\beta}{\sin(\beta+\omega)}.$$

4. $$\Omega\Omega_\alpha = \frac{c\sin\omega^2}{\sin\beta\sin(\beta+\omega)}, \qquad \Omega'\Omega'_\alpha = \frac{b\sin\omega^2}{\sin\gamma\sin(\gamma+\omega)},$$

$$\Omega\Omega_\beta = \frac{a\sin\omega^2}{\sin\gamma\sin(\gamma+\omega)}, \qquad \Omega'\Omega'_\beta = \frac{c\sin\omega^2}{\sin\alpha\sin(\alpha+\omega)},$$

$$\Omega\Omega_\gamma = \frac{b\sin\omega^2}{\sin\alpha\sin(\alpha+\omega)}; \qquad \Omega'\Omega'_\gamma = \frac{a\sin\omega^2}{\sin\beta\sin(\beta+\omega)}.$$

Will man die 18 Abschnitte unter 2 bis 4 durch die Seiten darstellen (Gr, En), so sind die Formeln 10), (a) und (b) des 1. Kap. zu verwenden.

5. *Das Produkt irgend dreier durch zyklische Verwechslung auseinander hervorgehenden Strecken an der Ω'-Figur ist gleich dem entsprechenden Produkte an der Ω-Figur* (J).

Geometrischer Beweis. Aus § 13, 2 Folg. a folgt

$$\Pi A\Omega = \Pi A\Omega';$$

aus (4) (ibid.)

$$\Pi A\Omega_\gamma : \Pi\Omega\Omega_\gamma : \Pi A\Omega = \Pi A\Omega'_\beta : \Pi\Omega'\Omega'_\beta : \Pi A\Omega',$$

also, da nach dem Cevaschen Satze $\Pi A\Omega_\gamma = \Pi A\Omega_\beta$ ist,

$$\Pi A\Omega_\beta = \Pi A\Omega'_\beta \quad \text{und} \quad \Pi\Omega\Omega_a = \Pi\Omega'\Omega'_a;$$

in Verbindung hiermit ergeben die Zyklen der Folgerungen a in § 13, 1

$$\Pi A\Omega_a = \Pi A\Omega'_a.$$

Hiernach giebt es unter den zusammengehörigen Strecken nur vier wesentlich verschiedene Produkte

$$\Pi A\Omega_\beta, \quad \Pi A\Omega_a, \quad \Pi A\Omega, \quad \Pi\Omega\Omega_a.$$

Zwischen diesen bestehen gemäss § 13, 1 Folg. a und b die beiden Relationen

$$\left.\begin{aligned}(\Pi A\Omega_\beta)^2 &= \Pi A\Omega_a . \Pi\Omega\Omega_a, \\ \Pi A\Omega_\beta : abc &= \Pi\Omega\Omega_a : \Pi A\Omega\end{aligned}\right\} \text{(J)},$$

von denen die letztere irgend dreien sich in einem Punkte schneidenden Scheitellinien allgemein zukommt.

6. $\Pi A\Omega = (2r\sin\omega)^3$;

$$\Pi A\Omega_\beta = \frac{a^3b^3c^3}{(b^2+c^2)(c^2+a^2)(a^2+b^2)};$$

$$\Pi A\Omega : \Pi\Omega\Omega_a = (b^2+c^2)(c^2+a^2)(a^2+b^2) : a^2b^2c^2 \quad \text{(J)};$$

vergl. damit

$$\Pi AJ : \Pi JJ_a = (b+c)(c+a)(a+b) : abc.$$

7. a. $\Sigma\left(\frac{A\Omega}{b}\right)^2 = \Sigma\left(\frac{A\Omega'}{c}\right)^2 = 1$ (Ch). — Neubergs geometrischen Beweis s. § 4.

b. $\Sigma A\Omega^2 = \Sigma\frac{b^2}{a^2} : \Sigma\frac{1}{a^2}; \quad \Sigma A\Omega'^2 = \Sigma\frac{c^2}{a^2} : \Sigma\frac{1}{a^2}$ (En).

c. $\Sigma A\Omega . A\Omega' \sin\alpha = 2\triangle$ (F).

8. $$\triangle \Omega_\alpha\Omega_\beta\Omega_\gamma = \triangle \Omega'_\alpha\Omega'_\beta\Omega'_\gamma = \frac{2a^2b^2c^2\triangle}{(b^2+c^2)(c^2+a^2)(a^2+b^2)} \text{ (HA)}$$
$$= \frac{2\triangle\sin\omega^3}{\sin(\alpha+\omega)\sin(\beta+\omega)\sin(\gamma+\omega)} \text{ (BR)}.$$

Beweis. $\triangle \Omega_\alpha\Omega_\beta\Omega_\gamma = \Sigma\triangle\Omega\Omega_\beta\Omega_\gamma = \frac{1}{2}\Sigma\Omega\Omega_\beta.\Omega\Omega_\gamma.\sin\gamma =$
$\frac{1}{2}\Sigma\frac{ab\sin\gamma\sin\omega^4}{\sin\gamma\sin\alpha\sin(\gamma+\omega)\sin(\alpha+\omega)} = \frac{\triangle\sin\omega^4\Sigma\sin\alpha\sin(\alpha+\omega)}{\Pi\sin\alpha\Pi\sin(\alpha+\omega)}$,
(§ 11, 2).

§ 15. Beziehungen von Ω, Ω' zum Umkreise und dessen Mittelpunkte.

1. *Treffen* (Fig. 12) $A\Omega$, $B\Omega$, $C\Omega$ *den Umkreis zum zweitenmale in* $\mathfrak{B}$, $\mathfrak{C}$, $\mathfrak{A}$, *so ist* $\triangle\mathfrak{A}\mathfrak{B}\mathfrak{C} \cong ABC$ *und hat* Ω *zum zweiten Brocardschen Punkte. Entsprechende Eigenschaft von* Ω' (GT).

Fig. 12.

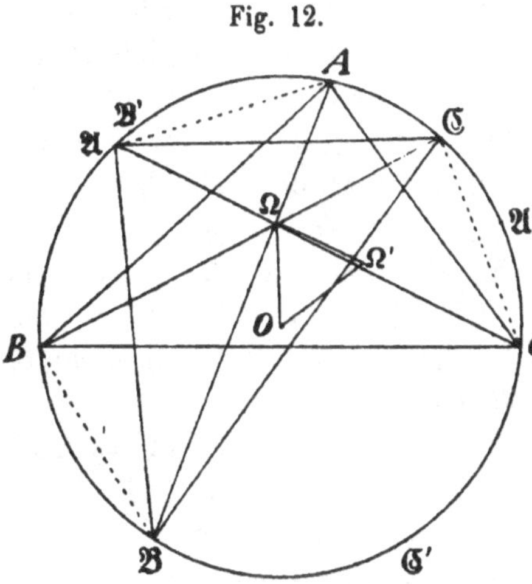

Beweis. $\angle\mathfrak{A} = \mathfrak{B}\mathfrak{A}C + \mathfrak{C}\mathfrak{A}C = \mathfrak{B}AC + \mathfrak{C}BC = \mathfrak{B}AC + \mathfrak{B}AB = \alpha$; ebenso $\angle\mathfrak{B} = \beta$, $\angle\mathfrak{C} = \gamma$. Ferner $\angle\Omega\mathfrak{A}\mathfrak{C} = \Omega\mathfrak{C}\mathfrak{B} = \Omega\mathfrak{B}\mathfrak{A}$, also Ω zweiter Brocardscher Punkt des $\triangle\mathfrak{A}\mathfrak{B}\mathfrak{C}$.

Zusatz. $\triangle\mathfrak{A}\mathfrak{B}\mathfrak{C}$ ist aufzufassen als das in normaler Richtung um seinen Umkreismittelpunkt O um den Winkel 2ω gedrehte $\triangle ABC$. ($\angle AO\mathfrak{A} = 2\omega$, da $\angle AC\mathfrak{A} = \omega$ ist.)

2. *Die Brocardschen Punkte eines Dreiecks sind vom Umkreiszentrum gleichweit entfernt;* $\angle\Omega O\Omega' = 2\omega$ (HE).

Beweis. In den kongruenten Dreiecken $\mathfrak{A}\mathfrak{B}\mathfrak{C}$, ABC sind Ω, Ω' gemäss 1 entsprechende Punkte; folglich sind Ω, Ω' von dem gemeinsamen Umkreiszentrum der beiden Dreiecke gleichweit entfernt. Das Weitere folgt aus dem Zus. zu 1.

Zusatz 1. *Der normalen Richtung folgend gelangt man von* O *zuerst nach* Ω', *dann nach* Ω.

Zusatz 2. Im gleichschenkligen Dreieck mit der Spitze A ist $\angle \Omega O O_a = \Omega B O_a$, daher $BO_a\Omega O$ ein Kreisviereck, $\angle B\Omega O$ ein Rechter und BΩ eine Halbsehne des Umkreises. Gleichermassen erscheint CO von Ω' aus unter rechtem Winkel (EH).

3. *Das Sechseck* A𝔄B𝔅Cℭ *zerfällt von* Ω *aus in sechs dem* △ABC *ähnliche Dreiecke* (J).

Beweis erledigt sich durch Vergleichung von Peripheriewinkeln.

4. *Im Sechseck* A𝔄B𝔅Cℭ *sind die Produkte je dreier nicht aneinanderstossenden Seiten gleich* (J).

Zusatz. Zeichnet man ein △PQR aus QR = A𝔄 + 𝔄B, RP = B𝔅 + 𝔅C, PQ = Cℭ + ℭA und trägt auf QR, RP, PQ von Q, R, P aus die Strecke A𝔄 = B𝔅 = Cℭ ab bis P', Q', R', so schneiden sich PP', QQ', RR' in einem Punkte. Die Geraden PP', QQ', RR' leisten also bezüglich der Seiten des △PQR dasselbe, was die Linien AΩ, BΩ, CΩ bezüglich der Winkel des △ABC leisten (J). Das auf die Seiten des △ABC bezügliche Problem führt zu der kubischen Gleichung

$$(a-x)(b-x)(c-x) = x^3 \quad \text{(Cr)}.$$

5. Die Schnittpunkte entsprechender Seiten der Dreiecke ABC, 𝔄𝔅ℭ liefern ein △DEF, welches mit ABC und 𝔄𝔅ℭ gleichwendig ähnlich ist; der Höhenschnittpunkt dieses Dreiecks fällt auf O (Gt).

Beweis. ∠AE𝔄 = AF𝔄 = AO𝔄 = 2ω; also ist AEOF ein Kreisviereck. Ebenso sind BFOD, CDOE Kreisvierecke. Das Weitere ergiebt sich durch Vergleichung der Peripheriewinkel.

6. *Die Potenz eines Brocardschen Punktes bezüglich des Umkreises ist gleich dem Quadrat über der Sehne, die zum Peripheriewinkel* ω *gehört* (EH).

Beweis. △Ω𝔄A ∽ BΩ𝔅, mithin ΩA : B𝔅 = A𝔄 : 𝔅Ω, ΩA . Ω𝔅 $= A\mathfrak{A}^2 = 4r^2 \sin\omega^2$.

7. $$O\Omega = O\Omega' = r\sqrt{1-4\sin\omega^2} = r\sqrt{\frac{\cos 3\omega}{\cos\omega}}.$$

Beweis. Zieht man einen Umkreisdurchmesser durch Ω, so ist die Potenz von $\Omega = (r+O\Omega)(r-O\Omega) = r^2 - O\Omega^2$; also ist nach 6

$$r^2 - O\Omega^2 = 4r^2\sin\omega^2,$$

$$O\Omega^2 = r^2(1-4\sin\omega^2).$$

Anm. Die Darstellung der Strecken $O\Omega$, $O\Omega'$ vermittelst der Seiten gab Hellwig und leitete so ihre Gleichheit her.

8. $\Omega\Omega' = 2r\sin\omega\sqrt{1-4\sin\omega^2}$ (Ho).

Beweis ergiebt sich aus dem gleichschenkligen $\triangle O\Omega'\Omega$ mit Rücksicht auf 7. Oder aus $\triangle A\Omega\Omega'$ vermittelst des Kosinussatzes.

Anm. Die Darstellung von $\Omega\Omega'$ durch die Seiten gab Emsmann; aus obigem Ausdrucke für $\Omega\Omega'$ hat sein Entdecker zuerst das Maximum von ω (§ 9) hergeleitet.

Zusatz 1. Im gleichschenkligen Dreieck mit der Spitze A ist

$$\Omega\Omega' = \frac{[b^2-a^2]}{b^2+2a^2}\,a.$$

Für $b=2a$ wird $\Omega\Omega' = \frac{1}{2}a$, für $b=a\sqrt{2}$ ergiebt sich $\Omega\Omega' = \frac{1}{4}a$. Im gleichschenklig rechtwinkligen Dreieck ist $\Omega\Omega' = \frac{1}{5}a$ (En).

Zusatz 2. Das Maximum von $\Omega\Omega'$ bei konstantem r und veränderlichem ω ist $= \frac{1}{2}r$; für dasselbe ist $\sin\omega = \frac{1}{4}\sqrt{2}$, $\omega = 20^0 42',3$ (Br).

Beweis. Aus 8 folgt

$$\sin\omega^2 = \tfrac{1}{8}\left\{1 \pm \sqrt{1-4\left(\frac{\Omega\Omega'}{r}\right)^2}\right\}.$$

§ 16. Die Fusspunktendreiecke der Brocardschen Punkte.

1. *Die Fusspunktendreiecke von* Ω, Ω' (Fig. 13) *sind dem Urdreiecke gleichwendig ähnlich und haben mit ihm den entsprechenden Brocardschen Punkt zum Doppelpunkte*).* $\triangle \Omega_c\Omega_a\Omega_b \sim \Omega'_b\Omega'_c\Omega'_a \sim ABC$ (J).

Fig. 13.

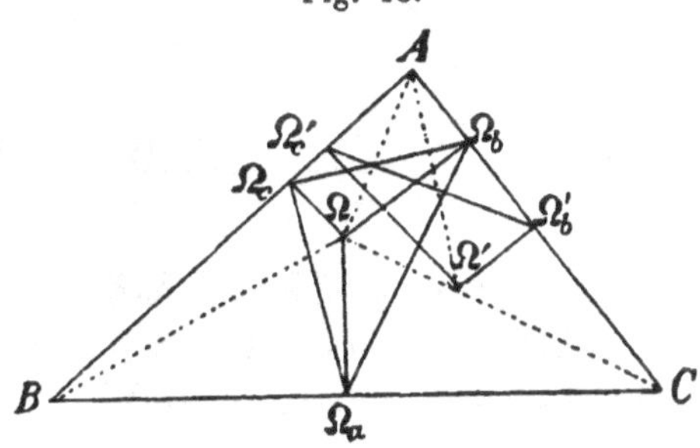

Der *Beweis* ergiebt sich daraus, dass $A\Omega_c\Omega\Omega_b$, $B\Omega_a\Omega\Omega_c$, $C\Omega_b\Omega\Omega_a$ Kreisvierecke sind, bei Vergleichung der Peripheriewinkel. Analog für Ω'.

Zusatz 1. *Die Seiten der Fusspunktendreiecke sind gegen die homologen des Urdreiecks unter* $90^0-\omega$ *geneigt.*

*) Zu zwei ähnlichen Figuren in einer Ebene giebt es stets einen entsprechend gemeinsamen Punkt; derselbe heisst ihr *Doppelpunkt. Ähnlichkeits-*

Zusatz 2. *Die Scheitellinien eines Brocardschen Punktes stehen senkrecht auf den Seiten des Fusspunktendreiecks des anderen.*

2. *Die Fusspunktendreiecke von* Ω *und* Ω' *sind kongruent; jedes derselben ist* $= \triangle \sin \omega^2$ (J).

$$\Omega_a\Omega_b = \Omega_c'\Omega_a' = a \sin\omega,\quad \Omega_b\Omega_c = \Omega_a'\Omega_b' = b\sin\omega,$$

$$\Omega_c\Omega_a = \Omega_b'\Omega_c' = c\sin\omega.$$

Beweis. $\Omega\Omega_c$, ΩA sind homologe Strecken der Dreiecke $\Omega_c\Omega_a\Omega_b$, ABC und verhalten sich wie $\sin\omega : 1$. Ebenso für $\triangle \Omega_b'\Omega_c'\Omega_a'$.

3. *Die Fusspunktendreiecke von* Ω, Ω' *sind demselben Kreise eingeschrieben, dessen Mittelpunkt die Mitte* S *von* $\Omega\Omega'$ *und dessen Radius* $= r\sin\omega$ *ist* (Lady's and Gentleman's Diary).

Beweis. Nach 1, Zus. 1 ist $\Omega_c'\Omega_c\Omega_b\Omega_b'$ ein Kreisviereck: der Mittelpunkt seines Umkreises ist der Schnittpunkt der Mittellote auf $\Omega_b\Omega_b'$, $\Omega_c\Omega_c'$ d. h. die Mitte von $\Omega\Omega'$. Ebenso ist $\Omega_a'\Omega_a\Omega_c\Omega_c'$ ein Kreisviereck mit dem Mittelpunkte S. Der Radius des Kreises ergiebt sich aus dem Ähnlichkeitsverhältnisse $\sin\omega : 1$.

Fig. 14.

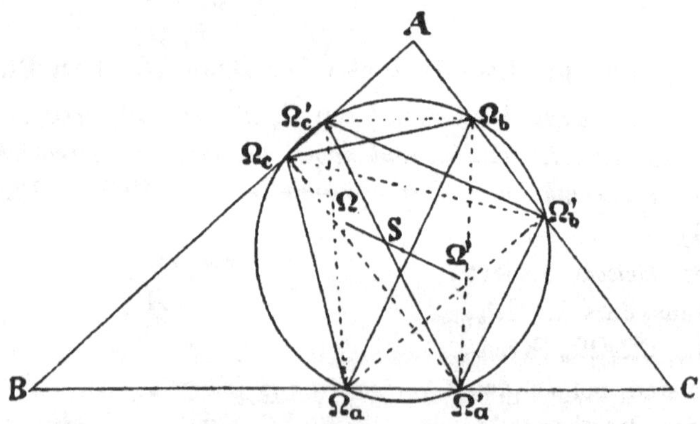

4. $\Omega_b\Omega_c' \parallel CB$, $\Omega_c\Omega_a' \parallel AC$, $\Omega_a\Omega_b' \parallel BA$;

$\Omega_b\Omega_c' = 2r\sin\omega\cos(\alpha-\omega)$, $\Omega_c\Omega_a' = 2r\sin\omega\cos(\beta-\omega)$,

$\Omega_a\Omega_b' = 2r\sin\omega\cos(\gamma-\omega)$.

---

punkt heisst der Doppelpunkt in dem besonderen Falle, wo sich die Figuren in Ähnlichkeitslage befinden (die entsprechenden Seiten parallel sind). — Über die Lage des Doppelpunktes bei gleich- und ungleichwendig ähnlichen Figuren im allgemeinen s. Baltzer, Elemente der Mathematik Planimetrie, § 12 4—6.

Beweis. $\angle \Omega_b \Omega'_c A = \Omega_b \Omega_a \Omega_c = \beta$;
$\angle \Omega_b \Omega_c A = \Omega_b \Omega A = 90^0 - (\alpha - \omega)$, also (s. 3)
$\Omega_b \Omega'_c = 2r \sin\omega \cos(\alpha - \omega)$.

5. $\Omega_c \Omega'_b a \| BC$, $\Omega_a \Omega'_c a \| CA$, $\Omega_b \Omega'_a a \| AB$;
$\Omega_c \Omega'_b = \Omega_a \Omega'_c = \Omega_b \Omega'_a = r \sin 2\omega$.

Beweis. $\Omega_c \Omega'_b a \| \Omega_b \Omega'_c$, also auch $a \| BC$;
$\angle \Omega_c \Omega_b \Omega'_b = 90^0 + \omega$, also $\Omega_c \Omega'_b = 2r \sin\omega \cos\omega$.

6. $\Omega_a \Omega'_a = [2r \sin\omega \cos(\alpha + \omega)]$ *), $\Omega_b \Omega'_b = [2r \sin\omega \cos(\beta + \omega)]$,
$\Omega_c \Omega'_c = [2r \sin\omega \cos(\gamma + \omega)]$.

Beweis. $\angle \Omega_c \Omega_b \Omega'_c = 90^0 - \omega - \gamma$, etc.

Anmerkung. Die Eigenschaften unter No. 1, Zus. 2 und No. 3 sind besondere Fälle allgemeiner und leicht zu beweisender Sätze über Winkelgegenpunkte (Steiner**)). Auch folgender Satz ist allgemein richtig: Irgend ein Punkt in der Ebene eines Dreiecks ist der Umkreismittelpunkt des Spiegeldreiecks seines Winkelgegenpunktes.

Von den Sechspunktkreisen ist der bekannteste der zum Paare O, H gehörige *Feuerbachsche Kreis.* —

7. Für die Winkel* λ, μ, ν, welche $\Omega\Omega'$ mit den Seiten des $\triangle$ ABC bildet, findet man aus 6 und aus § 15, 8:

$$\cos\lambda = \frac{\cos(\alpha + \omega)}{\sqrt{1 - 4\sin\omega^2}}, \quad \cos\mu = \frac{\cos(\beta + \omega)}{\sqrt{1 - 4\sin\omega^2}},$$

$$\cos\nu = \frac{\cos(\gamma + \omega)}{\sqrt{1 - 4\sin\omega^2}}.$$

Anm. Die Werte für $\sin\lambda$ etc. in Funktion der Seiten gab Emsmann.

Zusatz. Ist $\omega = 90^0 - \alpha$ (§ 8, 3), so ist $\Omega\Omega' \perp BC$; Ω liegt auf h_c, Ω' auf h_b (Le).

§ 17. Die Koordinaten der Brocardschen Punkte.

Erkl. 1. Arealkoordinaten ξ, η, ζ eines Punktes in der Ebene eines $\triangle$ ABC sind drei Zahlen, welche sich verhalten wie die Dreiecksflächen, deren Grundlinien die Seiten sind und deren gemein-

*) Vergl. § 11, 2, Beispiel 4).

**) *Développement d'une série de théorèmes relatifs aux sections coniques.* Gergonne, Ann. de Math., t. XIX; Ges. Werke, Bd. 1, S. 189.

same Spitze jener Punkt ist. Dabei gilt die Zeichenbestimmung, dass eine Dreiecksfläche positiv oder negativ gezählt wird, je nachdem sie von ihrer Grundlinie aus nach der Seite des $\triangle ABC$ hin liegt oder nicht. *Modul μ der Arealkoordinaten* eines Punktes ist der Faktor, mit dem dieselben zu multiplizieren sind, um die Inhalte jener Dreiecksflächen hervorzubringen: es besteht die Identität

$$\mu(\xi+\eta+\zeta)=\triangle. \text{ —}$$

Ein Punkt in der Ebene eines Dreiecks ist durch seine Arealkoordinaten vollständig bestimmt. Für den Punkt P (ξ, η, ζ) ist

$$BP_a : CP_a = \zeta : \eta, \quad CP_\beta : AP_\beta = \xi : \zeta, \quad AP_\gamma : BP_\gamma = \eta : \xi.$$

Bringt man in den Ecken A, B, C den Arealkoordinaten ξ, η, ζ des Punktes P proportionale Massen an, so ist P der Schwerpunkt der drei Massen; hiermit hängt die Bezeichnung „baryzentrische Koordinaten" für ξ, η, ζ zusammen.

Erkl. 2. Normalkoordinaten x, y, z eines Punktes in der Ebene eines $\triangle ABC$ sind drei Zahlen, welche sich verhalten wie die Entfernungen desselben von den Dreiecksseiten. Dabei gilt die Zeichenbestimmung, dass die Entfernung eines Punktes von einer Seite positiv oder negativ gezählt wird, je nachdem der Punkt mit dem $\triangle ABC$ auf derselben Seite der betreffenden Dreiecksseite liegt oder nicht. *Modul m der Normalkoordinaten* eines Punktes ist der Faktor, mit dem man dieselben multiplizieren muss, um die Entfernungen des Punktes von den Seiten zu erhalten; es ist identisch

$$m(ax+by+cz)=2\triangle. \text{ —}$$

Ein Punkt in der Ebene eines Dreiecks ist durch seine Normalkoordinaten vollständig bestimmt.

Zwischen den Arealkoordinaten ξ, η, ζ und den Normalkoordinaten x, y, z eines Punktes besteht die Beziehung

$$\xi:\eta:\zeta = ax:by:cz \quad \text{oder} \quad x:y:z=\frac{\xi}{a}:\frac{\eta}{b}:\frac{\zeta}{c};$$

auch ist

$$m:\mu = 2\xi:ax = 2\eta:by = 2\zeta:cz \text{ —}$$

Formeln, welche für den Übergang von dem einen System zum andern zu verwerten sind.

1. *Arealkoordinaten von*

$$\left.\begin{array}{l}\Omega:\frac{1}{b^2},\quad\frac{1}{c^2},\quad\frac{1}{a^2}\\[1ex]\Omega':\frac{1}{c^2},\quad\frac{1}{a^2},\quad\frac{1}{b^2}\end{array}\right\}\ \mu = 4r^2\sin\omega^2.\triangle\quad(\text{En}).$$

Diese Werte ergeben sich am einfachsten aus den Entwicklungen des § 4. S. übrigens § 13, 2 Folg. e oder § 2, 2.

2. *Normalkoordinaten von*

$$\left.\begin{array}{l}\Omega:\frac{c}{b},\quad\frac{a}{c},\quad\frac{b}{a}\\[1ex]\Omega':\frac{b}{c},\quad\frac{c}{a},\quad\frac{a}{b}\end{array}\right\}\ m = 2r\sin\omega^2\quad(\text{En}).$$

Denn $\Omega\Omega_a$ z. B. ist gleich $B\Omega.\sin\omega$, § 14, 2.

Zusatz 1. Aus vorstehenden Werten ist zu ersehen, dass

$$\Pi\Omega\Omega_a = \Pi\Omega'\Omega'_a\quad(\text{En});$$

des weiteren zeigen sie, *dass das Produkt der Entfernungen der Brocardschen Punkte von einer Seite für die drei Seiten konstant ist* — eine Eigenschaft, die zwei Winkelgegenpunkten (z. B. J u. J, O u. H, G u. K) immer zukommt (Steiner, l. c.) und vermittelst ungleichwendig ähnlicher Kreisvierecke leicht allgemein zu beweisen ist.

Zur gelegentlichen Anwendung verzeichnen wir die

Normalkoordinaten von

$O:\cos\alpha,\quad\cos\beta,\quad\cos\gamma;\quad m = r,$

$H:\cos\beta\cos\gamma,\quad\cos\gamma\cos\alpha,\quad\cos\alpha\cos\beta;\quad m = 2r,$

$F:\cos(\beta-\gamma),\quad\cos(\gamma-\alpha),\quad\cos(\alpha-\beta);\quad m = \frac{1}{2}r.$

Letztere Werte ergeben sich aus $FF_a = \frac{1}{2}(OO_a + HH_a)$ etc.

Zusatz 2. *Normalkoordinaten von*	*Arealkoordinaten von*
$G:\frac{1}{a},\ \frac{1}{b},\ \frac{1}{c};\quad m = \frac{2}{3}\triangle$	$G:1,\ 1,\ 1;\quad \mu = \frac{1}{3}\triangle$
$K:a,\ b,\ c;\quad m = \frac{1}{2}\mathrm{tg}\,\omega$	$K:a^2,\ b^2,\ c^2;\quad \mu = \frac{1}{4}\mathrm{tg}\,\omega.$

Der Grebesche Punkt ist also derjenige Punkt im Innern des Dreiecks, dessen Abstände von den Seiten diesen proportional sind. — Für die Entfernungen des Punktes K von den Ecken hat man

$$AK = \frac{g_a}{\sin\alpha}\,\mathrm{tg}\,\omega,\quad BK = \frac{g_b}{\sin\beta}\,\mathrm{tg}\,\omega,\quad CK = \frac{g_c}{\sin\gamma}\,\mathrm{tg}\,\omega.$$

Fällt man nämlich von K ein Lot auf AC, von G_a ein Lot auf

AB, so verhält sich $AK : g_a = \frac{1}{2} b \operatorname{tg} \omega : \frac{1}{2} h_c = \operatorname{tg} \omega : \sin \alpha$. — Aus Kreisvierecken folgt dann noch

$$K_b K_c = g_a \operatorname{tg} \omega, \quad K_c K_a = g_b \operatorname{tg} \omega. \quad K_a K_b = g_c \operatorname{tg} \omega.$$

§ 18. Zusammenhang der Brocardschen Punkte mit den Gegenmittellinien. Verallgemeinerungen.

1. Die Arealkoordinaten von Ω, Ω', K (§ 17) liefern:

$$B\Omega_\alpha : C\Omega_\alpha = c^2 : a^2, \quad C\Omega_\beta : A\Omega_\beta = a^2 : b^2, \quad A\Omega_\gamma : B\Omega_\gamma = b^2 : c^2,$$
$$B\Omega'_\alpha : C\Omega'_\alpha = a^2 : b^2, \quad C\Omega'_\beta : A\Omega'_\beta = b^2 : c^2, \quad A\Omega'_\gamma : B\Omega'_\gamma = c^2 : a^2;$$
$$BK_\alpha : CK_\alpha = c^2 : b^2, \quad CK_\beta : AK_\beta = a^2 : c^2, \quad AK_\gamma : BK_\gamma = b^2 : a^2.$$

Unter welcher Bedingung ist $AK_\beta = AK_\gamma$? — § 8, 1 oder $b = c$.

2. *Zieht man durch* K_α, K_β, K_γ *Parallelen zu* b, c, a *respective, so gewinnt man die Fusspunkte der Scheitellinien durch* Ω; *zieht man die Parallelen von denselben Punkten aus zu* c, a, b, *so ergeben sich die Fusspunkte der Scheitellinien durch* Ω' (Le). — *Beweis* s. 1.

3. *Zieht man von einer Ecke aus die Gegenmittellinie und von der folgenden Ecke aus die Mittellinie, so liegt der Schnittpunkt auf der von der dritten Ecke ausgehenden* Ω*-Linie; zieht man die Scheitellinien in umgekehrter Ordnung, so liegt der Schnittpunkt auf einer* Ω'*-Linie* (Mo). — *Beweis* vermittelst 1 und der Umkehrung des Cevaschen Satzes.

Zusatz. Im gleichschenkligen Dreieck sind die Brocardschen Punkte die Schnittpunkte der zu den Schenkeln gehörigen Mittellinien und Gegenmittellinien.

4. *(Verallgemeinerung von 2). Sind* ξ, η, ζ *die Arealkoordinaten eines Punktes* P *in der Dreiecksebene und man zieht durch die Fusspunkte seiner Scheitellinien Parallelen zu* b, c, a; c, a, b, *so gewinnt man die Fusspunkte der Scheitellinien zweier neuen Punkte* Q, Q' *mit den Arealkoordinaten* η^{-1}, ζ^{-1}, ξ^{-1}; ζ^{-1}, ξ^{-1}, η^{-1} *respective* (Le).

5. *(Verallgemeinerung von 3). Zieht man von einer Ecke aus eine Scheitellinie durch* P *und von der folgenden Ecke aus die Mittellinie, so liegt der Schnittpunkt auf der Verbindungslinie des Punktes* Q *mit der dritten Ecke; zieht man die Scheitellinien in umgekehrter Ordnung, so liegt der Schnittpunkt mit* Q' *und der dritten Ecke in gerader Linie.*

6. *Die Fusspunktendreiecke der Scheitellinien durch* P, Q, Q' *sind einander gleich* (EH).

Beweis. $AP_\gamma : BP_\gamma = \eta : \xi$, folglich $AP_\gamma = \frac{c\eta}{\xi+\eta}$;

$AP_\beta : CP_\beta = \zeta : \xi$, folglich $AP_\beta = \frac{b\zeta}{\zeta+\xi}$.

$$\triangle AP_\gamma P_\beta : \triangle ABC = \eta\zeta : (\zeta+\xi)(\xi+\eta);$$

$$\frac{\triangle P_\alpha P_\beta P_\gamma}{\triangle ABC} = 1 - \Sigma \frac{\eta\zeta}{(\zeta+\xi)(\xi+\eta)}$$

$$= \frac{\Pi(\eta+\zeta) - \Sigma\eta\zeta(\eta+\zeta)\,^{*})}{\Pi(\eta+\zeta)} = \frac{2\xi\eta\zeta}{\Pi(\eta+\zeta)}.$$

Dividiert man Zähler und Nenner des letzten Bruches durch $\xi^2\eta^2\zeta^2$, so erhält man den gleichwertigen Ausdruck $\frac{2\xi^{-1}\eta^{-1}\zeta^{-1}}{\Pi(\eta^{-1}+\zeta^{-1})}$, welcher das Verhältnis der Dreiecke $Q_\alpha Q_\beta Q_\gamma$, $Q'_\alpha Q'_\beta Q'_\gamma$ zum Grunddreiecke darstellt.

Zusatz 1. $\triangle K_\alpha K_\beta K_\gamma = \Omega_\alpha\Omega_\beta\Omega_\gamma = \Omega'_\alpha\Omega'_\beta\Omega'_\gamma = \frac{2a^2b^2c^2}{\Pi(b^2+c^2)}$ (vergl. § 14, 8).

Zusatz 2. Die doppelte Anzahl flächengleicher Dreiecke wird erzielt, wenn man noch die Seitengegenpunkte von P, Q, Q' in Betracht zieht. Zwei Punkte P, P_1 in der Ebene des $\triangle$ ABC heissen *Seitengegenpunkte,* wenn die Fusspunkte ihrer Scheitellinien symmetrisch gegen die Seitenmitten liegen**). Sind ξ, η, ζ die Arealkoordinaten von P, so sind ξ^{-1}, η^{-1}, ζ^{-1} diejenigen von P_1.

§ 19. Minimumseigenschaften.

1. *Der Grebesche Punkt eines Dreiecks ist derjenige Punkt, für welchen die Summe der Quadrate der Entfernungen von den Seiten ein Minimum ist* (Lhuilier, Schulz von Strasznicki***).

*) $\begin{vmatrix} \eta+\zeta, & -\xi, & -\xi \\ -\eta, & \zeta+\xi, & -\eta \\ -\zeta, & -\zeta, & \xi+\eta \end{vmatrix} \equiv 0.$

**) Wo im späteren von *Gegenpunkten* schlechtweg die Rede ist, sind *Winkel*gegenpunkte gemeint.

***) *Lhuilier* gab in seinen *„Élémens d'analyse géométrique et d'analyse algébrique, Paris et Genève, 1809"* die Normalkoordinaten des Punktes, für wel-

Beweis. Versteht man in der Eulerschen Identität

$$\Sigma a^2 \Sigma x^2 = (\Sigma ax)^2 + \Sigma(bz - cy)^2$$

unter a, b, c die Seiten des Dreiecks und unter x, y, z die mit ihren Zeichen versehenen Entfernungen eines Punktes von den Seiten, so wird $(\Sigma ax)^2 = 4\triangle^2$, also konstant; die linke Seite erlangt daher ihren kleinsten Wert, wenn $\Sigma(bz-cy)^2 = 0$ d. h. $x:y:z = a:b:c$ wird. — Als Wert des Minimums erhält man $\triangle \operatorname{tg}\omega$.

2. *Der Grebesche Punkt eines Dreiecks ist der Schwerpunkt seines Fusspunktendreiecks* (GE).

Beweis. Verlängert man AG_a um sich selbst bis A_0 und verbindet A_0 mit C, so ergiebt sich das dem $\triangle KK_bK_c$ ähnliche Dreieck CAA_0, indem die Seiten beider Dreiecke aufeinander senkrecht stehen. Mit Hülfe der Kreisvierecke BK_aKK_c, CK_aKK_b erkennt man dann leicht, dass die Verlängerung von K_aK mit den Seiten des $\triangle KK_bK_c$ dieselben Winkel bildet wie die Mittellinie CG_a mit den entsprechenden Seiten des $\triangle CAA_0$.

Umkehrung. Errichtet man in den Ecken eines Dreiecks auf seinen Mittellinien Lote, so ergiebt sich ein Dreieck, dessen Grebescher Punkt mit dem Schwerpunkte des Grunddreiecks zusammenfällt.

3. *Der Schwerpunkt eines Dreiecks ist derjenige Punkt, für welchen die Summe der Quadrate der Entfernungen von den Ecken ein Minimum ist* (Lhuilier*)).

---

chen die Summe der Quadrate der Entfernungen von den Seiten ein Minimum ist, und erkannte, dass die Scheitellinien desselben die Seiten im Verhältnis der Quadrate der anliegenden Seiten teilen; zugleich gab er den Wert jenes Minimums in Funktion der Seiten und des Inhaltes. *Schulz von Strasznicki* gab die Arealkoordinaten des Minimumpunktes und *erkannte seine Bedeutung als Winkelgegenpunkt des Schwerpunktes.*

*) *De relatione mutua capacitatis et terminorum figurarum, geometrice considerata: seu de maximis et minimis, pars prior, elementaris. Auctore Simone Lhuilier. Varsaviae, 1782.* — Von den beiden Beweisen, welche Lhuilier für den Satz mitteilt, beruht der zweite auf der Relation

$$AP^2 + 2G_aP^2 = AG^2 + 2G_aG^2 + 3PG^2,$$

aus welcher $\Sigma AP^2 = \Sigma AG^2 + 3PG^2$ gefolgert wird. Der andere Beweis setzt folgende Aufgabe als gelöst voraus: *Eine Strecke* $BC = a$ *in zwei Teile* $BP = x$, $CP = y$ *zu teilen, so dass* $x^2 + ny^2$ *ein Minimum sei.* Zur Lösung legt Lhuilier $BD = a\sqrt{n}$ unter rechtem Winkel an, verbindet D mit C und zieht durch den

Beweis. Man errichte auf den Mittellinien des $\triangle$ ABC in den Ecken Lote, wodurch $\triangle$ LMN gewonnen wird. Für irgend einen Punkt P in der Ebene des $\triangle$ ABC ist dann die Summe der Quadrate der Entfernungen von den Seiten des $\triangle\, LMN > \Sigma AG^2$; a potiori ist $\Sigma AP^2 > \Sigma AG^2$. — $\Sigma AG^2 = \frac{4}{3} \triangle \cot\omega$.

Zusatz. $\triangle K_aK_bK_c$ *ist dasjenige dem* $\triangle$ ABC *eingeschriebene Dreieck, dessen Quadratsumme der Seiten ein Minimum ist.*

Denn $\triangle K_aK_bK_c$ ist dasjenige dem $\triangle$ ABC eingeschriebene Dreieck, für welches die Summe der Quadrate der Entfernungen des Schwerpunktes von den Ecken ein Minimum ist. Diese Summe steht aber mit der anderen im Verhältnisse 1 : 3. — $\Sigma K_bK_c^2 = 3 \triangle \operatorname{tg}\omega$.

4. Ersetzt man in der Eulerschen Identität (s. 1)

$$x \text{ durch } \frac{y}{a}, \quad y \text{ durch } \frac{z}{b}, \quad z \text{ durch } \frac{x}{c},$$

$$a \quad „ \quad ab, \quad b \quad „ \quad bc, \quad c \quad „ \quad ca,$$

so wird

$$\Sigma a^2b^2 \Sigma \frac{y^2}{a^2} = (\Sigma by)^2 + \Sigma \left(bx - \frac{caz}{b}\right)^2.$$

Statt des zweiten Summanden kann geschrieben werden:

$$\Sigma a^2 \left\{\frac{b}{a} x - \frac{c}{b} z\right\}^2;$$

ein Blick auf die Normalkoordinaten von Ω lehrt, dass dieselben vorstehenden Ausdruck zum Verschwinden bringen. Daraus folgt, dass für den Punkt Ω $\Sigma \frac{x^2}{c^2}$ zum Minimum wird.

---

auf BC oder der Verlängerung beliebig gewählten Punkt P die Gerade PQ $\|$ BD. Da $PQ = y\sqrt{n}$ ist, so ergiebt sich $x^2 + ny^2 = BQ^2$. BQ aber wird zum Minimum, wenn BQ $\perp$ CD ist. Für diesen Fall verhält sich DQ : CQ = n : 1, also auch BP : CP = n : 1, wodurch Punkt P bestimmt ist. — Am Schlusse des in der Fussnote zu 1 bezeichneten Werkes behandelt Lhuilier die Aufgabe: *Auf der Grundlinie* BC $= a$ *eines* $\triangle$ ABC *einen Punkt* P *so zu bestimmen, dass die Summe der Quadrate der Lote von* P *auf* AB *und* AC *ein Minimum sei.* Für BP $= x$, CP $= y$ ist dann die Strecke BC derart zu teilen, dass $x^2 \sin\beta^2 + y^2 \sin\gamma^2$ zum Minimum werde. Hierfür ergiebt sich nach dem Vorhergehenden $x : y = \sin\gamma^2 : \sin\beta^2$; P ist also der Fusspunkt der Gegenmittellinie k_a. Daran schliesst sich die Bestimmung des Minimumpunktes für Σx^2 im Dreieck und im Tetraeder.

Mit den Substitutionen

$$\frac{z}{a} \text{ statt } x, \quad \frac{x}{b} \text{ statt } y, \quad \frac{y}{c} \text{ statt } z,$$

$$ca \;\text{„}\; a, \quad ab \;\text{„}\; b, \quad bc \;\text{„}\; c$$

gewinnt man die Beziehung

$$\Sigma c^2a^2\Sigma\frac{z^2}{a^2} = (\Sigma cz)^2 + \Sigma a^2\left\{\frac{b}{c}y - \frac{c}{a}x\right\}^2,$$

welche zeigt, dass der Punkt Ω' das Aggregat $\Sigma\frac{x^2}{b^2}$ zum Minimum macht.

Die geometrische Interpretation dieser Resultate ist:

Zieht man durch einen Punkt P *in der Ebene eines* $\triangle$ ABC *Parallelen zu* b, c, a *bis zum Schnitte mit* a, b, c *in* D, E, F, *so wird* ΣPD^2 *zum Minimum, wenn* P *mit dem ersten Brocardschen Punkte des Dreiecks zusammenfällt.*

Zieht man durch einen Punkt P' *in der Ebene eines* $\triangle$ ABC *Parallelen zu* c, a, b *bis zum Schnitte mit* a, b, c *in* D', E', F', *so wird* $\Sigma P'D'^2$ *zum Minimum, wenn* P' *mit dem zweiten Brocardschen Punkte des Dreiecks zusammenfällt* (Le).

Das Minimum ist in beiden Fällen gleich $(2r\sin\omega)^2$.

Zusatz. Derjenige Punkt, für welchen $\Sigma\frac{x^2}{a^2}$ *zum Minimum wird, hat die Normalkoordinaten* a^3, b^3, c^3; das zugehörige Minimum hat den Wert $\frac{1}{4}\operatorname{tg}\omega\operatorname{tg}2\omega$.

§ 20. Die Brocardschen Punkte und der Grebesche Punkt.

1. *Das dem* $\triangle$ ABC *gleichwendig ähnliche* $\triangle$ LMN (§ 6, 1), *dessen Seiten auf denen des* $\triangle$ ABC *in deren Anfangspunkten senkrecht stehen, hat mit* $\triangle$ ABC *den Punkt* Ω *zum Doppelpunkte* (Cr).

Beweis. ΩBNC (Fig. 15) ist ein Kreisviereck, da $\angle B\Omega C = 2R - \gamma$, $\angle N = \gamma$ ist; folglich ist $\angle \Omega NL = \Omega BC = \omega$. Ebenso ist $\angle \Omega LM = \Omega CA = \omega$ und $\angle \Omega MN = \Omega AB = \omega$. — Das früher berechnete Ähnlichkeitsverhältnis der Dreiecke LMN, ABC ergiebt sich hiernach einfach aus

$$MN : BC = \Omega L : \Omega A = \sin(90^0 - \omega) : \sin\omega = \cot\omega : 1.$$

Anm. Man kann sich △ LMN entstanden denken, indem das Büschel Ω(A, B, C) in *anormaler* Richtung um einen Rechten gedreht und die Strahlen alsdann im Verhältnisse 1 : cot ω vergrössert werden. In derselben Weise erhält man zu jedem Punkte des △ ABC seinen entsprechenden im △ LMN — dies liegt im Wesen des Doppelpunktes begründet. Umgekehrt erhält man zu einem Punkte des △ LMN seinen entsprechenden im △ ABC, indem man den Strahl, der ihn mit Ω verbindet, *normal* um einen Rechten dreht und im Verhältnisse cot ω : 1 verkleinert. — Alles Gesagte gilt mutatis mutandis für Punkt Ω' und △ L'M'N', dessen Seiten auf denen des △ ABC in deren Endpunkten senkrecht stehen.

Fig. 15.

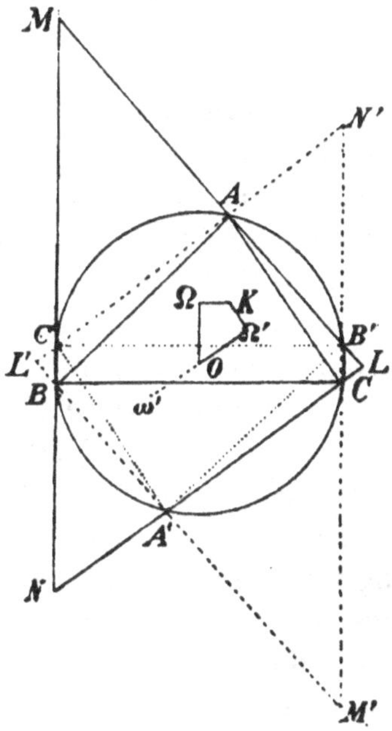

2. O *ist der Grebesche Punkt des* △ LMN (*und des* △ L'M'N') (N).

Beweis. Die Entfernungen des Punktes O von den Seiten des △ LMN sind gleich $\frac{1}{2}a$, $\frac{1}{2}b$, $\frac{1}{2}c$, verhalten sich also wie MN : NL : LM.

3. *Der Grebesche Punkt* K *eines Dreiecks vervollständigt das gleichschenklige* △ ΩOΩ' *gleichzeitig zu einem Kreisviereck und einem Deltoid* (Br).

Beweis. K ist der dem Punkte O im △ LMN entsprechende Punkt des △ ABC. Man erhält demnach K, wenn man ΩO um Ω in normaler Richtung — nach Ω' hin (§ 15, 2 Zus. 1) — um einen Rechten dreht und mit tg ω multipliziert. Da ∠ΩOΩ' = 2ω ist, so liegt hiernach K auf der Halbierenden des ∠ΩOΩ', womit die Behauptung bewiesen ist. — Statt ΩO mit tg ω zu multiplizieren, könnte man auch Ω'O um Ω' in anormaler Richtung um 1R drehen.

4. $$OK = \frac{r}{\cos\omega}\sqrt{1-4\sin\omega^2},$$

$$\Omega K = \Omega' K = r\,\mathrm{tg}\,\omega\sqrt{1-4\sin\omega^2} \quad (\S\ 15,\ 7);$$

$$OS : SK = \cot\omega^2.$$

Drittes Kapitel.

Die Lemoineschen Kreise.

Einleitung.

Den einem Dreieck unter rechtem Winkel umgeschriebenen Dreiecken (§ 20) stehen diejenigen beiden Dreiecke gegenüber, welche einem gegebenen Dreieck unter rechtem Winkel eingeschrieben sind. Diese Dreiecke teilen mit den Fusspunktendreiecken der Brocardschen Punkte (§ 16) u. a. die Eigentümlichkeit, dass ihre Ecken durch einen gemeinsamen Kreis verpaart werden, der im vorliegenden Falle als *„zweiter Lemoinescher Kreis"* bezeichnet wird. *Der zweite Lemoinesche Kreis hat den Grebeschen Punkt zum Mittelpunkte; er geht durch die Punkte, in denen Antiparallelen durch jenen zu den Seiten dem Umfange des Dreiecks begegnen.*

Die weitere Verfolgung des Gegenstandes führt zur Betrachtung von Dreiecken, die einem gegebenen Dreieck unter dem Brocardschen Winkel umgeschrieben sind. Vertauscht man dann wieder die gegebenen und die abgeleiteten Elemente, so ergeben sich eingeschriebene Dreiecke, deren Seiten den Scheitellinien durch Ω bezw. Ω' parallel laufen. Auch die Ecken dieser Dreiecke gehören einem bestimmten, ebenfalls nach *Lemoine* benannten, Kreise an. Dieser *„erste Lemoinesche Kreis" hat die Mitte der Strecke* OK *zum Mittelpunkte; er geht durch die Punkte, in denen Parallelen durch* K *zu den Seiten dem Umfange des Dreiecks begegnen.* Von besonderem Interesse sind hier die Korrelationen der Geraden, welche zwischen den genannten sechs Schnittpunkten gezogen werden können.

§ 21. Der zweite Lemoinesche Kreis.

1. Betrachtet man in Fig. 15 nicht ABC, sondern umgekehrt LMN oder L'M'N' als das ursprünglich gegebene Dreieck, so ist △ABC demselben unter rechtem Winkel eingeschrieben. Das zweite derartig eingeschriebene Dreieck ergiebt sich durch die Schnittpunkte A' von NL, L'M', B' von LM, M'N', C' von MN, N'L'. Diese Dreiecke sind kongruent und befinden sich in Ähnlichkeitslage mit dem Grebeschen Punkte des Grunddreiecks LMN (§ 20, 2) als Ähnlichkeitspunkt (denn AA' z. B. ist ein Durch-

messer des Umkreises des $\triangle$ABC, da ABA', ACA' rechte Winkel sind). Sie sind ferner dem Grunddreiecke ähnlich mit dem Ähnlichkeitsverhältnisse tgω : 1 (§ 20, 1).

2. *Das dem $\triangle$LMN normal eingeschriebene $\triangle$ABC hat mit $\triangle$LMN dessen ersten Brocardschen Punkt Ω zum Doppelpunkte* (§ 20, 1); *das anormal eingeschriebene $\triangle$A'B'C' hat mit $\triangle$LMN dessen zweiten Brocardschen Punkt ω' zum Doppelpunkte.* — Denn man erhält Punkt ω' (§ 20, Anm.), indem man $\triangle\Omega$KΩ' anormal um Ω um einen rechten Winkel dreht und soweit vergrössert, dass K auf O fällt; es ist folglich ω' der Endpunkt der Verlängerung von Ω'O um sich selbst. Dieser Punkt ist nun zugleich auch zweiter Brocardscher Punkt des $\triangle$A'B'C'; denn die Figuren A'B'C'ω', ABCΩ' sind kongruent, da nach dem Vorhergegangenen die eine aus der anderen erhalten wird, indem man die Punkte derselben mit O verbindet und die Verbindungslinien über O hinaus um sich selbst verlängert.

3. *Die Ecken der beiden einem Dreieck unter rechtem Winkel eingeschriebenen Dreiecke liegen auf einem Kreise, dessen Mittelpunkt der Grebesche Punkt und dessen Radius $\varrho_2 = r\,\mathrm{tg}\,\omega$ ist. — Zweiter Lemoinescher Kreis.* — Bei der Bestimmung der Länge des Radius ist das Ähnlichkeitsverhältnis der eingeschriebenen Dreiecke zum Grunddreieck zu beachten.

4. *Antiparallelen zu den Seiten eines Dreiecks durch den Grebeschen Punkt treffen den Umfang in Punkten des zweiten Lemoineschen Kreises* (Le).

Denn $\angle$AA'L = β = M, also AA'$a \parallel$ MN.

Zusatz. Die Antiparallelen zu einer Dreiecksseite werden durch die entsprechende Gegenmittellinie halbiert (Ad).*)

---

*) In einem Aufsatze von *Chasles*, Journal de Liouville, 1842, S. 272, findet sich der Satz: *Bei der stereographischen Projektion wird jeder Kreis als Kreis abgebildet; wird um den Kreis der Tangentenkegel gelegt, so fällt das Bild seiner Spitze in den Mittelpunkt des Bildkreises.* Daraus kann folgende planimetrische Wahrheit entnommen werden: *Zieht man in zwei Ecken eines Dreiecks Tangenten an den Umkreis und verbindet deren Schnittpunkt mit der dritten Ecke, so halbiert die Verbindungslinie die Antiparallelen zur dritten Seite.* Für den Beweis ziehe man die Antiparallele durch den Schnittpunkt der Tangenten, wodurch drei gleichschenklige Dreiecke mit gleichen Schenkeln entstehen. — Die Identität der genannten Verbindungslinie mit der Gegenmittellinie wurde

5. *Aufgabe. Den zweiten Lemoineschen Kreis eines Dreiecks zu zeichnen.*

Aufl. Man halbiere zwei Seiten des Höhenfusspunktendreiecks und verbinde die Mitten mit den entsprechenden Ecken des Grunddreiecks; der Schnittpunkt der Verbindungslinien ist K, der Mittelpunkt des Kreises. Zieht man durch K die Parallele zur dritten Seite des $\triangle H_\alpha H_\beta H_\gamma$, so ergiebt sich der Durchmesser des Kreises.

6. *Die Stücke* (Fig. 16), *welche der zweite Lemoinesche Kreis von den Seiten abschneidet, sind*

Fig. 16.

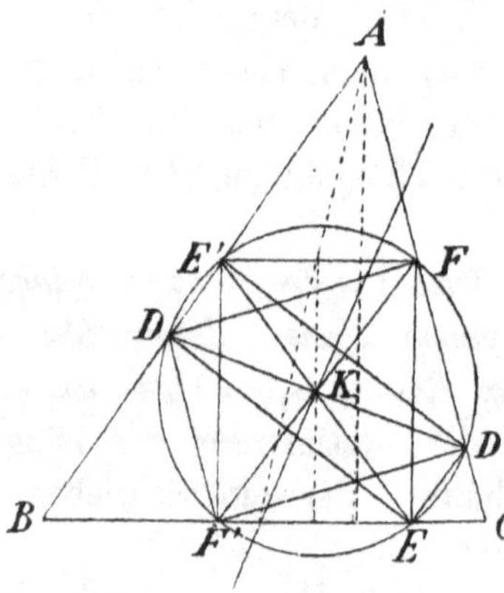

$$2r\,\mathrm{tg}\,\omega\cos\alpha,\quad 2r\,\mathrm{tg}\,\omega\cos\beta,$$
$$2r\,\mathrm{tg}\,\omega\cos\gamma\quad \textit{(Kosinuskreis)}.$$

7. *Der Grebesche Punkt ist der gemeinsame Mittelpunkt dreier einem Dreieck eingeschriebenen Rechtecke* (Le).

Zusatz 1. *Der Grebesche Punkt ist der Schnittpunkt der Verbindungslinien der Seitenmitten mit den zugehörigen Höhenmitten.**)

Beweis. Denkt man sich dem $\triangle$ ABC irgend ein Rechteck über der Grundlinie BC eingeschrieben, so liegt der Mittelpunkt der zu BC parallelen Seite auf der Mittellinie AG_α; mithin muss der Mittelpunkt des Rechtecks auf derjenigen Geraden liegen, welche G_α mit der Mitte von AH_α verbindet.

Zusatz 2. Für das Mittendreieck $G_\alpha G_\beta G_\gamma$ sind der Grebesche Punkt und der Umkreismittelpunkt des Urdreiecks Seitengegenpunkte (N). — Denn die Verhältnisse, in welchen $G_\gamma G_\beta$ durch AH_α und $G_\beta G_\gamma$ durch $O_\alpha O$ geteilt wird, sind $= BH_\alpha : CH_\alpha$.

---

von *Adams* (1846) ausgesprochen; ebenso die sich daran anschliessenden Beziehungen des Ecktangentendreiecks zum Grunddreiecke.

*) Das Schneiden der drei Linien in einem Punkte scheint zuerst von *Schlömilch* (Übungsbuch zum Studium der höheren Analysis 1860, Bd. 1, § 33) ausgesprochen zu sein. Die Identität des Schnittpunktes mit dem Grebeschen Punkte wurde von *Wetzig* hervorgehoben.

§ 22. Die einem Dreieck unter dem Brocardschen Winkel umgeschriebenen Dreiecke.

1. *Legt man* (Fig. 17) *an* AB, BC, CA *in* A, B, C *bezw. in* B, C, A *nach aussen hin den Brocardschen Winkel an, so ergeben sich zwei dem* $\triangle$ ABC *gleichwendig ähnliche Dreiecke* LMN(T), L'M'N'(T'), *welche mit* ABC *den ersten bezw. den zweiten Brocardschen Punkt gemeinsam haben* (Br; vergl. § 27, 1).

Beweis. AΩCL ist ein Kreisviereck, da $\angle \Omega AM = \Omega CL = 2\omega$ ist etc.

2. *Die Dreiecke* T, T' *sind kongruent; ihr Ähnlichkeitsverhältnis zu* $\triangle$ ABC *ist* $2\cos\omega : 1$ (Br).

Beweis. $LM : AB = L\Omega : A\Omega = \sin 2\omega : \sin\omega = 2\cos\omega : 1;$
$L'M' : AB = L'\Omega' : A\Omega' = \sin 2\omega : \sin\omega = 2\cos\omega : 1.$

Anm. Man kann sich T resp. T' entstanden denken, indem Büschel Ω (A, B, C) in anormaler bezw. Büschel Ω' (A, B, C) in normaler Richtung um den $\angle\omega$ gedreht und die Strahlenlängen mit $2\cos\omega$ multipliziert werden.

Fig. 17.

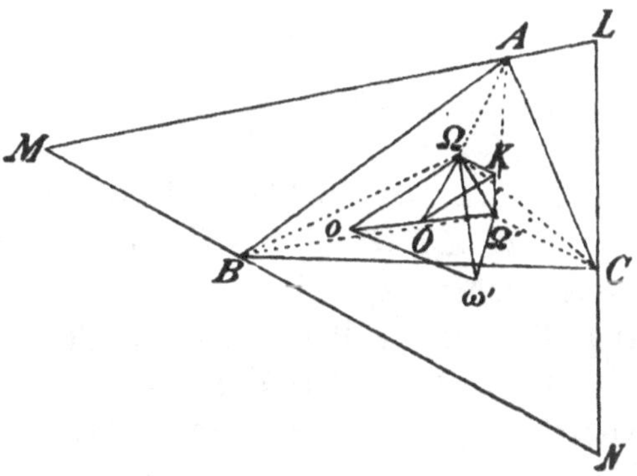

3. *Die Umkreismittelpunkte von* T *und* T' *sind die Endpunkte der Verlängerungen von* Ω'O, ΩO *um sich selbst* (Br).

Beweis. Es sind ΩO und Ω'O anormal bezw. normal um $\angle\omega$ zu drehen und mit $2\cos\omega$ zu multiplizieren.

4. Ω' *und* Ω *sind die Grebeschen Punkte der Dreiecke* T *und* T' (Br).

Beweis. $\angle K\Omega\Omega' = \omega$ und $\Omega\Omega' = 2\Omega K\cos\omega$.

5. *Der zweite Brocardsche Punkt des* $\triangle$ LMN *und der erste Brocardsche Punkt des* $\triangle$ L'M'N' *sind die Spiegelpunkte von* Ω *bezüglich* OΩ' *und von* Ω' *bezüglich* OΩ (Br).

6. O *ist der Doppelpunkt der Dreiecke* T *und* T'; denn O ist in jedem dieser beiden Dreiecke die Mitte der Verbindungslinie des Umkreismittelpunktes mit dem Grebeschen Punkte.

§ 23. Die unter dem Winkel ω eingeschriebenen Dreiecke.

1. *Zwei Dreiecke* DEF, D'E'F', (Fig. 18) *die dem* $\triangle$ ABC *normal bezw. anormal unter dem Brocardschen Winkel eingeschrieben sind, sind dem Grunddreiecke ähnlich und haben mit ihm den ersten bezw. zweiten Brocardschen Punkt zum Doppelpunkte.**)

Fig. 18.

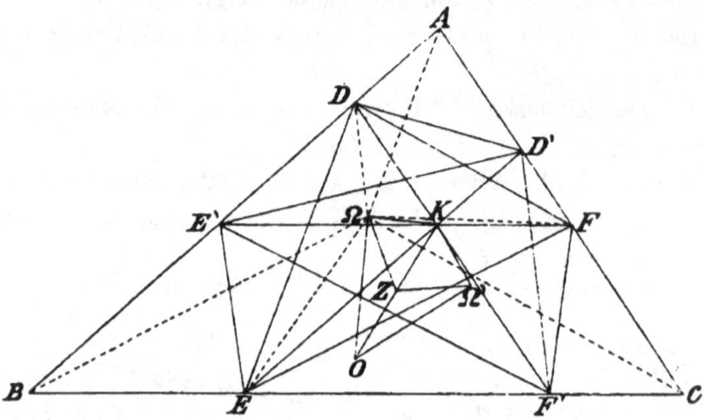

Beweis. Da DE$\|$AΩ, EF$\|$BΩ, FD$\|$CΩ ist, so ist $\angle$D $= \alpha$, $\angle$E $= \beta$, $\angle$F $= \gamma$. Die Umkreise der Dreiecke DBE, ECF berühren daher resp. EF und FD; ihr Schnittpunkt X ist mithin der erste Brocardsche Punkt des $\triangle$DEF. Ferner ist $\angle$BXC = BXE + EXC = BDE + EFC = $180^\circ - \gamma$, und, da auch ADXF ein Kreisviereck ist, $\angle$CXA = CXF + FXA = CEF + FDA = $180^\circ - \alpha$. Hieraus folgt, dass X auch der erste Brocardsche Punkt des $\angle$ABC, also der Punkt Ω ist. Analog die Beweisführung bezüglich Ω'.

Zusatz. D, E, F sind die Schnittpunkte der Mittellote auf AΩ, BΩ, CΩ mit AB, BC, CA; analog D',E',F'.

2. *Die Dreiecke* DEF, D'E'F' *sind kongruent;* denn sie haben zu $\triangle$ABC das gleiche Ähnlichkeitsverhältnis ΩD : ΩA = Ω'D' : Ω'A = 1 : 2 cos ω.

Anm. Man erhält $\triangle$DEF, indem man das Büschel Ω(A, B, C) normal um $\angle\omega$ dreht und die Strahlenlängen durch 2 cos ω dividiert; analog $\triangle$D'E'F'.

---

*) Es steht nichts im Wege, diesen Satz als selbstverständliches Korollar zu § 22, 1 aufzufassen. — Die Dreiecke DEF, D'E'F' sind eindeutig bestimmt, da die Form der Vierecke ADEF, AE'F'D' gegeben ist.

3. $E'F \parallel BC$, $F'D \parallel CA$, $D'E \parallel AB$;

$DD' = EE' = FF'$;

$DD'a \parallel BC$, $EE'a \parallel CA$, $FF'a \parallel AB$ (Le).

Beweis. EF, F'E' fussen auf derselben Seite von BC, sind gleichlang und unter gleichem Winkel nach entgegengesetzten Richtungen gegen BC geneigt; mithin ist E'EF'F ein gleichschenkliges Trapez. Ebenso sind F'FD'D, D'DE'E gleichschenklige Trapeze. Des weiteren ist dann DE'FD' ein Kreisviereck, da $\angle DE'D' = DFD'$ ist: also ist $DD'a \parallel BC$ u. s. w.

4. *Die Umkreismittelpunkte von* DEF, D'E'F' *vereinigen sich in einem Punkte, der Mitte* Z *von* OK.

Denn $\angle O\Omega Z = O\Omega'Z = \omega$ und $\Omega Z = \Omega'Z = \Omega O : 2\cos\omega$.

5. E'F, F'D, D'E *schneiden sich in einem Punkte; dieser Punkt ist der zweite Brocardsche Punkt des* $\triangle$ DEF *und der erste des* $\triangle$ D'E'F' (Tu). Denn $\angle F'DF = E'FE = D'ED = \omega$. Analog für $\triangle$ D'E'F'.

6. *Der soeben erwähnte Schnittpunkt ist der Grebesche Punkt* K *des* $\triangle$ ABC (Tu).

Beweis. Normale bezw. anormale Drehung der Strahlen $\Omega\Omega'$, $\Omega'\Omega$ um $\angle\omega$ und Division durch $2\cos\omega$ führen sowohl auf den Schnittpunkt als auf K.

7. *Die Grebeschen Punkte der Dreiecke* DEF, D'E'F' *liegen dort, wo die Parallele durch* K *zu* $\Omega\Omega'$ *von den Mittelloten auf* ΩK, Ω'K *getroffen wird* (Sl).

§ 24. Der erste Lemoinesche Kreis.

1. *Der durch die Ecken der im vorigen § behandelten Dreiecke gelegte Kreis* (§ 23, 2, 4) *heisst der erste Lemoinesche*); sein Radius* ϱ_1 *ist* $= \dfrac{r}{2\cos\omega}$ (§ 23, 2). DE'EF'FD' *heisst das Lemoinesche Sechseck.*

Zusatz. $\varrho_1 > \varrho_2$, abgesehen vom gleichseitigen Dreieck.

2. *Der erste Lemoinesche Kreis teilt jede Seite des* $\triangle$ ABC *im Verhältnis der Quadrate seiner Seiten* (Tu).

---

*) Bei *Adams* (1843) findet sich S. 79 der Satz: Sind J_a, J_b, J_c *die Berührungspunkte des Inkreises eines Dreiecks mit den Seiten und zieht man durch*

$$BE : EF' : F'C = c^2 : a^2 : b^2,$$
$$CF : FD' : D'A = a^2 : b^2 : c^2,$$
$$AD : DE' : E'B = b^2 : c^2 : a^2.$$

Denn $BE : EF' = DK : KF' = AK_\beta : CK_\beta = c^2 : a^2$ (§ 18, 1) etc.

3. Die Entfernungen des Grebeschen Punktes von den gleichen Seiten des Lemoineschen Sechsecks verhalten sich wie $a^{-2} : b^{-2} : c^{-2}$.

Beweis. Da $\angle KE'E = KFF'$ ist, so verhalten sich die Entfernungen des Punktes K von EE' und FF' wie $KE' : KF = BK_a : CK_a = c^2 : b^2 = b^{-2} : c^{-2}$.

4. *Die Stücke, welche der erste Lemoinesche Kreis von den Seiten abschneidet, verhalten sich wie deren Kuben (Kubenkreis)* (Le). Denn EF', FD', DE' gehören zu den Peripheriewinkeln $\alpha-\omega$, $\beta-\omega$, $\gamma-\omega$ (§ 1, Zus. 2).

5. $EF' = \frac{a^3}{4\triangle}\operatorname{tg}\omega$, $FD' = \frac{b^3}{4\triangle}\operatorname{tg}\omega$, $DE' = \frac{c^3}{4\triangle}\operatorname{tg}\omega$;

$$DD' = EE' = FF' = r\operatorname{tg}\omega.$$

Beweis. $DD' = 2\cdot\frac{r}{2\cos\omega}\cdot\sin\omega$; $EF' : DD' = \sin(\alpha-\omega) : \sin\omega$ (§ 1, a).

6. *Die Potenz des Grebeschen Punktes bezüglich des ersten Lemoineschen Kreises ist gleich* $r^2\operatorname{tg}\omega^2$ (§ 15, 6), *also gleich der Potenz desselben Punktes bezüglich des zweiten Lemoineschen Kreises* (§ 21, 3).

Zusatz. Die Schnittpunkte der beiden Lemoineschen Kreise liegen auf dem in K auf OK errichteten Lote.

7. Die sechs Dreiecke, in welche das Lemoinesche Sechseck von K aus zerfällt, sind dem $\triangle ABC$ ähnlich. Vergl. § 15, 3.

8. $\triangle ADD' + BEE' + CFF' = DEF = D'E'F'$ (Tu).
Denn $\triangle ADD' = KDD' = KDF$ etc.

$$\triangle KEF' + KFD' + KDE' = \triangle\operatorname{tg}\omega\cot 2\omega.$$

Denn diese Summe ist gleich $\triangle - 2\Sigma ADD' = \triangle\left(1 - \frac{1}{2\cos\omega^2}\right)$.

K, *den Schnittpunkt von* AJ_a, BJ_b, CJ_c *Parallelen zu den Seiten des* $\triangle J_aJ_bJ_c$, *so treffen diese den Umfang in sechs Punkten eines Kreises, dessen Zentrum die Mitte von* JK *ist.* — Vergl. die Fussnote zu § 21, 4.

9. *Der Inhalt des Lemoineschen Sechsecks ist gleich*

$$\frac{\sin\omega\sin 3\omega}{\sin 2\omega\sin 2\omega}\triangle \text{ (Eh).}$$

Beweis. Der fragliche Inhalt ist $= \Sigma \text{KEF}' + \Sigma \text{ADD}' =$

$$\left(\frac{\cos 2\omega}{2\cos\omega^2} + \frac{1}{4\cos\omega^2}\right)\triangle = \frac{\cos 2\omega + 2\cos\omega^2}{4\cos\omega^2}\triangle =$$

$$\frac{\cos 2\omega\sin\omega + \sin 2\omega\cos\omega}{2\cos\omega\sin 2\omega}\triangle.$$

10. Die Summe der Dreiecke AE'F, BF'D, CD'E ist gleich dem Doppelten des Lemoineschen Sechsecks (Ss).

11. Die Summe der ungleichen Seiten des Lemoineschen Sechsecks ist im allgemeinen grösser als die der gleichen Seiten. Denn $\frac{a^3+b^3+c^3}{4\triangle}\operatorname{tg}\omega$ ist grösser als $3r\operatorname{tg}\omega = \frac{3abc}{4\triangle}\operatorname{tg}\omega$ (das arithmetische Mittel dreier Zahlen, die nicht alle einander gleich sind, ist grösser als ihr geometrisches Mittel).

§ 25. Die Potenzlinie des ersten Lemoineschen Kreises und des Umkreises.

1. *Die Potenzlinie des ersten Lemoineschen Kreises und des Umkreises ist die Pascalsche Gerade des Lemoineschen Sechsecks* (Cy).

Beweis. Trifft DD' (Fig. 19) die BC in X, so ist X als Schnittpunkt zweier gegenüberliegenden Seiten des Lemoineschen Sechsecks ein Punkt seiner Pascalschen Geraden. Da ferner DD'CB ein Kreisviereck ist, so ist XD.XD' = XB.XC; also gehört X der Potenzlinie der beiden genannten Kreise an. Ebenso wird bewiesen, dass Y, der Schnittpunkt von EE' und CA, und Z, der Schnittpunkt von FF' und AB, den beiden Geraden gleichzeitig angehören.

2. *Die Gerade* XYZ *ist die Polare von* K *bezüglich des ersten Lemoineschen Kreises* (Cy).

Beweis. X gehört der Polare von K an, da K der Schnittpunkt der Diagonalen DF', ED' des Kreisvierecks DEF'D' ist.

3. *Die einander gegenüberliegenden Randdiagonalen* DE *und* D'F', EF *und* E'D', FD *und* F'E' *schneiden sich auf der Geraden* XYZ (Sl).

Fig. 19.

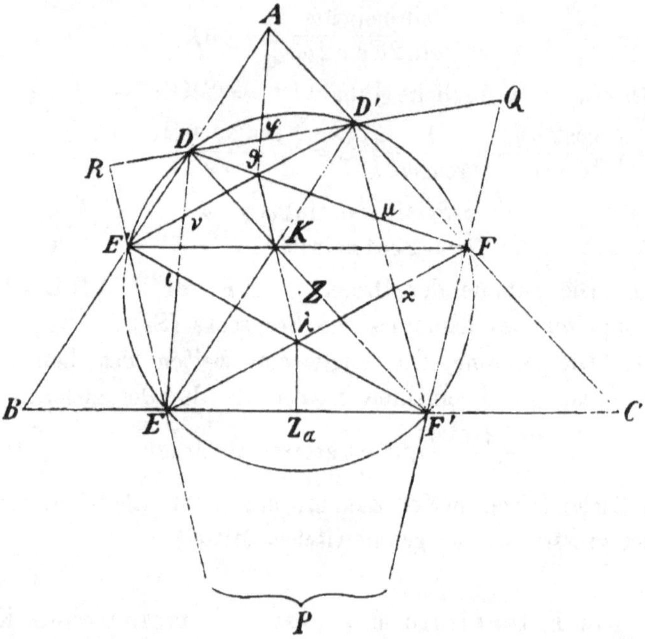

Beweis. Die fraglichen Schnittpunkte liegen auf der Polare von K bezüglich des ersten Lemoineschen Kreises.

4. *Das von den gleichen Seiten des Lemoineschen Sechsecks umschlossene und mit dem Höhenfusspunktendreieck ähnlich liegende* △PQR *ist dem* △ABC *perspektivisch*) mit* XYZ *als Kollineationsachse und* K *als Kollineationszentrum* (N).

Beweis. Der erste Teil der Behauptung ist in 1 bewiesen. — Die Lote von P auf AC und AB verhalten sich wie PF sinβ : PE' sinγ $= b : c$; mithin liegt P auf der Geraden AK.

5. *Der erste Lemoinesche Kreis ist konzentrisch einem Kreise, der die Seiten des* △PQR *berührt; dieser Berührungskreis ist gleich dem Feuerbachschen Kreise des* △ABC (Tr).

*) *Wenn die paarweise gezogenen Verbindungslinien der Ecken zweier Dreiecke sich in einem Punkte schneiden, so liegen die Schnittpunkte entsprechender Seiten in einer Geraden.* Umgekehrt: *Wenn die Schnittpunkte der Seiten zweier Dreiecke paarweise in gerader Linie liegen, so schneiden sich die Verbindungslinien entsprechender Ecken in einem Punkte (Desargues,* 1648*).* Zwei Dreiecke von dieser gegenseitigen Beziehung der Lage heissen *perspektivisch;* der Schnittpunkt der Ver-

Beweis. Gleiche Sehnen eines Kreises werden von einem konzentrischen Kreise berührt. Ist nun δ der Fusspunkt des Lotes von Z auf DD', so ist δ die Mitte von AK, also $Z\delta = \frac{1}{2}OA$.

§ 26. Die weiteren Schnittpunkte der Diagonalen des Lemoineschen Sechsecks.

1. Man bezeichne den Schnittpunkt von

EF und E'F' mit λ, FD und F'D' mit μ, DE und D'E' mit ν.

$\triangle \lambda\mu\nu$ ist ähnlich und in Ähnlichkeitslage zu ABC (F).

Beweis. $\angle D\mu D' = D\nu D' = 2\omega$, also $D\nu\mu D'$ ein Kreisviereck; mithin ist $\angle D\mu\nu = DD'\nu = DFE'$, also $\nu\mu \| E'F \| BC$.

---

bindungslinien entsprechender Ecken heisst ihr *Kollineationszentrum;* die Gerade, welche die Schnittpunkte entsprechender Seiten enthält, ihre *Kollineationsachse.* — Wie *Desargues* bemerkt hat, ist dieser Satz eine anschauliche Wahrheit, wenn die beiden Dreiecke in zwei verschiedenen Ebenen liegen. Für den Fall, dass die beiden Dreiecke derselben Ebene angehören, sei der planimetrische Elementarbeweis hier mitgeteilt.

Die beiden Dreiecke seien ABC, A'B'C', und es werde vorausgesetzt, dass die Geraden AA', BB', CC' sich in einem Punkte O schneiden. Man bezeichne den Schnittpunkt von

BC, B'C' mit α,
CA, C'A' mit β,
AB, A'B' mit γ.

Betrachtet man nacheinander die Dreiecke BCO, CAO, ABO als durchschnitten von den Geraden B'C', C'A', A'B', so giebt der Satz des Menelaus

$$\begin{array}{l} B\alpha \, . \; CC' \, . \; OB' = \alpha C \, . \; C'O \, . \; B'B, \\ C\beta \, . \; AA' \, . \; OC' = \beta A \, . \; A'O \, . \; C'C, \\ \underline{A\gamma \, . \; BB' \, . \; OA' = \gamma B \, . \; B'O \, . \; A'A} \\ B\alpha \, . \; C\beta \, . \; A\gamma = \alpha C \, . \; \beta A \, . \; \gamma B; \end{array}$$

die Umkehrung des Menelaischen Satzes liefert also die Behauptung. — Wird umgekehrt vorausgesetzt, dass die Seitenschnittpunkte α, β, γ in gerader Linie liegen, so betrachte man die Dreiecke

BB'γ, CC'β,

welche der Voraussetzung des direkten Satzes entsprechen, da

BC, B'C', $\gamma\beta$

sich in α schneiden. Es liegen also die Schnittpunkte von

BB' und CC', Bγ und Cβ, B'γ und C'β

in einer Geraden, d. h. der Schnittpunkt von BB' und CC' liegt auf AA'.

2. *Der Ähnlichkeitspunkt* S′ *der Dreiecke* $\lambda\mu\nu$, ABC *liegt mit* H *und* Z *in einer Geraden* (Sx).

Denn Z ist der Höhenschnittpunkt des $\triangle\lambda\mu\nu$.

3. *Punkt* S′ *ist der Winkelgegenpunkt der Mitte* S *von* ΩΩ′ (F).

Beweis. Die Lote von λ auf DE und D′F′ verhalten sich wie $\sin\beta : \sin\gamma = b : c$. Ferner ist DE ∥ AΩ, D′F′ ∥ AΩ′ und die Entfernungen der Parallelen verhalten sich wie AD : AD′ $= b : c$; mithin verhalten sich auch die Entfernungen des Punktes λ von AΩ und AΩ′ wie $b : c$. Nun aber verhalten sich die Entfernungen des Punktes S von AΩ und AΩ′ wie AΩ′ : AΩ $= c : b$. Hiernach sind AS, AS′ Gegentransversalen bezüglich des ∠ΩAΩ′, also auch bezüglich des ∠BAC.

4. Man bezeichne den Schnittpunkt von

DF, D′E′ mit ϑ, ED, E′F′ mit ι, FE, F′D′ mit $\varkappa$.

$\triangle\vartheta\iota\varkappa$ *ist perspektivisch zu* ABC. *Das Kollineationszentrum* D′*) *hat die Normalkoordinaten* a^3, b^3, c^3 (Cy).

Beweis. $\triangle$DE′ϑ ∼ D′Fϑ; folglich verhalten sich die Lote von ϑ auf b und c wie $b^3 : c^3$ (§ 24, 4); dasselbe gilt für jeden Punkt der Geraden Aϑ. Jeder Punkt der Geraden Bι hat von c und a das Abstandsverhältnis $c^3 : a^3$, und jeder Punkt der Geraden C$\varkappa$ hat von a und b das Abstandsverhältnis $a^3 : b^3$. Mithin schneiden sich die drei Geraden in der angegebenen Weise.

5. *Die Dreiecke* $\vartheta\iota\varkappa$, $\lambda\mu\nu$ *sind perspektivisch mit* K *als Kollineationszentrum* (F).

Beweis. D′E′F′DFE ist ein Pascalsches Sechseck; folglich liegen ϑ, λ, K in einer Geraden.

6. Man bezeichne den Schnittpunkt von

E′F, DD′ mit ξ, F′D, EE′ mit η, D′E und FF′ mit ζ.

Die Punkte ξ, η, ζ *liegen auf einer Geraden, der Polare des Punktes* D′ (4) *bezüglich des ersten Lemoineschen Kreises* (Cy).

Beweis. ξ ist der Pol von Aϑ, also geht die Polare von D′ durch ξ. Dasselbe lässt sich für η und ζ nachweisen.

7. Man nenne den Schnittpunkt von

Aϑ, DD′ : φ, Bι, EE′ : χ, C$\varkappa$, FF′ : ψ.

*) Nicht zu verwechseln mit dem gleichnamigen Punkte auf der Seite CA.

$\triangle \varphi\chi\psi$ *ist perspektivisch zu* $Z_a Z_b Z_c$ *mit* K *als Kollineationszentrum* (F).

Beweis. Die Entfernungen des Punktes φ von b und c verhalten sich wie $b^3 : c^3$; daher verhält sich $\varphi D' : \varphi D = b^3 \sin\beta^{-1} : c^3 \sin\gamma^{-1} = b^2 : c^2 = KD'^2 : KD^2$. Mithin ist $K\varphi$ Gegenmittellinie im $\triangle KDD'$. Da nun KZ_a Mittellinie in dem ungleichwendig ähnlichen $\triangle KF'E$ ist, so liegen φ, K, Z_a in einer Geraden.

Viertes Kapitel.

Die Tuckerschen Kreise; der Taylorsche Kreis.

Einleitung.

Statt der unter den Winkeln ω, 90°, 90°—ω um- resp. eingeschriebenen Dreiecke kann man allgemein Dreiecke betrachten, welche einem gegebenen Dreiecke unter beliebigem Winkel ϑ um- resp. eingeschrieben sind. Gleichwie die Ecken, so beschreibt jeder Punkt des veränderlich umgeschriebenen Dreiecks einen Kreis, jeder Punkt des veränderlich eingeschriebenen Dreiecks eine Gerade. Dabei behalten die Brocardschen Punkte ihre ausgezeichnete Eigenschaft als Doppel- oder Drehpunkte. Die Umkreise der eingeschriebenen Dreiecke werden als die *Tuckerschen Kreise* des Grunddreiecks bezeichnet; *dieselben bilden eine Schar mit der Zentrale* OK, und ihre Radien hängen in einfacher Weise mit r, ω und ϑ zusammen.

Fällt man von den Höhenfusspunkten eines Dreiecks Lote auf die Nachbarseiten, so ergeben sich sechs Punkte eines besonderen Tuckerschen Kreises. Dieser sog. *Taylorsche Kreis* steht den früher behandelten Sonderfällen (den Lemoineschen Kreisen und dem Umkreise der Fusspunktendreiecke von Ω, Ω') insofern gegenüber, als sein Radius nicht durch r und ω allein dargestellt werden kann; es hängt dies damit zusammen, dass der Einschreibungswinkel der zugehörigen Dreiecke durch die Relation

$$\mathrm{tg}\vartheta = -(\mathrm{tg}\alpha + \mathrm{tg}\beta + \mathrm{tg}\gamma)$$

gegeben ist, und dass zwischen ϑ und ω keine identische Beziehung obwaltet.

§ 27. Die einem Dreieck unter beliebigem Winkel umgeschriebenen Dreiecke.

1. *Legt man an* AB, BC, CA *in* A, B, C *bezw. in* B, C, A *gleichzeitig nach aussen oder gleichzeitig nach innen denselben Winkel* ϑ *an, so umschliessen die Endschenkel ein dem* $\triangle$ABC *gleichwendig ähnliches* $\triangle$LMN (T) *bezw.* L'M'N' (T'), *welches mit* ABC *den ersten bezw. den zweiten Brocardschen Punkt zum Doppelpunkte hat* (Cr).

Beweis vergl. § 22, 1.

Zusatz. Die Örter für L, M, N: L', M', N' *sind die Beikreise* (J).

2. *Je zwei umgeschriebene Dreiecke* T, T', *deren Seiten mit denen des Urdreiecks gleiche Winkel bilden, sind kongruent. Das Ähnlichkeitsverhältnis eines unter dem* $\angle\vartheta$ *umgeschriebenen Dreiecks zum* $\triangle$ABC *ist* $= \sin(\vartheta+\omega) : \sin\omega$, *wobei* ϑ *nach aussen hin als positiv und nach innen hin als negativ zu rechnen ist* (J).

Beweis vergl. § 22, 2.

Anm. Man kann sich T resp. T' entstanden denken, indem Büschel Ω (A, B, C) in anormaler resp. Büschel Ω' (A, B, C) in normaler Richtung um den Winkel ϑ gedreht und die Strahlenlängen mit $\sin(\vartheta+\omega):\sin\omega$ multipliziert werden. — Um ein negatives Ähnlichkeitsverhältnis zu vermeiden, werde

$$-\omega \leqq \vartheta < 180^0 - \omega$$

vorausgesetzt, offenbar eine zulässige Annahme, da hierdurch alle möglichen Lagen der umgeschriebenen Dreiecke umschlossen werden.

3. *Besondere Fälle.*

a) $\vartheta = -\omega$; diese Annahme liefert die Nulldreiecke der Scharen, die Punkte Ω, Ω';

b) $\vartheta = o$ führt zum Grunddreieck zurück;

c) $\vartheta = \omega$; s. § 22;

d) $\vartheta = \delta$, wo δ die untere oder obere Grenze der Dreieckswinkel bei gegebenem ω bezeichnet (§ 10): T, T′ sind kongruent dem Dreieck, dessen Seiten durch A, B, C parallel zu BC, CA, AB verlaufen (EH):

Fig. 20.

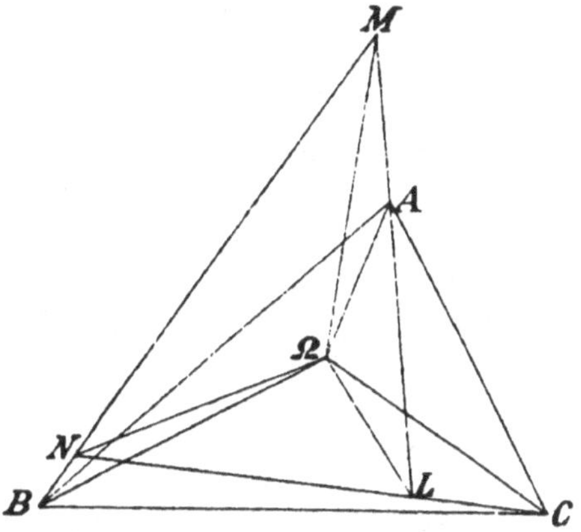

e) $\vartheta = 90^0 - \omega$: die Seiten der Dreiecke T, T′ stehen in diesem Falle senkrecht auf den Scheitellinien durch Ω bezw. Ω′. Die Dreiecke T, T′ erreichen ihr Maximum $\triangle \sin\omega^{-2}$ (CR);

f) $\vartheta = 90^0$, der im § 20 behandelte Fall. Die Dreiecke T, T′ sind diesmal um △ kleiner als die unter e) bezeichneten Maximaldreiecke (CR). — Allgemein ist die Summe zweier Dreiecke, deren Seiten in den Punkten A, B, C aufeinander senkrecht stehen, gleich dem Maximaldreieck e).

g) $\vartheta = 90^0 + \omega$; T, T′ ergänzen sich mit c) zu e).

h) $\vartheta = 180^0 - 2\omega$; T, T′ sind kongruent dem Grunddreieck (Fig. 20) (CR). — Allgemein sind solche Dreiecke kongruent, deren Parameter ϑ_1, ϑ_2 sich zu $180^0 - 2\omega$ ergänzen, deren Seiten also symmetrisch zu denjenigen der Maximaldreiecke liegen.

4. *Irgend ein Punkt* $p(p')$ (Fig. 21) *des veränderlichen Dreiecks* T(T′) *beschreibt einen Kreis durch* Ω(Ω′), *und zwar denjenigen Kreis, der über* ΩP(Ω′P′) *nach der anormalen (normalen) Seite hin* $\angle\,\omega$ *als Peripheriewinkel fasst;* P(P′) *bezeichnet hierbei die Lage des Punktes* $p(p')$ *im Grunddreiecke* (LE und N).

Beweis. Ist $\vartheta > o$, so ist im $\triangle P\Omega p$ $\angle\Omega = \vartheta$ und $\Omega p : \Omega P = \sin(\vartheta + \omega) : \sin\omega$; daraus folgt $\angle \Omega p P = \omega$. — Ist $\vartheta < o$, so ist $\angle\Omega = -\vartheta$ und $\angle\Omega p P = 180^0 - \omega$.

Anm. Der Satz gilt in modifizierter Form auch dann, wenn die Gestalt des Dreiecks T(T′) zwar fest, aber nicht derjenigen des △ABC gleich ist; ferner dreht sich jede Gerade des beweglichen Dreiecks um einen festen Punkt (*De Lafitte*, N. A. 1855, S. 266–268; 1858, S. 48).

5. a. *Die Umkreismittelpunkte der Dreiecke* T, T′ *durchlaufen*

die Kreise durch O *und* Ω *resp.* O *und* Ω', *welche* OK *in* O *berühren.*

b. *Die Grebeschen Punkte der Dreiecke* T, T' *durchlaufen den Kreis mit dem Durchmesser* OK (N).

c. *Die weiteren Brocardschen Punkte der Dreiecke* T, T' *durchlaufen den Kreis um* O *durch* Ω *und* Ω' (Sc).

Fig. 21.

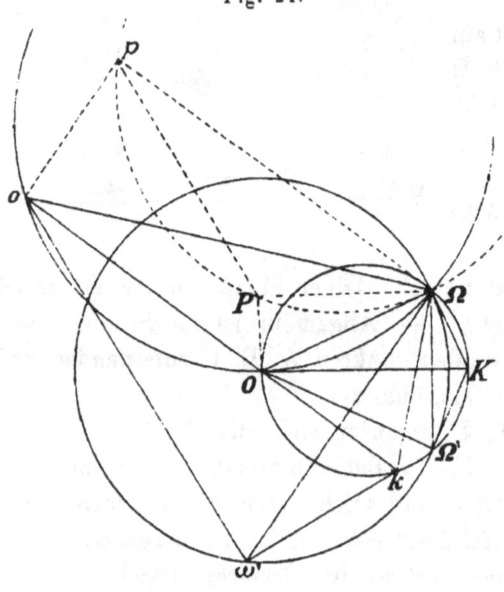

6. O *ist der Doppelpunkt je zweier demselben* ϑ *entsprechenden Dreiecke der Scharen* T, T' (Le u. N).

Beweis. $\angle \Omega O o = 180^\circ - \vartheta - \omega$, $\angle \Omega O k = \vartheta + \omega$: also geht *ok* durch O. *o'*, *k'* sind die Spiegelpunkte von *o*, *k* bezüglich OK; O ist also der Schnittpunkt der homologen Geraden *ok*, *o'k'* und teilt dieselben in gleichem Verhältnisse.

7. Den Dreiecken T, T' entsprechen zwei Dreiecke $L_1M_1N_1(T_1)$, $L'_1M'_1N'_1(T'_1)$ mit absolut gleichem aber entgegengesetztem ϑ. Die Geraden LL_1, MM_1, NN_1 bezw. $L'L'_1$, $M'M'_1$, $N'N'_1$ umschliessen zwei Dreiecke, deren Seiten denen von ABC parallel sind, und welche mit ABC den Punkt Ω bezw. Ω' zum Ähnlichkeitspunkte haben (Br, Le u. N).

Beweis. $ALCL_1$ ist ein Kreisviereck, folglich $\angle ALL_1 = \vartheta$, ebenso $\angle BMM_1 = \vartheta$ und $\angle CNN_1 = \vartheta$; also $LL_1 \parallel AB$ etc. und Ω Doppelpunkt der Dreiecke T und T_1, also auch von △ und T_1.

8. a. LL_1, $L'L'_1$ schneiden sich auf der Mittellinie AG (Le u. N). — Folgt daraus, dass die Entfernungen der Punkte L, L' von *c* und *b* sich verhalten wie $b : c$ (△LAC ∼ L'AB).

b. $M'M'_1$, NN_1 schneiden sich auf der Gegenmittellinie AK (Le u. N). — Folgt daraus, dass die Entfernungen der Punkte M', N von c und b sich verhalten wie $c:b$ ($\triangle$ABM' $\backsim$ ACN).

§ 28. Die unter beliebigem Winkel eingeschriebenen Dreiecke.

1. *Zwei Dreiecke* DEF, D'E'F' (Fig. 22), *die dem* $\triangle$ABC *normal bezw. anormal unter dem* $\angle\vartheta$ *eingeschrieben sind, sind dem Grunddreiecke ähnlich und haben mit ihm den ersten bezw. zweiten Brocardschen Punkt zum Doppelpunkte.*

Beweis vergl. § 23, 1.

Zusatz. Da $\angle A\Omega D = B\Omega E = C\Omega F = \vartheta$ ist, so erhält man $\triangle$DEF, indem man in Ω an $A\Omega$, $B\Omega$, $C\Omega$, der normalen Richtung folgend, $\angle\vartheta$ anlegt. Analog $\triangle$D'E'F'*) (Ho).

Fig. 22.

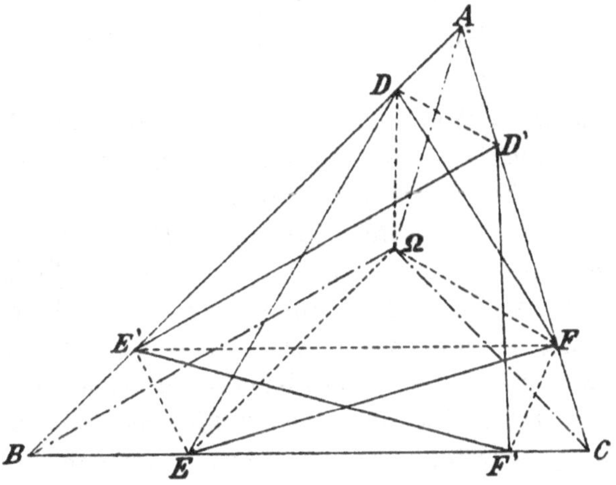

*) Wie zeichnet man dem $\triangle$ ABC ein gleichwendig ähnliches $D_1E_1F_1$ ein, dessen Seiten mit den homologen des ersteren den $\angle\vartheta$ bilden, so dass D_1 auf BC, E_1 auf CA, F_1 auf AB fällt? Beschreibt man an einer dieser Voraussetzung entsprechenden Figur die Kreise BD_1F_1 und CD_1E_1, welche sich in X schneiden mögen, so ergiebt sich

$$\angle BXC = BXD_1 + D_1XC = BF_1D_1 + D_1E_1C = 2\alpha;$$

ebenso $\angle CXA = 2\beta$, $\angle AXB = 2\gamma$. Es ist also X der Umkreismittelpunkt des $\triangle$ ABC. Aber X ist diesmal nicht der Doppelpunkt der Dreiecke ABC

2. *Je zwei Dreiecke, deren Ecken durch Drehung des Büschels* Ω(A, B, C) *resp. des Büschels* Ω'(A, B, C) *auf den Seiten* AB, BC, CA *resp.* AC, CB, BA *entstehen, sind kongruent, falls der Drehungswinkel derselbe und die Drehungsrichtung die entgegengesetzte ist. Das Ähnlichkeitsverhältnis eines unter dem* $\angle \vartheta$ *eingeschriebenen Dreiecks zum* $\triangle$ABC *ist gleich* $\sin\omega : \sin(\vartheta+\omega)$.

Beweis. $\Omega D : \Omega A = \sin\omega : \sin(\vartheta+\omega)$, $\Omega'D' : \Omega'A = \sin\omega : \sin(\vartheta+\omega)$.

Zusatz. Besondere Fälle ergeben sich aus § 27, 3 durch Umkehrung. — Die Fusspunktendreiecke der Brocardschen Punkte sind die kleinsten dem $\triangle$ABC eingeschriebenen und ihm ähnlichen Dreiecke.

3. *Zwei zusammengehörige Dreiecke* DEF, D'E'F' *lassen folgende Beziehungen eintreten:*

$$E'F \parallel BC, \quad F'D \parallel CA, \quad D'E \parallel AB;$$

$$DD' = EE' = FF';$$

$$DD'a \parallel BC, \quad EE'a \parallel CA, \quad FF'a \parallel AB.$$

Beweis s. § 23, 3.

4. *Irgend ein Punkt* $p(p')$ (Fig. 23) *des veränderlichen* $\triangle$DEF (D'E'F') *beschreibt eine Gerade: diese Gerade steht senkrecht auf derjenigen Strecke, welche den dem Punkte* $p(p')$ *entsprechenden Punkt* $p_0(p'_0)$ *des* $\triangle \Omega_c\Omega_a\Omega_b(\Omega'_b\Omega'_c\Omega'_a)$ *mit* $\Omega(\Omega')$ *verbindet* (Ss).

Beweis. Bedenkt man, in welcher Weise $\triangle$DEF und insbesondere $\triangle \Omega_c\Omega_a\Omega_b$ aus $\triangle$ABC entsteht, so findet sich, wie $\triangle$DEF aus $\triangle \Omega_c\Omega_a\Omega_b$ zu erhalten ist: Man dreht Büschel $\Omega(\Omega_c, \Omega_a, \Omega_b)$ normal um $\angle \vartheta+\omega-90^0$ und dividiert die Strahlenlängen durch $\sin(\vartheta+\omega)$. Daraus folgt aber, dass p auf dem Lote liegt, welches auf Ωp_0 in p_0 errichtet ist. Entsprechend ergiebt sich p' aus $\Omega' p'_0$.

---

und $D_1E_1F_1$: denn aus $\angle E_1D_1F_1 = \alpha$, $\angle XE_1D_1 = OCB = R - \alpha$ etc. erkennt man, dass X Höhenschnittpunkt des $\triangle D_1E_1F_1$ ist. Also $D_1O \perp E_1F_1$, ferner $OO_a \perp BC$, folglich $\angle D_1OO_a = \angle(F_1E_1, BC) = \vartheta$. Hieraus die *Konstruktion:* Man legt in O an den Mittelloten in gleichem Sinne den $\angle \vartheta$ an. So ergeben sich Paare kongruenter dem $\triangle$ABC gleichwendig ähnlicher Dreiecke, welche alle den Punkt O zum Höhenschnittpunkte, also zum Doppelpunkte, haben. Bemerkenswert ist noch, dass die hier auftretenden Kreisternionen aus kongruenten Elementen bestehen (Ho). — Für eine andere Konstruktion vergl. den Schluss der Fussnote zu § 23, 1.

Fig. 23.

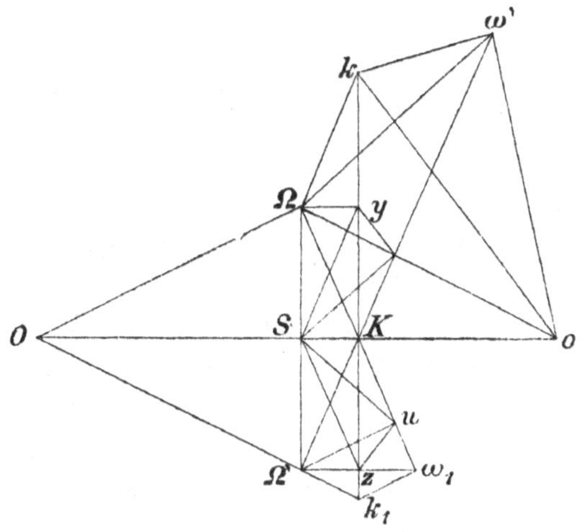

Anm. Allgemein gilt der Satz: Bewegen sich die Ecken eines Dreiecks von fester Form auf drei festen Geraden, so beschreibt jeder Punkt des beweglichen Dreiecks eine Gerade (*De Lafitte*, l. c.).

5. a. *Die Umkreiszentren der Dreiecke* DEF, D'E'F' *durchlaufen die Gerade* OK.

b. *Die Grebeschen Punkte der Dreiecke* DEF, D'E'F' *durchlaufen das Lot auf* OK *in* K.

c. *Die weiteren Brocardschen Punkte der Dreiecke* DEF, D'E'F' *durchlaufen die Geraden* Ω'K, ΩK.

Um diese Sätze zu beweisen, vergegenwärtige man sich die Lage der entsprechenden Punkte im $\triangle \Omega_c \Omega_a \Omega_b$; dieselbe ergiebt sich aus dem Viereck ΩOΩ'K, indem man dasselbe 1) um Ω herumdreht, bis O in die Richtung ΩΩ' fällt, und 2) soweit verkleinert, dass O auf S zu liegen kommt.

6. *Zwei zusammengehörige Dreiecke* DEF, D'E'F' *haben denselben Umkreismittelpunkt.*

Beweis. Dreht man ΩO normal, Ω'O anormal um denselben $\angle \vartheta$, so schneiden die Endstrahlen auf OK denselben Punkt aus.

§ 29. Die Tuckerschen Kreise.

1. *Die Ecken der beiden einem* △ABC *unter demselben Winkel normal und anormal eingeschriebenen Dreiecke* (Fig. 24) *liegen auf einem Kreise.*

Beweis. Die Dreiecke sind kongruent (§ 28, 2) und haben denselben Umkreismittelpunkt (§ 28, 6). — Oder vermittelst § 28, 3.

Der dem Einschreibungswinkel ϑ *entsprechende Kreis hat den*

Radius $\mathfrak{r} = r\dfrac{\sin\omega}{\sin(\omega+\vartheta)}$ (§ 28, 2). *Sein Mittelpunkt* o *teilt* OK *im Verhältnisse* $\operatorname{tg}\vartheta : \operatorname{tg}\omega$; *denn*

$$\mathrm{O}o : o\mathrm{K} = \frac{\mathrm{O}o}{\Omega o} : \frac{o\mathrm{K}}{\Omega o} = \frac{\sin\vartheta}{\sin\omega} : \frac{\cos\vartheta}{\cos\omega}.$$

Anm. Die Umkreise der Dreieckspaare DEF, D'E'F' heissen die *Tuckerschen Kreise* des $\triangle$ ABC. Der Umkreis der Fusspunktendreiecke von Ω und Ω', die Lemoineschen Kreise und der Taylorsche Kreis (§ 31) sind spezielle Tuckersche Kreise.

2. *Die den Dreiecksseiten angehörenden Sehnen eines Tuckerschen Kreises verhalten sich wie* $\sin(\alpha-\vartheta) : \sin(\beta-\vartheta) : \sin(\gamma-\vartheta)$.

Denn die zugehörigen Peripheriewinkel sind bezw. $\alpha-\vartheta$, $\beta-\vartheta$, $\gamma-\vartheta$.

$$\mathrm{EF'} = \lambda\frac{\sin(\alpha-\vartheta)}{\sin\vartheta},\quad \mathrm{FD'} = \lambda\frac{\sin(\beta-\vartheta)}{\sin\vartheta},\quad \mathrm{DE'} = \lambda\frac{\sin(\gamma-\vartheta)}{\sin\vartheta};$$

$$\lambda = 2\mathfrak{r}\sin\vartheta.$$

3. $$\mathrm{BE} = \lambda\frac{c}{b},\quad \mathrm{CF} = \lambda\frac{a}{c},\quad \mathrm{AD} = \lambda\frac{b}{a};$$

$$\mathrm{CF'} = \lambda\frac{b}{c},\quad \mathrm{AD'} = \lambda\frac{c}{a},\quad \mathrm{BE'} = \lambda\frac{a}{b}.$$

$$\mathrm{DD'} = \mathrm{EE'} = \mathrm{FF'} = \lambda.$$

4. *Normalkoordinaten des Zentrums* o *eines Tuckerschen Kreises:*

$$\cos(\alpha-\vartheta),\quad \cos(\beta-\vartheta),\quad \cos(\gamma-\vartheta):\ m = \mathfrak{r}.$$

Beweis. $oo_a = o\mathrm{E}\cos\mathrm{E}oo_a$.

5. Die Tuckerschen Kreise bieten das eleganteste Mittel zur *Konstruktion zweier unter dem* $\angle\vartheta$ *eingeschriebenen Dreiecke* DEF, D'E'F'. Man legt $\angle\vartheta$ in Ω an ΩO nach K hin an und gewinnt so auf OK den Mittelpunkt o. Darauf verlängert man ΩO und zieht durch den Schnittpunkt mit der Peripherie des Umkreises eine Parallele zu OK; diese trifft Ωo in einem Punkte der Peripherie des betreffenden Tuckerschen Kreises.

6. *Zwei Werten von* ϑ, *die sich zu* $180^\circ - 2\omega$ *ergänzen, entsprechen zwei kongruente Tuckersche Kreise, deren Mittelpunkte* o, o_1 *symmetrisch zu* S *gelegen sind.* — Kann aus 5 gefolgert werden.

7. *Aufgabe. Aus dem Radius* $\mathfrak{r}$ *eines Tuckerschen Kreises sein Zentrum zu finden.*

Man verlängere ΩO und ziehe durch den Schnittpunkt mit der Peripherie des Umkreises die Parallele zu OK. Darauf lege man r zwischen beiden Parallelen ein, wodurch zwei Richtungen gewonnen werden, denen Ωo, Ωo_1 parallel sind.

8. *Aufgabe. Einem* △ABC *zwei demselben gleichwendig kongruente Dreiecke einzuschreiben.*

Man verlängere OS um sich selbst und beschreibe um den Endpunkt der Verlängerung einen Kreis mit dem Radius r; derselbe begegnet den Seiten des △ABC in den Ecken der gesuchten Dreiecke.

9. *Aufgabe. Einem* △ABC *normal oder anormal Dreiecke einzuzeichnen, welche seinem Mittendreiecke gleichwendig kongruent sind.*

$\mathfrak{r} = \frac{1}{2}r$, also $\vartheta = \delta$ (§ 10). Beschreibt man daher um Ω mit $\frac{1}{2}\Omega O$ einen Kreis, welcher OK in o, o_1 trifft, alsdann um o und o_1 Kreise mit $\frac{1}{2}r$, so begegnen letztere den Seiten des △ABC in den Ecken der gewünschten Dreiecke (4 Lösungen).

10. *Aufgabe. Einem* △ABC *zwei demselben gleichwendig ähnliche einander kongruente Dreiecke einzuschreiben, welche eine Ecke gemeinsam haben.*

Der zugehörige Tuckersche Kreis berührt in diesem Falle eine der Seiten des △ABC; es sei dieses die Seite a, so dass die Punkte E, F′ zusammenfallen. Aus 3 ergiebt sich $BE : CF' = c^2 : b^2$; mithin ist der Berührungspunkt der Fusspunkt der Gegenmittellinie k_a. Aus 2 folgt $\vartheta = \alpha$, also ED ∥ CA, EF_a ∥ BA; F′D′ ∥ BA, F′E'_a ∥ CA.

11. Unter welcher Bedingung teilt ein Tuckerscher Kreis die Seite a in 3 gleiche Teile?

$$b = c, \quad \vartheta = \tfrac{1}{2}\alpha.$$

12. Unter welcher Bedingung fällt das Zentrum eines Tuckerschen Kreises auf die Seite a?

$$\vartheta = \alpha - 90^\circ, \quad \text{wenn} \quad \alpha + \omega \geqq 90^\circ;$$
$$\vartheta = \alpha + 90^\circ, \quad \text{wenn} \quad \alpha + \omega < 90^\circ.$$

§ 30. Die Tuckerschen Kreise und der Grebesche Punkt.

1. *Das von den Parallelen* E′F, F′D, D′E *zu den Seiten des Grunddreiecks umschlossene* △$\xi\eta\zeta$ *hat mit* △ABC *den Grebeschen Punkt zum Ähnlichkeitspunkte* (Le).

Denn Aξ, Bη, Cζ halbieren die Antiparallelen DD', EE', FF' zu den Seiten des $\triangle$ABC.

Umkehrung: Liegt $\triangle\xi\eta\zeta$ *ähnlich gegen* $\triangle$ABC *in Bezug auf* K *als Ähnlichkeitspunkt, so treffen seine Seiten diejenigen von* ABC *in sechs Punkten eines Tuckerschen Kreises.*

Beweis. Man zeige, dass die in § 28, 3 angegebenen Eigenschaften stattfinden, woraus dann folgt, dass die Dreiecke DEF, D'E'F' der Voraussetzung des § 29, 1 entsprechen.

Zusatz. Zieht man durch einen Punkt einer Gegenmittellinie Parallelen zu den unbeteiligten Seiten, so gewinnt man vier Punkte eines Tuckerschen Kreises. — Zieht man die Parallelen durch K, *so ergiebt sich Lemoines erster Kreis.*

Fig. 24.

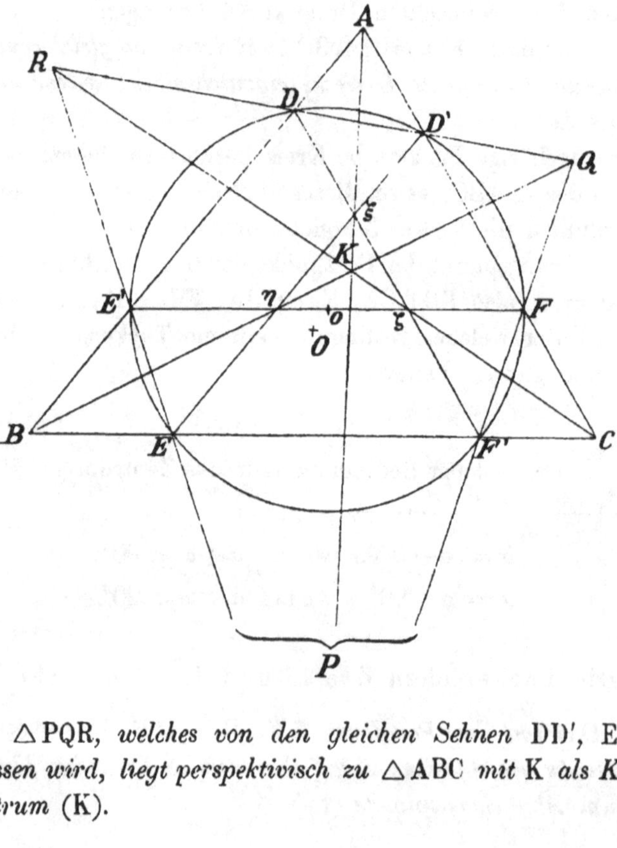

2. $\triangle$PQR, *welches von den gleichen Sehnen* DD', EE', FF' *umschlossen wird, liegt perspektivisch zu* $\triangle$ABC *mit* K *als Kollineationszentrum* (K).

Beweis. PE' = PF; $\angle$PE'B = γ, $\angle$PFC = β. Also verhalten sich die Entfernungen des Punktes P von c und b wie $c:b$; folglich liegt P auf der Gegenmittellinie AK_a.

Umkehrung: Liegt $\triangle$PQR *ähnlich gegen das Ecktangentendreieck des Umkreises von* ABC *in Bezug auf* K *als Ähnlichkeitspunkt, so treffen seine Seiten diejenigen von* ABC *in sechs Punkten eines Tuckerschen Kreises.*

Beweis wie bei der Umkehrung von 1.

Zusatz. Zieht man durch einen Punkt einer Gegenmittellinie Antiparallelen zu den unbeteiligten Seiten, so ergeben sich vier Punkte eines Tuckerschen Kreises. — Zieht man die Antiparallelen durch K, *so erhält man Lemoines zweiten Kreis.*

3. *Die Potenzlinie eines Tuckerschen Kreises und des Umkreises ist die Pascalsche Gerade des zugehörigen Sechsecks d. h. die Kollineationsachse der Dreiecke* ABC *und* PQR.

Beweis s. § 25, 1.

4. *Die Polare von* K *bezüglich eines Tuckerschen Kreises ist parallel der in* 3 *genannten Geraden; ein Zusammenfallen findet nur beim Umkreise und beim ersten Lemoineschen Kreise statt.*

5. *Die Lote von den Ecken des* $\triangle$ABC *auf die entsprechenden Seiten des* $\triangle$PQR *schneiden sich in* O; *die Lote von den Ecken des* $\triangle$PQR *auf die entsprechenden Seiten des* $\triangle$ABC *treffen sich in o.**)

6. *Der Inkreis bezw. ein Ankreis des* $\triangle$PQR *ist konzentrisch dem zugeordneten Tuckerschen Kreise* (K). *Der gemeinsame Mittelpunkt ist die Mitte zwischen* O *und dem Umkreiszentrum* π *des* $\triangle\xi\eta\zeta$ (Le).

Beweis. DD' = EE' = FF'. $\xi\pi \parallel$ AO, weil die Dreiecke $\xi\eta\zeta$, ABC ähnlich liegen. Das Mittellot auf DD' geht durch die Mitte von Aξ und ist $\parallel$ AO, geht folglich durch die Mitte von Oπ.

Anm. Die Verallgemeinerung der Sätze des § 26 bildet eine dankbare Aufgabe. Im übrigen sei bemerkt, dass die vorhergehenden Untersuchungen ihre naturgemässe Erweiterung (Tl, Ar u. a.) in der Betrachtung von Dreiecken finden, welche einem gegebenen $\triangle$LMN ähnlich und einem anderen gegebenen $\triangle$ABC um- resp. eingeschrieben sind.

*) Vergl. *Steiner*, Crelles Journal Bd. 2, S. 287; Ges. Werke I S. 157.

§ 31. Der Taylorsche Kreis.

1. *Verlängert man die Mittenlinien des Höhenfusspunktendreiecks eines* $\triangle$ ABC *bis zum Schnitte mit den Seiten des letzteren, so erhält man drei Gerade von gleicher Länge.**)

Beweis. P, Q, R (Fig. 25) seien die Mitten der Seiten des $\triangle H_\alpha H_\beta H_\gamma$; QR schneide AB in D, AC in D'. Da $DD' \parallel H_\gamma H_\beta$ und $\angle H_\beta H_\gamma A = H_\alpha H_\gamma B$ ist, so ist $\triangle QH_\gamma D$ gleichschenklig, $QD = QH_\gamma$. Analog zeigt man, dass $\triangle RH_\beta D'$ gleichschenklig,

Fig. 25.

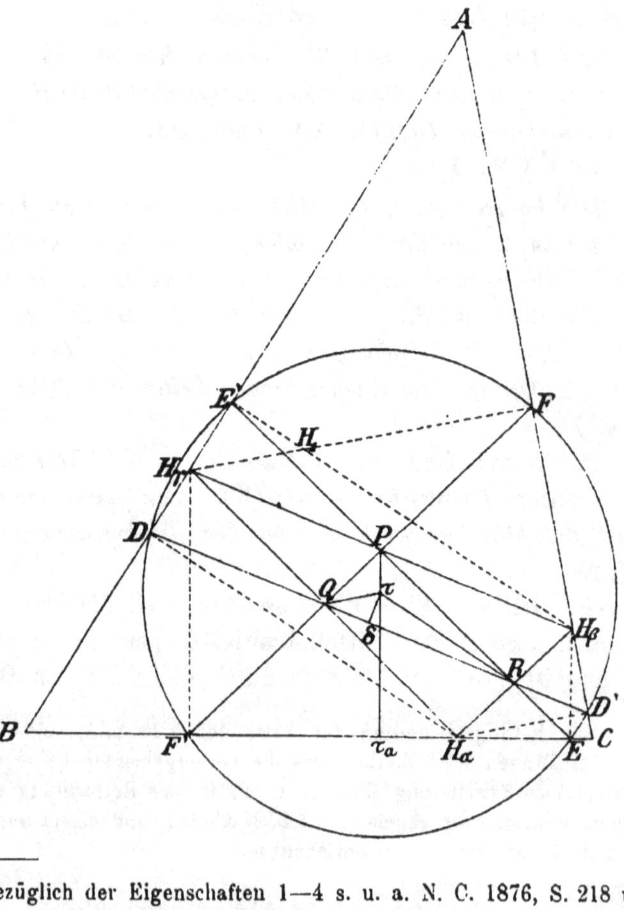

*) Bezüglich der Eigenschaften 1—4 s. u. a. N. C. 1876, S. 218 und *Eutaris*, Journ. de math. élém. de Vuibert 1877, S. 43.

$RD' = RH_\beta$ ist. Somit ist DD' gleich dem Umfange des $\triangle PQR$. Dieselbe Länge haben auch die Geraden EE', FF'.

2. D, D', E, E', F, F' *liegen auf einem Kreise, der einem Berührungskreise des* $\triangle PQR$ *konzentrisch ist.* — *Taylorscher Kreis.*

Beweis. Ist, $\triangle ABC$ als spitzwinklig vorausgesetzt, τ das Inkreiszentrum des $\triangle PQR$, $\tau\delta \perp QR$, so ist

$$Q\delta + RP = R\delta + QP, \quad Q\delta + QD = R\delta + RD', \quad D\delta = D'\delta,$$

also δ die Mitte von DD' etc. — Ist $\angle A > R$, so tritt an die Stelle des Inkreises der der Seite QR zugeordnete Ankreis.

3. *Der Taylorsche Kreis geht durch die Fusspunkte der Lote, die von den Höhenfusspunkten des* $\triangle ABC$ *auf seine Seiten gefällt sind.*

Denn $RD' = RH_\alpha = RH_\beta$, also $H_\alpha D' \perp AC$ etc.

4. τ *ist auch der Schnittpunkt der Lote, die von den Mitten der Seiten des Höhenfusspunktendreiecks auf die entsprechenden Seiten des* $\triangle ABC$ *gefällt sind.**)

Denn $\triangle PF'E$ ist gleichschenklig, und $P\tau$ halbiert $\angle P$.

5. *Die Sehnen, welche der Taylorsche Kreis von den Seiten des* $\triangle ABC$ *abschneidet, sind gleich*

$$a\cos\alpha\cos(\beta-\gamma), \quad b\cos\beta\cos(\gamma-\alpha), \quad c\cos\gamma\cos(\alpha-\beta).$$

Beweis. $F'E = H_\gamma H_\beta \cos(H_\gamma H_\beta, BC)$;

$H_\gamma H_\beta : a = AH_\beta : AB = \cos\alpha$, also $H_\gamma H_\beta = a\cos\alpha$.

6. *Die gleichen Sehnen* DD', EE', FF' *des Taylorschen Kreises sind gleich* $\triangle : r = 2r\sin\alpha\sin\beta\sin\gamma$.

Beweis. $\frac{1}{2}\Sigma a\cos\alpha = \frac{1}{2}r\Sigma\sin 2\alpha = 2r\sin\alpha\sin\beta\sin\gamma$.

7. *Die Entfernung des Mittelpunkts* τ *von den gleichen Sehnen ist gleich* $r\cos\alpha\cos\beta\cos\gamma$.

---

*) Die aus der Zeit vor der Einreihung des Taylorschen Kreises unter die Tuckerschen Kreise bis jetzt bekannten Quellen enthalten folgendes: 1876, N. C.: Die in 4 genannten Lote schneiden sich in einem Punkte (*Ed. Lucas*). — 1877, J. de Vuib.: Die Punkte in 3 liegen auf einem Kreise (*Eutaris*, Pseudonym?). — 1879, *Catalan, Théorèmes et problèmes de géométrie, 6. éd.*: Die Punkte in 3 bilden ein Sechseck mit parallelen Seiten und gleichen Hauptdiagonalen (Länge $= \triangle : r$); Satz von Eutaris mit dem auf den Berührungskreis des Diagonalendreiecks PQR bezüglichen Zusatze; Satz 4. — 1880, N. C. S. 183 wird von *Cauret* anlässlich einer Aufgabe *Brocards* die Identität des $\triangle PQR$ mit dem Mittendreieck von $H_\alpha H_\beta H_\gamma$ nachgewiesen. — 1880, Z. S. 365, *Kiehl*: Satz 1 und 2, Beweise Z. 1881 S. 109.

Beweis. $\frac{1}{2}\tau\delta \cdot \frac{\triangle}{r} = \triangle PQR = \frac{1}{4}H_\alpha H_\beta H_\gamma = \frac{1}{8}H_\alpha H_\beta . H_\alpha H_\gamma . \sin H_\gamma H_\alpha H_\beta = \frac{1}{8} c\cos\gamma . b\cos\beta . \sin(2R-2\alpha) = \frac{1}{2}\triangle\cos\alpha\cos\beta\cos\gamma.$

8. *Der Radius ϱ_3 des Taylorschen Kreises ist gleich*

$$r\sqrt{\sin\alpha^2\sin\beta^2\sin\gamma^2 + \cos\alpha^2\cos\beta^2\cos\gamma^2} \quad \text{(Tl.)}.$$

Denn $\tau D^2 = (\frac{1}{2}DD')^2 + \tau\delta^2$.

9. *Der Taylorsche Kreis gehört zur Schar der Tuckerschen Kreise* (K).

Denn $\triangle PQR$ entspricht den Voraussetzungen in § 30, 2 Umk. — Hiernach sind 1, 2 und 4 spezielle Fälle früher bewiesener Sätze.

10. *Für den Winkel* BDE $= \vartheta$, *unter welchem die Dreiecke* DEF, D'E'F' *dem* $\triangle$ABC *eingeschrieben sind, besteht die Gleichung*

$$\operatorname{tg}\vartheta = -\operatorname{tg}\alpha\operatorname{tg}\beta\operatorname{tg}\gamma \quad \text{(Tl.)}:$$

ferner ist

$$\varrho_3 = -r\cdot\frac{\cos\alpha\cos\beta\cos\gamma}{\cos\vartheta} \quad \text{(Tl.)}.$$

Ergiebt sich aus dem rechtwinkligen $\triangle D\tau\delta$, in welchem $\angle D\tau\delta = 180^\circ - DFA = 180^\circ - \vartheta$ ist.

11. *Der Mittelpunkt des Taylorschen Kreises teilt* OK *im Verhältnisse*

$$-\operatorname{tg}\alpha\operatorname{tg}\beta\operatorname{tg}\gamma : \operatorname{tg}\omega \quad (\text{§ } 29, 1).$$

Zusatz. τ liegt auf OK selbst oder auf der Verlängerung, jenachdem $\triangle$ABC stumpf- oder spitzwinklig ist.

12. *Die Entfernung des Zentrums τ von a ist gleich*

$$\tfrac{1}{2}r[\cos\alpha - \cos 2\alpha\cos(\beta-\gamma)];$$

entsprechende Werte gelten für τr_b, τr_c.

Beweis. Man berechne das Produkt $\varrho_3\cos(\alpha-\vartheta)$ (§ 29, 4) vermittelst 10.

§ 32. Weitere Beziehungen des Taylorschen Kreises.

1. *Sind* H_1, H_2, H_3 *die Höhenschnittpunkte der Dreiecke* $AH_\beta H_\gamma$, $BH_\gamma H_\alpha$, $CH_\alpha H_\beta$, *so schneiden sich die Geraden* H_1H_α, H_2H_β, H_3H_γ *in τ und halbieren sich hierselbst* (N).

Beweis. Die Vierecke $H_1H_\gamma H_\alpha H_\beta$ und $\tau QH_\alpha R$ sind in Ähnlichkeitslage mit dem Ähnlichkeitsverhältnisse 2 : 1.

2. *τ ist auch die Mitte der Geraden, welche O mit dem Höhenschnittpunkte* H_0 *des* $\triangle H_\alpha H_\beta H_\gamma$ *verbindet* (N).

Beweis. Aus 2 folgt, dass $H_2H_3 \parallel H_\gamma H_\beta$ ist; deshalb steht $AH_1 \perp H_2H_3$. AH_1 geht aber auch durch O, da $H_\gamma H_\beta a \parallel BC$ ist. Führt man diese Betrachtung in analoger Weise für BH_2, CH_3 durch, so erkennt man, dass O Höhenschnittpunkt des $\triangle H_1H_2H_3$ ist. Das Weitere folgt daraus, dass sich die Dreiecke $H_1H_2H_3$, $H_\alpha H_\beta H_\gamma$ in Ähnlichkeitslage befinden mit τ als Ähnlichkeitspunkt und dem Ähnlichkeitsverhältnisse 1 : 1.

3. *Betrachtet man* $\triangle H_\alpha H_\beta H_\gamma$ *als ursprünglich gegeben, so sind* A, B, C *die Ankreiszentren; die Punkte* D, D', E, E', F, F' *ergeben sich dann als die Schnittpunkte der Polaren von* H_α, H_β, H_γ *bezüglich der gegenüberliegenden Ankreise mit den Seiten des Zentralendreiecks* ABC (N).

Beweis. E'F treffe $H_\alpha H_\beta$ in ν, $H_\alpha H_\gamma$ in μ; ferner sei λ der Fusspunkt des Lotes von A auf $H_\beta H_\gamma$. Vermittelst der Kongruenz der Dreiecke $H_\beta F\lambda$, $H_\beta F\nu$; $H_\gamma E'\lambda$, $H_\gamma E'\mu$ beweist man, dass $A\nu \perp H_\alpha H_\beta$, $A\mu \perp H_\alpha H_\gamma$ ist; folglich ist $\mu\nu$ oder E'F die Polare von H_α bezüglich des gegenüberliegenden Ankreises.

4. *Der Umkreismittelpunkt* π *des Polarendreiecks* $\xi\eta\zeta$ *fällt zusammen mit dem Höhenschnittpunkte* H_0 *des* $\triangle H_\alpha H_\beta H_\gamma$ (N).

Beweis. Da $H_\alpha D \perp \xi\eta$, $H_\alpha D' \perp \xi\zeta$, so ist H_α Höhenschnittpunkt des $\triangle DD'\xi$, und da $H_\gamma H_\beta \parallel DD'$ ist, so liegen ξ, H_α, H_0 in einer Geraden. Das Weitere ergiebt sich daraus, dass DD', $\zeta\eta$ antiparallel bezüglich des $\angle \xi$ sind. — Folgt auch aus 2 und § 30, 6.

5. *Der Umkreisradius des* $\triangle \xi\eta\zeta$ *ist gleich der Summe des Umkreisdurchmessers und des Inkreishalbmessers des* $\triangle H_\alpha H_\beta H_\gamma$ (N).

Beweis. $H_0\xi = H_\alpha\xi - H_\alpha H_0 = A\lambda - OH_1 = AO + H_1\lambda$.

6. *Die Simsonlinien*) der Seitenmitten bezüglich des Höhenfusspunktendreiecks und ebenso die Simsonlinien der Höhenfusspunkte bezüglich des Mittendreiecks schneiden sich sämtlich im Mittelpunkte des Taylorschen Kreises* (Al).

---

*) *Simsonlinie* (*R. Simson*, 1687—1768) eines Punktes auf der Peripherie des Umkreises eines Dreiecks ist die Gerade, welche die Fusspunkte der Lote enthält, die von jenem Punkte auf die Seiten gefällt werden.

Beweis. Da H_γ, H_β, C, B auf einem Halbkreise um G_α liegen, so trifft das Lot von G_α auf $H_\beta H_\gamma$ diese Gerade in ihrer Mitte P. Die Lote von G_α auf $H_\alpha H_\beta$, $H_\alpha H_\gamma$ liegen symmetrisch zu BC und sind gleichlang, die Verbindungslinie ihrer Fusspunkte ist daher $\perp BC$; da sie durch P geht, so geht sie auch durch τ. — Des weiteren sei $H_\alpha A_0 \perp G_\beta G_\gamma$, $H_\alpha B_0 \perp G_\gamma G_\alpha$, $H_\alpha C_0 \perp G_\alpha G_\beta$. Da $B_0 H_\alpha C_0 G_\alpha$ ein Kreisviereck ist, so ist $\angle G_\alpha C_0 B_0 = G_\alpha H_\alpha B_0 = 90^0 - \gamma = G_\gamma AO$, folglich $A_0 B_0 C_0 \parallel AO$. Nun ist A_0 die Mitte von AH_α, und H_1 liegt auf AO: folglich geht $A_0 B_0 C_0$ durch die Mitte von $H_\alpha H_1$ d. h. durch τ.

Anm. Interessante Analogieen und Beziehungen ergeben sich, wenn die Taylorschen Kreise der Dreiecke BCH, CAH, ABH untereinander und mit dem Taylorschen Kreise des $\triangle$ ABC verglichen werden (Cy).

Fünftes Kapitel.

Die Beikreise.

Einleitung.

Die beiden Kreisternionen, welche in ihrem Durchschnitt die Brocardschen Punkte liefern (§ 12, 1), zeigen sich nach verschiedenen Seiten hin der Betrachtung wert. Jeder Beikreis begegnet dem Umfange des Dreiecks in einem Punkte derjenigen Seite, die weder Sehne noch Tangente desselben ist; so ergeben sich durch die in der Gegenecke berührenden Kreise auf jeder Seite zwei Punkte, die symmetrisch zum Höhenfusspunkte liegen, mit dem sie im rechtwinkligen Dreieck zusammenfallen. Mit Zuziehung dieser Punkte wird es möglich, wichtige Sätze vom rechtwinkligen Dreieck auf das schiefwinklige zu übertragen. — Auf den ersten Blick überraschend erscheint der Satz: Das dem Urdreieck ungleichwendig ähnliche Dreieck, welches einem Beikreise seine Entstehung verdankt, hat mit jenem den entsprechenden Brocardschen Punkt gemeinsam. Die weitere Verfolgung dieses Gedankens führt zur Betrachtung von *sekundären Dreiecken* verschiedener Ordnungen, die alle durch einen der Brocardschen Punkte mit dem ursprünglichen Dreieck in Zusammenhang stehen. Während nun aber bei den genannten ungleichwendig ähnlichen Dreiecken der gemeinsame Brocardsche Punkt seiner Eigenschaft als Doppelpunkt verlustig geht — der Doppelpunkt ist hier diejenige Ecke, an welcher der gemeinsame Winkel liegt — bleibt diese Eigenschaft erhalten bei den *Mittelpunktsdreiecken der Beikreise* in ihrer Beziehung zum Urdreieck. Auch sonst zeigt dieses Dreieckspaar viel Analoges zu den früher behandelten Paaren. — Von besonderer Wichtigkeit für das nächste Kapitel ist die Betrachtung der weiteren Schnittpunkte der Beikreise. In wieviel Punkten schneiden sich überhaupt diese sechs Kreise? Im allgemeinen begegnen sich sechs Kreise in $2+4+6+8+10=30$ Punkten; gehen aber drei bezw. vier Kreise durch einen Punkt, so vertritt dieser 3 bezw. 6 Schnittpunkte. Deshalb vertreten die Ecken A, B, C je 6 und die Brocardschen Punkte je 3 Schnittpunkte. Die 6 übrig bleibenden Punkte lassen sich bequem in zwei Gruppen bringen. *Die erste Trias umfasst die Schnittpunkte* A', B', C' *je zweier dieselbe Seite in ihren Endpunkten berührender Kreise; zur zweiten Trias gehören dann die Schnittpunkte* A'', B'', C'' *je zweier in derselben Ecke berührenden Kreise.* Diese Punkte lassen sich auf einer Reihe anderer Örter nachweisen; ferner geben sich A' und A'', B' und B'', C' und C'' als Winkelgegenpunkte zu erkennen.

§ 33. Metrische Beziehungen der Beikreise.

1. Bezeichnet man (Fig. 26) die Schnittpunkte der Kreise $\varkappa_a$, $\varkappa'_a$ mit der Seite BC mit D, D', so ist (J, Wı)

Fig. 26.

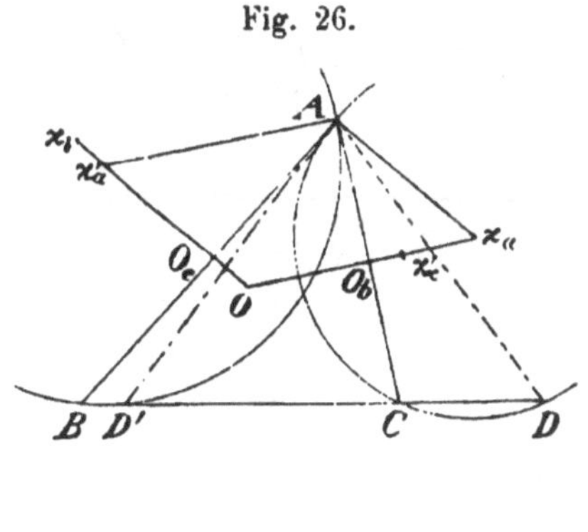

a) $CD.a=b^2$, $BD'.a=c^2$;

b) $AD.a=AD'.a=bc$;

c) $AD^2=AD'^2=BD'.CD$;

d) $BD':CD=c^2:b^2$;

e) $a^2=b^2+c^2\mp a.DD'$,

je nachdem $\angle\alpha$ spitz oder stumpf ist.

2. Konstruiert man auf den anderen Seiten analog die Punkte E, E′, F, F′, so ist

$$AE.BF.CD = AF'.BD'.CE' = abc;$$

$$AD.BE.CF = AD'.BE'.CF' = abc \quad (W_1).$$

3. Sind r_a, r_b, r_c: r'_a, r'_b, r'_c die Radien der in A, B, C berührenden und durch Ω bezw. Ω′ gehenden Beikreise, so ist

$$r_a = \tfrac{1}{2} b \operatorname{cosec} \alpha, \quad r_b = \tfrac{1}{2} c \operatorname{cosec} \beta, \quad r_c = \tfrac{1}{2} a \operatorname{cosec} \gamma,$$

$$r'_a = \tfrac{1}{2} c \operatorname{cosec} \alpha, \quad r'_b = \tfrac{1}{2} a \operatorname{cosec} \beta, \quad r'_c = \tfrac{1}{2} b \operatorname{cosec} \gamma:$$

ferner $\varkappa_a O = r'_a, \quad \varkappa_b O = r'_b, \quad \varkappa_c O = r'_c,$

$$\varkappa'_a O = r_a, \quad \varkappa'_b O = r_b, \quad \varkappa'_c O = r_c.$$

4. $\Pi r_a = \Pi r'_a = \Pi \varkappa_a O = \Pi \varkappa'_a O = r^3$ (J).

5. $r_b r'_c = r_c r'_a = r_a r'_b = r^2$ (J); $\varkappa_c, \varkappa'_b$: $\varkappa_a, \varkappa'_c$: $\varkappa_b, \varkappa'_a$ sind inverse Punkte bezüglich des Umkreises (R).

6. $\Pi \varkappa_a O_b = \Pi \varkappa'_a O_c = \Pi O O_a$ (J).

§ 34. Die Mittelpunktsdreiecke der Beikreise.

1. *Die Dreiecke* $\varkappa_a \varkappa_b \varkappa_c$, $\varkappa'_a \varkappa'_b \varkappa'_c$ (Fig. 27) *sind dem* △ ABC *gleichwendig ähnlich* (He).

Denn ihre Seiten sind die Mittellote auf den Scheitellinien nach Ω, Ω′.

Fig 27.

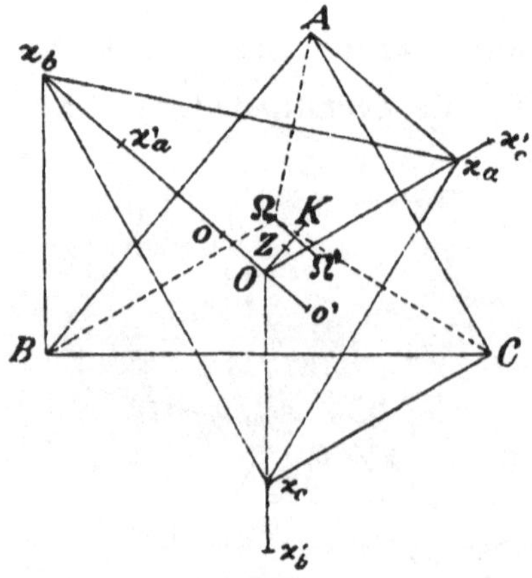

2. *Die Mittelpunktsdreiecke haben mit* ABC *den ersten bezw. den zweiten Brocardschen Punkt zum Doppelpunkte* (He).

Denn

$$\angle \Omega \varkappa_a \varkappa_b = A \varkappa_a \varkappa_b = \Omega AB \text{ etc.}$$

3. O *ist der zweite bezw. erste Brocardsche Punkt der Mittelpunktsdreiecke* (He).

Denn

$$\angle O \varkappa_a \varkappa_c = \Omega CA \text{ etc.}$$

4. *Die Mittelpunktsdreiecke sind kongruent; ihr Ähnlichkeitsverhältnis zu* ABC *ist gleich* $1 : 2 \sin \omega$ (He).

Denn $\Omega O : \Omega\Omega' = \Omega O : 2\Omega S = 1 : 2\sin\omega$.

Zusatz. Die Mittelpunktsdreiecke sind kongruent denjenigen Dreiecken, die dem Grunddreieck unter dem Winkel $30^\circ - \omega$ umgeschrieben sind (J).

Anm. Die Mittelpunktsdreiecke werden erhalten, indem man das Büschel $\Omega(A, B, C)$ anormal und das Büschel $\Omega'(A, B, C)$ normal um den Winkel $90^\circ - \omega$ dreht und die Strahlenlängen durch $2\sin\omega$ dividiert. Vergl. § 27, 3e).

5. *Die Umkreismittelpunkte* o, o' *der Dreiecke* $\varkappa_a\varkappa_b\varkappa_c$, $\varkappa'_a\varkappa'_b\varkappa'_c$ *liegen auf der Parallele durch* O *zu* $\Omega\Omega'$, *von* O *um* $O\Omega^2 : \Omega\Omega'$ *entfernt* (He).

Beweis. Man drehe Büschel $\Omega(O, \Omega')$ anormal (und Büschel $\Omega'(O, \Omega)$ normal) um $90^\circ - \omega$ und lege $\angle \Omega\Omega'O$ an $O\Omega$ in O nach der Seite hin an, auf welcher Ω' nicht liegt.

6. Z, *die Mitte von* OK, *ist der Grebesche Punkt der beiden Mittelpunktsdreiecke, also ihr Doppelpunkt* (Ar, Sl).

7. *Die Kollineationsachse der Mittelpunktsdreiecke ist* OK (Sl).

Beweis. $\varkappa_a\varkappa_b$, $\varkappa'_c\varkappa'_a$ sind Mittellote auf $A\Omega$, $A\Omega'$, schneiden sich also im Umkreiszentrum des $\triangle A\Omega\Omega'$, mithin auf dem Mittellote von $\Omega\Omega'$.

8. $\varkappa_b\varkappa_c$ *und* BC, $\varkappa_c\varkappa_a$ *und* CA, $\varkappa_a\varkappa_b$ *und* AB, $\varkappa'_b\varkappa'_c$ *und* BC, $\varkappa'_c\varkappa'_a$ *und* CA, $\varkappa'_a\varkappa'_b$ *und* AB *schneiden sich in den Ecken des Lemoineschen Sechsecks* (§ 23, 1 Zus.) (Sl). *Die Mittelpunktsdreiecke sind den unter dem* $\angle\omega$ *eingeschriebenen Dreiecken unter rechtem Winkel umgeschrieben* (Ar).

§ 35. Die sekundären Dreiecke.

1. *Treffen* (Fig. 28) $\varkappa_a$, $\varkappa_b$, $\varkappa_c$ *die Seiten* a, b, c *resp. noch in* C_1, A_1, B_1, *so haben die Dreiecke* ABC_1, A_1BC, AB_1C *den Punkt* Ω *zum ersten Brocardschen Punkte* (He).

Beweis. Für $\triangle ABC_1$ sind $\varkappa_a$, $\varkappa_b$ Beikreise in derselben Art wie für ABC; ihr Schnittpunkt Ω ist also erster Brocardscher Punkt des $\triangle ABC_1$.

Anm. Die Dreiecke A_1BC, AB_1C, ABC_1 heissen sekundäre Dreiecke der ersten Ordnung mit Beziehung auf den Punkt Ω.

Ganz in derselben Art ergeben sich aus der zweiten Beikreistrias die zum Punkte Ω' *gehörigen sekundären Dreiecke* I. O. A'_1BC,

Fig. 28.

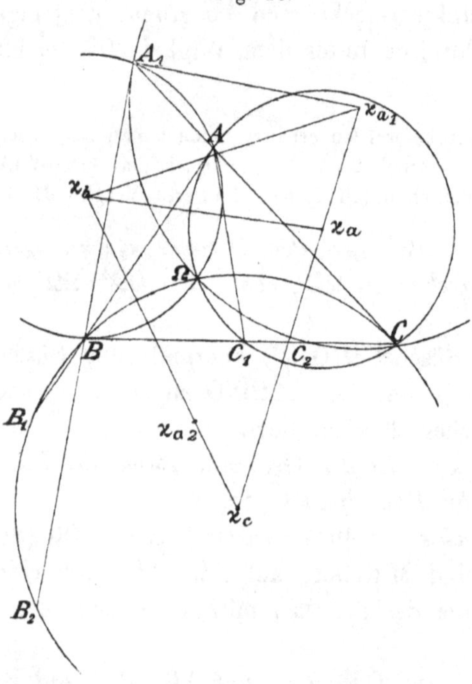

$AB_1'C$, ABC_1'. Trifft z. B. $\varkappa_c'$ die AB noch in A_1', so hat $\triangle A_1'BC$ ebenso wie ABC den Punkt Ω' zum zweiten Brocardschen Punkte; denn die Beikreise $\varkappa_b'$, $\varkappa_c'$ sind beiden Dreiecken gemeinsam.

2. *Die Sonderecken der sechs sekundären Dreiecke* I. O. *stehen in der Lagebeziehung, dass* $AC_1 \parallel A_1'C$, $BA_1 \parallel B_1'A$, $CB_1 \parallel C_1'B$ *ist, wobei die drei verschiedenen Richtungen mit denen der Umkreistangenten in* B, C, A *übereinstimmen* (He).

3. $\Omega A_1 : \Omega A = a^3 : b^3$, $\Omega' A_1' : \Omega' A = a^3 : c^3$ (He).

Beweis. Im $\triangle \Omega A A_1$ ist $\angle \Omega A A_1 = 180^0 - (\alpha - \omega)$, $\angle \Omega A_1 A = \beta - \omega$. § 1, Zusatz 2.

4. *Jedes sekundäre Dreieck* I. O. *hat mit dem Urdreiecke zwei Beikreise gemeinsam, ausserdem seinen besonderen Beikreis.* Der dem $\triangle A_1BC$ eigentümliche Beikreis $\varkappa_{a_1}$ berührt A_1B in A_1 und geht durch C. *Die neuen Beikreismitten der sekundären Dreiecke* I. O. *liegen auf den Seiten der Mittelpunktsdreiecke.* So liegt $\varkappa_{a_1}$ auf $\varkappa_c\varkappa_a$, weil die Kreise $\varkappa_{a_1}$, $\varkappa_c$ und $\varkappa_a$ durch C und Ω gehen (He).

5. *Auch die Dreiecke* $\varkappa_{a_1}\varkappa_b\varkappa_c$, $\varkappa_a\varkappa_{b_1}\varkappa_c$ u. s. w. *haben mit* $\triangle ABC$ *einen Brocardschen Punkt gemeinsam* (He).

Folgt aus 1 und aus § 34, 2.

Anm. $\triangle \varkappa_{a_1}\varkappa_b\varkappa_c$ ist sekundäres Dreieck I. O. von $\varkappa_a\varkappa_b\varkappa_c$; denn $\angle \varkappa_b\varkappa_{a_1}\Omega = \omega$ nach 5 und $\angle \varkappa_b\varkappa_a\Omega$ ebenfalls $= \omega$; also geht der Kreis $\varkappa_b\Omega\varkappa_a$ auch durch $\varkappa_{a_1}$. Es hat also $\varkappa_{a_1}$ gegen $\triangle \varkappa_a\varkappa_b\varkappa_c$ dieselbe Lage wie A_1 zu $\triangle ABC$

d. h. *Die Mittelpunktsdreiecke der sekundären des Urdreiecks sind identisch mit den sekundären Dreiecken der Mittelpunktsdreiecke vom Urdreieck* (He).

6. *Zu einem sekundären Dreieck* I. O. *gehören zwei neue sekundäre Dreiecke, die in Bezug auf das Urdreieck sekundäre Dreiecke* II. O. *heissen sollen.* So gehören zum $\triangle A_1BC$ nur zwei neue sekundäre Dreiecke A_1BC_2, A_1B_2C, wo C_2 den Schnittpunkt von $\varkappa_{a_1}$ mit BC, B_2 den Schnittpunkt von $\varkappa_c$ mit A_1B bezeichnet; das dritte würde wieder ABC sein. *Jedes neue sekundäre Dreieck liefert einen neuen Beikreis;* das $\triangle A_1BC_2$ liefert den Kreis $\varkappa_{a_2}$, der A_1C_2 in C_2 berührt und durch B geht; das $\triangle A_1B_2C$ liefert den Kreis $\varkappa_{b_2}$, der B_2C in B_2 berührt und durch A_1 geht. Die Kreise $\varkappa_{a_2}$ und $\varkappa_{b_2}$ gehen durch Ω; $\varkappa_{b_2}$ liegt auf der Geraden $\varkappa_b\varkappa_{a_1}$, $\varkappa_{a_2}$ auf der Zentrale $\varkappa_b\varkappa_c\varkappa_{c_1}$.

So kommen zu jedem sekundären Dreieck zwei neue sekundäre Dreiecke, zwei weitere durch Ω *bezw.* Ω' *gehende Beikreise hinzu* (He).

§ 36. Die weiteren Brocardschen Punkte der sekundären Dreiecke I. O.

1. *Jedes sekundäre Dreieck* I. O. *hat ausser dem mit dem Urdreieck gemeinsamen Brocardschen Punkte seinen besonderen Segmentärpunkt.* Es sei Ω'_{a_1} der zweite Brocardsche Punkt des $\triangle A_1BC$, $\Omega_{a'_1}$ der erste Brocardsche Punkt des $\triangle A'_1BC$; entsprechende Bedeutung haben Ω'_{b_1}, $\Omega_{b'_1}$, Ω'_{c_1}, $\Omega_{c'_1}$. Zunächst ergeben sich dann leicht drei Örter für jeden dieser Punkte. So liegt (Fig. 29) Ω'_{b_1} 1) auf $A\Omega'$, weil $\angle \Omega'_{b_1}AC = \Omega'AC = \omega$ ist; 2) auf der Parallele durch B_1 zu $B\Omega'$, weil $\angle \Omega'_{b_1}B_1A = \Omega'BA = \omega$ ist; 3) auf dem Kreise CAH, weil $\angle \Omega'_{b_1}CA = \beta - \omega$, somit $\angle C\Omega'_{b_1}A = 180^0 - \beta$ ist. Ebenso liegt $\Omega_{c'_1}$ einmal auf $A\Omega$, dann auf der Parallele durch C'_1 zu $C\Omega$ und drittens auf dem Kreise ABH (He, Eh).

2. *Die sechs Sonderpunkte liegen auf sechs durch* Ω *und* Ω' *gehenden Kreisen, welche je eine der Scheitellinien durch* Ω, Ω' *berühren* (Eh).

Beweis. In den ungleichwendig ähnlichen Dreiecken ABC, ACB_1 sind homologe Punkte A und A_1, Ω' und Ω, Ω und Ω'_{b_1}; folglich ist $\angle A\Omega\Omega'_{b_1} = A\Omega'\Omega$; also liegt Ω'_{b_1} auf dem Kreise durch Ω, Ω', der $A\Omega$ in Ω berührt d. i. auf einem Beikreise des $\triangle A\Omega\Omega'$

Fig. 29.

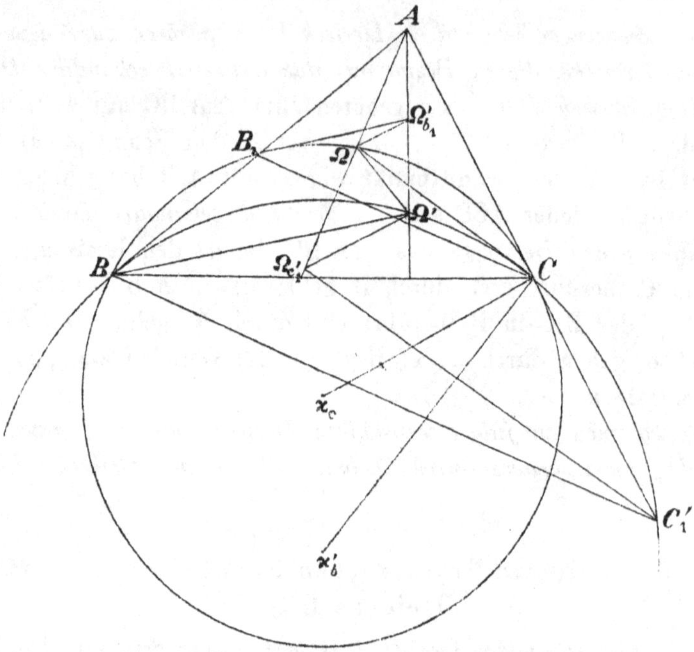

Zusatz. $\Omega\Omega'_{b_1} a \parallel \Omega\Omega'$ bezüglich $\angle \Omega A \Omega'$; ebenso sind die Verbindungslinien der beiden Brocardschen Punkte eines jeden der fünf anderen sekundären Dreiecke antiparallel zu $\Omega\Omega'$ mit Beziehung auf einen der Winkel $\Omega A \Omega'$, $\Omega B \Omega'$, $\Omega C \Omega'$. Je zwei der Verbindungslinien sind infolgedessen wieder einander parallel ($\Omega\Omega'_{b_1} \parallel \Omega'\Omega_{c'_1}$ etc.).

3. *Die sechs Punkte sind die Spiegelpunkte der Ecken der beiden Dreiecke, die erhalten werden, wenn man* $\triangle ABC$ *um seinen Umkreismittelpunkt in der einen oder anderen Richtung um* 2ω *dreht* (Eh).

Zum *Beweise* vergleiche man die Winkel des $\triangle A\Omega'_{b_1}C$ mit denen des $\triangle A\mathfrak{C}C$ in Fig. 12. Den Punkten $\mathfrak{A}$, $\mathfrak{B}$, $\mathfrak{C}$; $\mathfrak{A}'$, $\mathfrak{B}'$, $\mathfrak{C}'$ dort entsprechen hier die Punkte Ω'_{c_1}, Ω'_{a_1}, Ω'_{b_1}; $\Omega_{b'_1}$, $\Omega_{c'_1}$, $\Omega_{a'_1}$.

Zusatz 1. Jeder der sechs Punkte ist von der Berührungsecke desjenigen Beikreises, dem das zugehörige sekundäre Dreieck seine Entstehung verdankt, gleichweit entfernt ($C\Omega'_{b_1}$ etc. $= 2r\sin\omega$) (He).

Zusatz 2. Ω'_{a_1} und $\Omega_{a'_1}$, ..., ... liegen symmetrisch zu den Mittelloten der Seiten (He).

Zusatz 3. Ω'_{c_1} und $\Omega_{b'_1}$, ..., ... liegen symmetrisch zu den Höhen (Eh).

§ 37. Die Schnittpunkte je zweier eine Seite in ihren Endpunkten berührenden Beikreise.

1. *Ist* A' (Fig. 30) *der Schnittpunkt der die Seite* BC *in ihren Endpunkten* B *und* C *berührenden Beikreise* $\varkappa_b$ *und* $\varkappa'_c$, *so ist*

$$\angle BA'C = 2R-\alpha, \quad \angle CA'A = 2R-\gamma, \quad \angle AA'B = 2R-\beta.$$

Entsprechende Winkelbeziehungen gelten für B' (Schnittpunkt der Kreise $\varkappa_c$ und $\varkappa'_a$) *und* C' (Schnittpunkt von $\varkappa_a$ und $\varkappa'_b$).

Zusatz. A', B', C' liegen auf den Kreisen BCH, CAH, ABH respective.

Anm. Die Punkte A', B', C' vervollständigen die Trias H, Ω, Ω' zur sechszähligen Gruppe der Schnittpunkte je dreier Kreise, welche die Winkel α, β, γ über den Seiten nach aussen hin als Peripheriewinkel fassen.

Fig. 30.

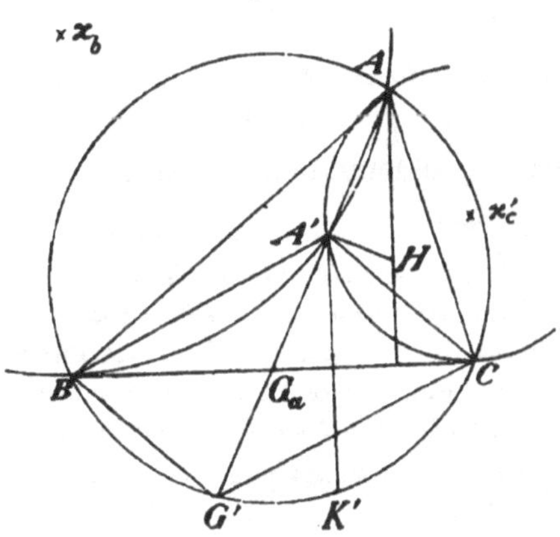

2. A' *liegt auf der Mittellinie* AG_a (Bö).

Beweis. Die Potenzlinie der Kreise $\varkappa_b$, $\varkappa'_c$ halbiert die gemeinsame Tangente BC.

3. A' *ist der Endpunkt der Verlängerung von* $G'G_a$ *um sich selbst,* wobei G' den Schnittpunkt von AG_a mit dem Umkreise bezeichnet.

Beweis.

$$\angle G'A'B = \beta = A'G'C,$$
$$\angle G'A'C = \gamma = A'G'B;$$

folglich ist A'BG'C ein Parallelogramm.

4. A' *ist auch die Projektion des Höhenschnittpunktes* H *auf* AG_a (Bö).

Denn im Kreise BCH ist $\angle HA'C = HBC = 90^\circ-\gamma$, also $\angle HA'C + G'A'C = 90^\circ$.

Zusatz. A' *liegt auf dem Kreise mit dem Durchmesser* HG.

Dasselbe gilt von B' *und* C'. △A'B'C' *ist also diesem Kreise eingeschrieben.*

5. △A'B'C' *ist ähnlich dem Mittelliniendreieck des* △ABC (F). Denn seine Winkel sind denjenigen supplementar, unter welchen die Seiten des △ABC von G aus gesehen werden.

6. A' *ist der Spiegelpunkt des Punktes* K', *in welchem die Gegenmittellinie* AK_a *den Umkreis schneidet.*

Beweis. Da G'K' ∥ BC ist, so ist $G_aG' = G_aK'$, mithin ∠G'K'A' ein Rechter etc.

7. A' *liegt auf dem der Seite* BC *zugeordneten Apollonischen Kreise*) des* △ABC (Ak).

Denn BA' : A'G' $= c : a$, CA' : A'G' $= b : a$. — Oder vermittelst 6.

8. $A'B = \frac{ac}{2g_a}$, $A'C = \frac{ab}{2g_a}$, $A'A = \left[\frac{2bc\cos\alpha}{2g_a}\right]$ (Ak).

Bei der Berechnung dieser Strecken beachte man, dass $G_aG' = \frac{a^2}{4g_a}$ ist.

9. *Die Fusspunktendreiecke von* A', B', C' *sind gleichschenklig mit den Basiswinkeln* α, β, γ. Ist einer der Winkel, z. B. α, ein stumpfer, so fällt A' aus dem Dreieck heraus: der Basiswinkel seines Fusspunktendreiecks ist dann das Supplement von α.

---

*) *Die Apollonischen Kreise des* △ABC *teilen dessen Seiten im Verhältnisse der jedesmal anliegenden Seiten und haben die Entfernung der Teilpunkte zum Durchmesser;* dieselben gehen also durch die Fusspunkte zusammengehöriger Innen- und Aussenwinkelhalbierenden und durch die gegenüberliegenden Ecken. *Ihre Mittelpunkte sind die Schnittpunkte* L_a, L_b, L_c *der Umkreistangenten in den Ecken mit den Gegenseiten;* denn es ist beispielsweise, wenn $b < c$, $\angle L_aAJ_a = \beta + \frac{1}{2}\alpha$ und $\angle L_aJ_aA = \beta + \frac{1}{2}\alpha$. *Die Apollonischen Zentren teilen mit den Gegenmittellinien die entsprechenden Dreiecksseiten harmonisch;* denn Büschel A(B, K', C, L_a) wird durch eine Parallele zu AL_a harmonisch geschnitten (§ 21, 4 Zus.). Es folgt hieraus, *dass die Apollonischen Zentren die Dreiecksseiten aussen im Verhältnis der Quadrate der anliegenden Seiten teilen.* Des weiteren sind nun L_a, L_b, L_c *die Pole der Gegenmittellinien bezüglich des Umkreises;* da letztere sich in K begegnen, so *liegen* L_a, L_b, L_c *in einer Geraden, der Umkreispolare von* K; *dieselbe ist zugleich die Kollineationsachse des* △ABC *und des Ecktangentendreiecks.*

§ 38. Die Schnittpunkte je zweier in derselben Ecke berührenden Beikreise.

1. *Ist* A'' (Fig. 31) *der Schnittpunkt der beiden in der Ecke* A *berührenden Beikreise* $\varkappa_a$, $\varkappa'_a$, *so ist*

$$\angle BA''C = 2\alpha, \quad \angle CA''A = AA''B = 2R - \alpha.$$

Entsprechende Winkelbeziehungen gelten für B'' (Schnittpunkt von $\varkappa_b$, $\varkappa'_b$) *und* C'' (Schnittpunkt von $\varkappa_c$ und $\varkappa'_c$).

Zusatz. A'', B'', C'' liegen auf den Kreisen BCO, CAO, ABO respective.

2. A'' *ist der Doppelpunkt zweier über* AB *und* CA *gelegenen gleichwendig ähnlichen Figuren.**)

Beweis. Die Dreiecke ABA'', CAA'' sind gleichwendig ähnlich; denn nach 1 ist $\angle AA''B = CA''A$, und ferner ist $\angle ABA'' = CAA''$, weil jeder von ihnen durch $\angle A''AB$ zu α ergänzt wird.

Fig. 31.

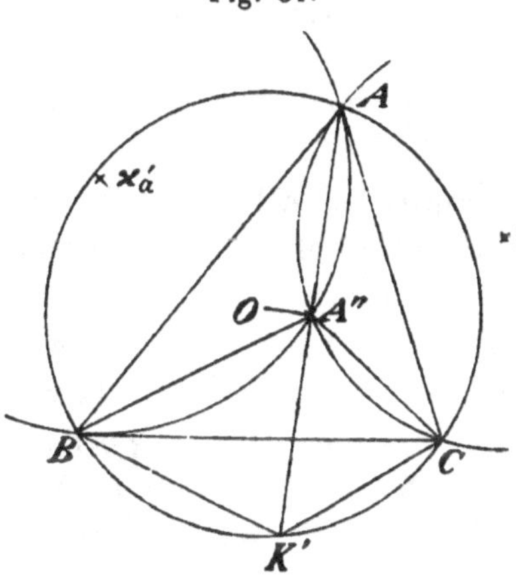

3. A'' *liegt auf der Gegenmittellinie* AK_a.

Beweis. Die Entfernungen des Punktes A'' von b und c verhalten sich nach 2 wie $b : c$.

4. A'' *ist die Projektion von* O *auf* AK_a, *also die Mitte der Umkreissehne* AK'.

Denn im Kreise BCO ist $\angle OA''B = OCB = 90^0 - \alpha$, also $\angle OA''B + K'A''B = 90^0$.

Zusatz. A'' *liegt auf dem Kreise über dem Durchmesser* OK. *Dasselbe gilt von* B'' *und* C''. $\triangle$ A''B''C'' *ist also diesem Kreise eingeschrieben.*

5. $\triangle$A''B''C'' *ist ähnlich einem Dreieck, dessen Seiten den Gegenmittellinien des* $\triangle$ ABC *parallel sind* (Ar).

6. A'' *ist der Spiegelpunkt der Mitte von* AA' *bezüglich* $G_\beta G_\gamma$.

*) Die Lage der vorstehend bezeichneten Doppelpunkte auf den Örtern 1 Zus., 3, 4 Zus. erkannte *Brocard;* ihre Lage auf den Beikreisen wurde von *Böklen* nachgewiesen.

Beim *Beweise* beachte man die Ähnlichkeitslage der Vierecke ABK'C, $AG_\gamma A''G_\beta$, ferner § 37, 6.

Zusatz. A'' liegt auf der Geraden, welche den Höhenfusspunkt H_a mit der Mitte von $G_\beta G_\gamma$ verbindet (Ar).

7. *A''O trifft BC in dem Apollonischen Zentrum* L_a.

Beweis. A''(A, B, C, O) ist ein harmonisches Büschel (N), da $\angle$BA''K' = CA''K' und A''O $\perp$ A''K'.

8. $A''B = \frac{c^2}{2g_a}$, $A''C = \frac{b^2}{2g_a}$, $A''A = \frac{bc}{2g_a}$; $A''A^2 = A''B \cdot A''C$ (Ar).

Bei der Berechnung kann man die Bemerkung nützen, dass die Dreiecke AA''C, BK'C, BA''A dem Dreiecke mit den Seiten c, b, $2g_a$ ähnlich sind.

9. *Die Fusspunktendreiecke der Punkte A'', B'', C'' sind dem Urdreieck ungleichwendig ähnlich.*

Anm. Die Punkte A'', B'', C'' vervollständigen die Trias O, Ω, Ω' zur sechszähligen Gruppe von Punkten, deren Fusspunktendreiecke dem Urdreieck ähnlich sind.

10. A' *und* A'', B' *und* B'', C' *und* C'' *sind Winkelgegenpunkte* (Sl).

Beweis. $\angle$A'BC = A'AB = A''AC = A''BA; also sind die von A und B durch A', A'' gehenden Scheitellinien Winkelgegenlinien.

11. In einem Dreieck, welches seinem Mittelliniendreieck ähnlich ist, fällt A' auf G (§ 8, 5), also A'' auf K. In einem solchen Dreiecke ist OK $\perp$ AK, also ΩΩ' $\parallel$ AK (Le); ferner ist GK $\parallel$ BC (N), da G und K die Mitten von AG' und AK' sind und G'K' $\parallel$ BC ist. Des weiteren ist K Schwerpunkt des $\triangle AG_aH_a$ (Sn); denn G_aK ist Mittellinie dieses Dreiecks (§ 21, 7, Zus. 1) und $AK : KK_a = AG : GG_a = 2 : 1$. Daraus folgt dann noch, dass AK Gegenmittellinie im $\triangle$AGH und AG Gegenmittellinie in dem ungleichwendig ähnlichen $\triangle$AKO ist (Sn).

Sechstes Kapitel.

Der Brocardsche Kreis.

Einleitung.

Die wesentlichsten Fortschritte in der Geometrie der Brocardschen Gebilde knüpfen sich an die Untersuchung der Schnittpunkte A_1, B_1, C_1 je zweier Scheitellinien durch Ω, Ω', welche gegen eine Seite unter demselben, dem Brocardschen Winkel geneigt sind. Der Umkreis Z des $\triangle A_1B_1C_1$, welcher auch durch O, K, Ω, Ω', A'', B'', C'' (§ 38) geht, heisst der *Brocardsche Kreis*; ferner heisst $\triangle A_1B_1C_1$ *das erste*, $\triangle A''B''C''$ *das zweite Brocardsche Dreieck*. Der Brocardsche Kreis ist konzentrisch dem ersten Lemoineschen Kreise; seine Bedeutung für die Theorie der gleichwendig ähnlichen Figuren gipfelt in dem Satze, dass drei bezüglich der Seiten eines Dreiecks homologe Gerade, wenn sie sich in einem Punkte schneiden, sich jederzeit auf der Peripherie unseres Kreises begegnen. Interessant sind die zahlreichen Beziehungen des ersten Brocardschen Dreiecks $\triangle_1$ zum Urdreieck $\triangle$. Diese Dreiecke sind ungleichwendig ähnlich und haben den Schwerpunkt G zum Doppelpunkte; es folgt daraus, *dass die Halbierenden der Winkel irgend zweier entsprechenden Geraden in beiden Dreiecken von unveränderlicher Richtung und zwar den Halbierenden des $\angle$OGZ und seines Nebenwinkels parallel sind.* Des weiteren sind $\triangle$ und $\triangle_1$ perspektivisch; das Studium des Kollineationszentrums D und der Kollineationsachse $\mathfrak{S}$ erweisen sich fruchtbar, auch auf früher betrachtete Punkte fällt dabei neues Licht. Ein neues Element wird der Untersuchung dadurch zugeführt, dass Parallelen bezw. Lote durch die Ecken von $\triangle$ zu den Seiten von $\triangle_1$ gelegt werden; es entstehen *der Steinersche* und *der Tarrysche Punkt.* Die sich beständig mehrende Zahl der merkwürdigen Punkte des Dreiecks drängt zur Untersuchung ihrer gegenseitigen Beziehungen; vermittelst des M^c^Cayschen Satzes gelingt es, die betreffenden Korrelationen aus einer gemeinsamen Quelle zu schöpfen. Verallgemeinerungen, wo sie sich ungesucht darbieten, werden nicht übergangen; so führen die Dreiecke BCA_1, CAB_1, ABC_1 zur Betrachtung irgend dreier über den Seiten eines Dreiecks errichteten ähnlichen gleichschenkligen Dreiecke; so lenken die auf der Geraden OK befindlichen Punkte Z, S, D' den Blick auf die gemeinsamen Eigenschaften aller Punkte dieser Geraden.

§ 39. Der Kreis der zehn Punkte.

1. *Schneiden sich* (s. die Tafel) BΩ, CΩ' *in* A_1, CΩ, AΩ' *in* B_1, AΩ, BΩ' *in* C_1, *so sind die Dreiecke* BCA_1, CAB_1, ABC_1 *gleichschenklig und ähnlich; ihre Summe ist gleich dem Grunddreiecke* (J).

Beweis. Der erste Teil der Behauptung folgt daraus, dass jedes der Dreiecke den $\angle\omega$ zweimal enthält. Ferner ist $\triangle BCA_1 = \frac{1}{2}a.A_1O_a = \frac{1}{2}a.\frac{1}{2}a\,\mathrm{tg}\,\omega = \frac{1}{4}a^2\mathrm{tg}\,\omega$, also $\Sigma BCA_1 = \frac{1}{4}\mathrm{tg}\,\omega\,\Sigma a^2 = \triangle$ (§ 3).

Zusatz. BA_1 und AB_1, ... werden durch ΩΩ' in demselben Verhältnisse geteilt (Cy). — Ergiebt sich aus den ähnlichen Dreiecken BΩC, AΩ'C.

2. *Parallelen durch* A_1 *zu* BC, *durch* B_1 *zu* CA *und durch* C_1 *zu* AB *schneiden sich im Grebeschen Punkte* K (We).

Beweis. Die Abstände der Punkte A_1, B_1, C_1 von den zugeordneten Seiten sind den Entfernungen des Grebeschen Punktes von denselben gleich (§ 17). — Oder: Schneiden sich die Parallelen durch B_1 zu CA und durch C_1 zu AB in X, so folgt aus dem zweiten Teile von 1, dass $A_1X \parallel BC$ ist etc.

3. *Die Punkte* A_1, B_1, C_1 *liegen auf dem Kreise über dem Durchmesser* OK (Br) — *Brocardscher Kreis.*

Folgt aus 2, da A_1, B_1, C_1 auch auf den Mittelloten der Seiten liegen.

Anm. Der Brocardsche Kreis geht auch durch die Brocardschen Punkte (§ 20) und durch die Doppelpunkte A'', B'', C'' je zweier über je zwei Seiten des Dreiecks errichteten ähnlichen Figuren (§ 38); er geht also im ganzen durch zehn merkwürdige Punkte des Dreiecks ABC. Aus § 23, 4 und § 24 ersieht man, dass der Brocardsche Kreis dem ersten Lemoineschen Kreise konzentrisch ist.

Zusatz. Ist $\omega = \frac{1}{2}\alpha$ (§ 8, 1), so fällt C_1 mit Ω, B_1 mit Ω' zusammen; der Brocardsche Kreis berührt alsdann CΩ in Ω, BΩ' in Ω'.

4. *Der Radius* r_1 *des Brocardschen Kreises ist gleich*

$$\frac{r}{2}\sec\omega\sqrt{1-4\sin\omega^2} = \frac{r}{2}\sqrt{1-3\,\mathrm{tg}\,\omega^2} \quad \text{(Br) (§ 20).}$$

Zusatz. Zwischen r_1 und dem Radius ϱ_1 des ersten Lemoineschen Kreises bestehen die Beziehungen

$$r_1^2+3\varrho_1^2 = r^2; \quad r_1^2\cos\omega = \varrho_1^2\cos 3\omega.$$

5. *Normalkoordinaten des Zentrums* Z *des Brocardschen Kreises*

$$\cos(\alpha-\omega), \quad \cos(\beta-\omega), \quad \cos(\gamma-\omega); \quad m = \tfrac{1}{2}r\sec\omega.$$

Beweis.

$$ZZ_a = \tfrac{1}{2}(OO_a+KK_a) = \tfrac{1}{2}r(\cos\alpha+\sin\alpha\operatorname{tg}\omega) = \frac{r\cos(\alpha-\omega)}{2\cos\omega}.$$

Zusatz. Die Bedingung dafür, dass der Brocardsche Kreis die Seite a berührt, ist $a^2 = 2bc$ (Le).

6. *Die Sehnen* A_1K, B_1K, C_1K *werden durch die Mittellinien* g_a, g_b, g_c *halbiert* (K).

Denn die Mittellinien halbieren die Sehnen E'F, F'D, D'E des ersten Lemoineschen Kreises, halbieren also auch diejenigen Stücke derselben, welche durch den konzentrischen Brocardschen Kreis ausgeschnitten werden.

Zusatz. Ist $\omega = 90^0-\alpha$ (§ 8, 3; § 16, 7), so fällt A_1 auf O, Z auf g_a (Le).

7. Die Tangenten von einem Punkte des ersten Lemoineschen Kreises an den Brocardschen Kreis sind den gleichen Seiten des Lemoineschen Sechseckes gleich.

8. Die Tangenten von A, B, C an den Brocardschen Kreis verhalten sich wie $h_a : h_b : h_c$ (Le).

Beweis. Die Potenz von A bezüglich des Brocardschen Kreises ist gleich

$$AC_1 . A\Omega = \frac{c}{2\cos\omega}\cdot\frac{b\sin\omega}{\sin\alpha} = \frac{rh_a}{\sin\alpha}\cdot\operatorname{tg}\omega = \frac{r^2}{\triangle}h_a^2\operatorname{tg}\omega.$$

Zusatz. Nennt man die Punkte, in welchen die Umkreisradien dem Brocardschen Kreise zum zweitenmale begegnen, T_a, T_b, T_c, so ist

$$AT_a = \frac{h_a}{\sin\alpha}\operatorname{tg}\omega, \quad BT_b = \frac{h_b}{\sin\beta}\operatorname{tg}\omega, \quad CT_c = \frac{h_c}{\sin\gamma}\operatorname{tg}\omega.$$

9. Schneidet der Brocardsche Kreis die Seite AB in λ, λ', so sind $C\lambda$, $C\lambda'$ Gegentransversalen bezüglich des $\angle C$ (Cy).

Beweis. Nach 8 verhält sich $A\lambda . A\lambda' : B\lambda . B\lambda' = b^2 : a^2$. Beschreibt man nun den Kreis um $\triangle C\lambda\lambda'$, welcher AC in D, BC in E schneiden möge, so ergiebt sich aus voriger Proportion: AD : BE $= b : a$; folglich ist DE ∥ AB und $\angle AC\lambda = BC\lambda'$.

Zusatz. Berührt der Brocardsche Kreis eine Dreiecksseite, so geschieht dieses im Fusspunkte der zugehörigen Winkelhalbierenden.

10. Schneiden die Polaren von A und B bezüglich des Brocardschen Kreises die Seite AB in μ, μ', so sind $C\mu$, $C\mu'$ Gegentransversalen bezüglich des $\angle C$ (Cy).

Beweis. μ und μ' sind die vierten harmonischen Punkte zu A, λ, λ' bezw. B, λ', λ. Die Büschel $C(A, \lambda, \mu, \lambda')$, $C(B, \lambda', \mu', \lambda)$ sind kongruent, woraus die Behauptung zu entnehmen ist.

11. *Die Potenzlinie des Umkreises und des Brocardschen Kreises ist die Polare von* K *bezüglich des Umkreises* (N).

Beweis. Trifft das Lot auf OK in K den Umkreis in P, so schneidet die Tangente in P die Verlängerung von OK in einem Punkte Q der genannten Polare. Die Behauptung ergiebt sich dann daraus, dass $QP^2 = QO . QK$ ist.

Anm. Der Satz gilt allgemein für zwei Kreise, von denen der zweite durch den Mittelpunkt des ersten geht, wofern unter K der andere Schnittpunkt der Zentrale mit dem zweiten Kreise verstanden wird.

Zusatz. Die Entfernung der Potenzlinie vom Mittelpunkte des Umkreises ist gleich $\dfrac{r^2}{2r_1} = \dfrac{r}{\sqrt{1-3\operatorname{tg}\omega^2}}$ (Br).

§ 40. Das erste Brocardsche Dreieck.

1. $\triangle A_1B_1C_1$ *ist ungleichwendig ähnlich dem* $\triangle ABC$ (Br).

Beweis. Es sei (Taf.) $c > b > a$ vorausgesetzt. Aus § 39, 6 folgt dann, dass von K aus A_1 in der Richtung CB, B_1 in der Richtung CA, C_1 in der Richtung BA gelegen ist. Verschiebt man demnach Viereck $A_1B_1C_1K$ ohne Richtungsänderung seiner Seiten, bis K auf C fällt, so fällt A_1 auf CB, B_1 auf CA und C_1 auf diejenige Seite der Parallele durch C zu AB, welche der Richtung BA entspricht. Hieraus folgt 1) bei Vergleichung der Peripheriewinkel, dass $\triangle A_1B_1C_1 \backsim ABC$ ist und 2) in Erwägung dessen, dass nach der Verschiebung C_1 und C auf derselben Seite der entgegengesetzt gerichteten Grundlinien AB und A_1B_1 liegen, dass $\triangle A_1B_1C_1$ und ABC ungleichwendig sind.

Zusatz. Der Grebesche Punkt liegt stets im Felde des mittleren der Winkel des Brocardschen Dreiecks und fällt auf dessen Spitze, wenn dasselbe gleichschenklig ist.

2. *Das Ähnlichkeitsverhältnis des ersten Brocardschen Dreiecks zum Grunddreieck ist* $\frac{1}{2}\sec\omega\sqrt{1-4\sin\omega^2} = \frac{1}{2}\sqrt{1-3\operatorname{tg}\omega^2}$ (BR). *Für seinen Inhalt hat man daher*

$$\triangle_1 = \tfrac{1}{4}\triangle(1-3\operatorname{tg}\omega^2).$$

Zusatz. $\triangle_1 + K_a K_b K_c = G_a G_\beta G_\gamma$ (F).

3. *Normalkoordinaten* von	*Arealkoordinaten* von
$A_1 : abc,\ c^3,\ b^3;\quad m = \frac{\operatorname{tg}\omega}{4\triangle}\sin\alpha$	$A_1 : a^2,\ c^2,\ b^2;\ \mu = \frac{1}{4}\operatorname{tg}\omega$
$B_1 : c^3,\ abc,\ a^3;\quad m = \frac{\operatorname{tg}\omega}{4\triangle}\sin\beta$	$B_1 : c^2,\ b^2,\ a^2;\ \mu = \frac{1}{4}\operatorname{tg}\omega$
$C_1 : b^3,\ a^3,\ abc;\quad m = \frac{\operatorname{tg}\omega}{4\triangle}\sin\gamma$	$C_1 : b^2,\ a^2,\ c^2;\ \mu = \frac{1}{4}\operatorname{tg}\omega.$

Die Berechnung dieser Werte stützt sich darauf, dass z. B. für A_1

$$x : y : z = \sin\omega : \sin(\gamma-\omega) : \sin(\beta-\omega) = abc : c^3 : b^3$$

und dass $A_1O_a = \frac{a}{2}\operatorname{tg}\omega = abc \cdot \frac{\operatorname{tg}\omega}{4\triangle}\sin\alpha$ ist. — Zur Bestimmung der Arealkoordinaten von A_1 schreibe man

$$\xi : \eta = a\sin\omega : b\sin(\gamma-\omega) = \frac{a}{b}\cdot\frac{ba}{c^2} = a^2 : c^2,$$

$$\eta : \zeta = b\sin(\gamma-\omega) : c\sin(\beta-\omega) = \frac{b}{c}\cdot\frac{c^3}{b^3} = c^2 : b^2$$

und bestimme μ aus $\mu(\xi+\eta+\zeta) = \triangle$ vermittelst § 3.

4. *Die Winkel* φ_a, φ_b, φ_c, *welche die Seiten des ersten Brocardschen Dreiecks mit den entsprechenden Seiten des Urdreiecks bilden, sind gleich den Neigungen der bezüglichen Umkreisradien gegen* OK.

Beweis. Trifft AO den Brocardschen Kreis noch in T_a, so ist $\angle T_aOA_1 = \angle OAH_a = \gamma-\beta$, also $\angle T_aB_1A_1 = \gamma-\beta$ und $\angle T_aB_1C_1 = A_1C_1B_1$, folglich $T_aA_1 \parallel B_1C_1$. Da $A_1K \parallel BC$ ist, so ist also $\angle AOK = T_aA_1K = \angle(B_1C_1, BC)$.

$$5.\quad \sin\varphi_a = \frac{\sin(\beta-\gamma)}{\sin\alpha}\cdot\frac{\sin\omega}{\sqrt{1-4\sin\omega^2}}$$

$$= \frac{\sin(\beta-\gamma)}{\sin\alpha}\cdot\sqrt{\frac{\sin\omega\sin 2\omega}{2\cos 3\omega}} \quad \text{(F)}.$$

Beweis. $\sin AOK = T_aK : OK$: $T_aK^2 = AK^2 - AT_a^2$. Vermittelst § 17 Zus. 2 und § 39, 8 Zus. ergiebt sich

$$T_aK^2 = \frac{g_a^2 - h_a^2}{\sin\alpha^2}\,\mathrm{tg}\,\omega^2 = \frac{r^2\sin(\beta-\gamma)^2}{\sin\alpha^2}\,\mathrm{tg}\,\omega^2$$

und daraus T_aK, während der Wert für OK aus § 20, 4 zu entnehmen ist.

6. *Aufgabe. Auf den Seiten eines Dreiecks als Grundlinien errichtet man, gleichzeitig nach innen oder gleichzeitig nach aussen, ähnliche gleichschenklige Dreiecke mit dem Basiswinkel* φ. *Unter welcher Bedingung ist das von den Spitzen* A_i, B_i, C_i *gebildete Dreieck dem Urdreiecke* ABC *ähnlich* ($\angle A_i = A$, $\angle B_i = B$, $\angle C_i = C$)? (Br).

Auflösung. Die Fälle des Aufsetzens nach innen und aussen können gemeinsam behandelt werden, wofern man den Winkel φ im ersten Falle positiv, im zweiten negativ rechnet. — Die Bedingung

$$A_iC_i^2 : A_iB_i^2 = b^2 : c^2$$

führt zur Gleichung

$$\nabla \equiv \begin{vmatrix} a^2+c^2-2ac\cos(\beta-2\varphi), & b^2 \\ a^2+b^2-2ab\cos(\gamma-2\varphi), & c^2 \end{vmatrix} = 0,$$

deren weitere Behandlung folgendes ergiebt:

$$\nabla \equiv \begin{vmatrix} 2ac[\cos\beta-\cos(\beta-2\varphi)], & b^2 \\ 2ab[\cos\gamma-\cos(\gamma-2\varphi)], & c^2 \end{vmatrix} \equiv$$

$$2a\begin{vmatrix} \cos\beta-\cos(\beta-2\varphi), & b^3 \\ \cos\gamma-\cos(\gamma-2\varphi), & c^3 \end{vmatrix} \equiv$$

$$\lambda_1\sin\varphi\begin{vmatrix} \sin(\beta-\varphi), & \sin(\beta-\omega) \\ \sin(\gamma-\varphi), & \sin(\gamma-\omega) \end{vmatrix} \equiv \lambda_1\sin\varphi\sin(\varphi-\omega)\sin(\beta-\gamma)=0,$$

wo der nicht verschwindende Faktor $-\frac{4a^2bc}{\sin\omega} = \lambda_1$ gesetzt ist. Ganz ebenso erhält man aus

$$B_iA_i^2 : B_iC_i^2 = c^2 : a^2$$

durch analoge Umformungen

$$\lambda_2 \sin\varphi \sin(\varphi - \omega)\sin(\gamma - \alpha) = 0.$$

Sehen wir von dem Falle ab, dass $\triangle ABC$ gleichseitig ist — demselben entsprechen bedingungslos ähnliche Dreiecke —, so kann den Gleichungen

$$\sin\varphi \sin(\varphi - \omega)\sin(\beta - \gamma) = 0,$$
$$\sin\varphi \sin(\varphi - \omega)\sin(\gamma - \alpha) = 0$$

nur dadurch gleichzeitig Genüge geschehen, dass

$$\text{entweder} \quad \varphi = 0 \quad \text{oder} \quad \varphi = \omega \quad \text{ist.}$$

Der ersteren Forderung entspricht das *Mittendreieck* $G_\alpha G_\beta G_\gamma$, der letzteren das *erste Brocardsche Dreieck* $\triangle_1$. *Diese beiden Dreiecke, das eine gleichwendig, das andere ungleichwendig ähnlich dem Urdreiecke, sind also die einzigen, welche der Aufgabe Genüge leisten* (Br).

§ 41. Das Kollineationszentrum D des ersten Brocardschen Dreiecks und des Urdreiecks.

1. *Die Verbindungslinien der Ecken des Urdreiecks mit den entsprechenden Ecken des ersten Brocardschen Dreiecks schneiden sich in einem Punkte* (Br).

Beweis. Nach § 39, 6 sind die Geraden AA_1 und AK, BB_1 und BK, CC_1 und CK Seitengegentransversalen d. h. man erhält die Fusspunkte der Scheitellinien der einen Art, indem man diejenigen der anderen symmetrisch gegen die Seitenmitten verlegt. Die Behauptung ergiebt sich dann vermittelst der Umkehrung des Cevaschen Satzes.

Anm. $\triangle ABC$ und $A_1B_1C_1$ sind in dreifacher Hinsicht perspektivisch; man bedenke, dass die entsprechenden Ecken der Dreiecke ABC, $C_1A_1B_1$ auf Geraden durch Ω und die entsprechenden Ecken der Dreiecke ABC, $B_1C_1A_1$ auf Geraden durch Ω' liegen.

Zusatz 1. D *ist derjenige Punkt im Innern des Dreiecks, dessen Scheitellinien die Gegenseiten im umgekehrten Verhältnis der Quadrate der anliegenden Seiten teilen.*

Zusatz 2. $\triangle D_\alpha D_\beta D_\gamma = K_\alpha K_\beta K_\gamma$ (F). — S. § 18, 6 Zus. 2.

2. *Arealkoordinaten* von D: *Normalkoordinaten* von D:

$$\frac{1}{a^2}, \frac{1}{b^2}, \frac{1}{c^2}; \mu = 4r^2\triangle\sin\omega^2 \qquad \frac{1}{a^3}, \frac{1}{b^3}, \frac{1}{c^3}; m = 8r^2\triangle\sin\omega^2.$$

Beweis s. 1. Zusatz 1. — $\mu = \triangle : \Sigma a^{-2}$ (§ 4, Zus.).

3. *Entfernungen des Punktes* D *von den Ecken des Grunddreiecks.*

$$AD = 2r\sqrt{\sin(\alpha-\omega)\sin(\alpha+3\omega)} \quad (F).$$

Beweis. Parallelen durch D zu AB und AC ergeben ein Parallelogramm, vermittelst dessen ersichtlich, dass AD Seite eines Dreiecks ist, dessen andere Seiten $DD_b\sin\alpha^{-1}$, $DD_c\sin\alpha^{-1}$ den Winkel $180^0-\alpha$ einschliessen. Hiernach ist

$$AD^2\sin\alpha^2 = DD_b^2+DD_c^2+2DD_b.DD_c\cos\alpha.$$

Aus 2 folgt

$$DD_b = \frac{8r^2}{b^3}\cdot\frac{abc}{4r}\sin\omega^2 = 2r\sin\omega^2\cdot\frac{ac}{b^2}.$$

$$DD_b^2 = 4r^2\sin\omega^4\cdot\frac{a^2}{bc}\cdot\frac{c^3}{b^3} = 4r^2\sin\omega^3\sin(\alpha-\omega).\frac{c^3}{b^3} = \lambda.\frac{c^3}{b^3}.$$

Ebenso ist $DD_c^2 = \lambda\cdot\frac{b^3}{c^3}$. Daher wird

$$AD^2\sin\alpha^2 = \lambda\left(\frac{b^3}{c^3}+\frac{c^3}{b^3}+2\cos\alpha\right) = \lambda\mathfrak{A};$$

$$\mathfrak{A} = \mathfrak{B}+2\cos\alpha;$$

$$\mathfrak{B} = \frac{b^2+c^2}{bc}\left[\left(\frac{b^2+c^2}{bc}\right)^2-3\right] = \frac{\sin(\alpha+\omega)}{\sin\omega}\cdot\frac{\mathfrak{C}}{\sin\omega^2};$$

$$\begin{aligned}\mathfrak{C} &= \sin(\alpha+\omega)^2-3\sin\omega^2\\ &= \sin(\alpha+\omega)^2-\sin\omega^2-2\sin\omega^2\\ &= \sin\alpha\sin(\alpha+2\omega)-2\sin\omega^2;\end{aligned}$$

$$\mathfrak{B} = \frac{\sin\alpha\sin(\alpha+\omega)\sin(\alpha+2\omega)}{\sin\omega^3} - \frac{2\sin\alpha\cos\omega}{\sin\omega} - 2\cos\alpha;$$

$$\begin{aligned}\mathfrak{A} &= \frac{\sin\alpha}{\sin\omega^3}[\sin(\alpha+\omega)\sin(\alpha+2\omega)-\sin\omega\sin2\omega]\\ &= \frac{\sin\alpha}{\sin\omega^3}[\sin(\alpha+\tfrac{3}{2}\omega)^2-\sin\tfrac{1}{2}\omega^2-\sin\tfrac{3}{2}\omega^2+\sin\tfrac{1}{2}\omega^2]\\ &= \frac{\sin\alpha^2\sin(\alpha+3\omega)}{\sin\omega^3};\end{aligned}$$

$$AD^2 = \lambda\frac{\sin(\alpha+3\omega)}{\sin\omega^3} = 4r^2\sin(\alpha-\omega)\sin(\alpha+3\omega).$$

4. *Entfernungen zusammengehöriger Ecken des Urdreiecks und des ersten Brocardschen Dreiecks.*

$$AA_1 = r\frac{\sin\alpha}{\cos\omega}\sqrt{\frac{\sin(\alpha+3\omega)}{\sin(\alpha-\omega)}}.$$

Beweis. $AD:AA_1 = \triangle ACD : ACA_1$, also nach 2 und § 40, 3

$$= 4b^{-2}r^2\triangle\sin\omega^2 : \tfrac{1}{4}c^2\operatorname{tg}\omega$$

$$= 16r^2\triangle\sin\omega\cos\omega : b^2c^2$$

$$= a^2\sin\omega\cos\omega : \triangle, \quad \text{also nach § 1 (a)}$$

$$= 2\sin(\alpha-\omega)\cos\omega : \sin\alpha.$$

5. *Entfernungen des Punktes* D *von den Ecken des ersten Brocardschen Dreiecks.*

$$A_1D = r\frac{\sin(\alpha-2\omega)}{\cos\omega}\sqrt{\frac{\sin(\alpha+3\omega)}{\sin(\alpha-\omega)}}.$$

Beweis. $A_1D : AA_1 = AD - AA_1 : AA_1$

$$= 2\sin(\alpha-\omega)\cos\omega - \sin(\alpha-\omega+\omega) : \sin\alpha$$

$$= \sin(\alpha-2\omega) : \sin\alpha.$$

§ 42. Verallgemeinerungen; andere Sonderfälle.

1. *Errichtet man auf den Seiten eines Dreiecks als Grundlinien ähnliche gleichschenklige Dreiecke, gleichzeitig nach innen oder gleichzeitig nach aussen, so schneiden sich die Verbindungslinien ihrer Spitzen* A_i, B_i, C_i *mit den entsprechenden Ecken des Urdreiecks stets in einem Punkte.*

Beweis. Ist φ der Basiswinkel der gleichschenkligen Dreiecke (s. § 40, 6), so verhalten sich die Entfernungen des Punktes A_i von b und c wie $\sin(\gamma-\varphi) : \sin(\beta-\varphi) = \sin(\beta-\varphi)^{-1} : \sin(\gamma-\varphi)^{-1}$. Zweitens verhalten sich die Entfernungen des Punktes B_i von c und a wie $\sin(\alpha-\varphi) : \sin(\gamma-\varphi) = \sin(\gamma-\varphi)^{-1} : \sin(\alpha-\varphi)^{-1}$. Endlich verhalten sich die Entfernungen des Punktes C_i von a und b wie $\sin(\beta-\varphi) : \sin(\alpha-\varphi) = \sin(\alpha-\varphi)^{-1} : \sin(\beta-\varphi)^{-1}$. Ist nun X der Schnittpunkt von AA_i und BB_i, so verhalten sich nach dem Obigen dessen Entfernungen von b und a wie $\sin(\beta-\varphi)^{-1} : \sin(\alpha-\varphi)^{-1}$; mithin liegt er auf der Geraden CC_i.

Zusatz. *Normalkoordinaten* von X

$$\frac{1}{\sin(\alpha-\varphi)}, \quad \frac{1}{\sin(\beta-\varphi)}, \quad \frac{1}{\sin(\gamma-\varphi)};$$

$$m = \frac{\triangle}{r} : \Sigma \frac{\sin\alpha}{\sin(\alpha-\varphi)} = \frac{2r^2 \sin\varphi^3 \sin\omega - \triangle \sin(\varphi-\omega)}{r[2\sin\omega - \sin(2\varphi-\omega)]}.$$

Der Wert des Moduls ergiebt sich aus den Formeln 3 und 4 des § 11.

Beispiele: $\varphi = 0$ *(Schwerpunkt)*, $\varphi = 90^0$ *(Höhenschnittpunkt).*

2. *Umgekehrt: Ein Punkt* X *mit obigen Koordinaten ist immer aufzufassen als Kollineationszentrum des* $\triangle$ ABC *und eines* $\triangle A_iB_iC_i$, *dessen Ecken die Spitzen gleichschenkliger Dreiecke über den Seiten des* $\triangle$ ABC *mit dem gemeinsamen Basiswinkel* φ *sind.* Für den Punkt A_i, die Spitze des gleichschenkligen Dreiecks über BC, ist nämlich $y : z = \sin(\gamma-\varphi) : \sin(\beta-\varphi)$: dasselbe Verhältnis besteht für die Lote von X auf b und c. Also liegen A, A_i und X in einer Geraden etc.

Fig. 32.

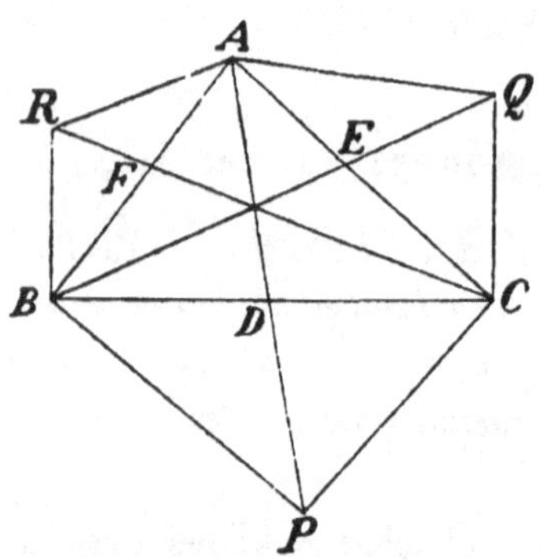

3. (*Verallgemeinerung* von 1.) *Trägt man am* $\triangle$ ABC (Fig. 32) *bei* A, *bei* B *und bei* C *je zwei gleiche, sonst aber ganz beliebige Winkel an und zieht von den Ecken* A, B, C *aus nach den freien Eckpunkten* P, Q, R *der Ansatzdreiecke die Verbindungslinien, so schneiden sich diese stets in einem Punkte* (J)*).

Beweis. D, E, F seien die Schnittpunkte von AP, BQ, CR mit den entsprechenden Seiten des $\triangle$ ABC. Es ist dann

$$\frac{BD}{CD} \cdot \frac{CE}{AE} \cdot \frac{AF}{BF} = \frac{PBA}{PCA} \cdot \frac{QCB}{QAB} \cdot \frac{RAC}{RBC}$$

$$= \frac{PBA}{RBC} \cdot \frac{QCB}{PCA} \cdot \frac{RAC}{QAB} = \frac{PB.c}{RB.a} \cdot \frac{QC.a}{PC.b} \cdot \frac{RA.b}{QA.c} =$$

$$\frac{PB.a}{RB.c} \cdot \frac{QC.b}{PC.a} \cdot \frac{RA.c}{QA.b} = \frac{PBC}{RBA} \cdot \frac{QCA}{PCB} \cdot \frac{RAB}{QAC} = 1.$$

*) Dieser Satz datiert aus dem Jahre 1825: der unter 1 ausgesprochene Spezialfall findet sich bei *Tellkampf*, Vorschule der Math., 4. Aufl. 1847.

4. In dem besonderen Falle, dass die Aufsatzdreiecke der vorigen No. ähnlich sind ($\angle P + Q + R = 180^0$) ergiebt sich leicht:

a) *Die Umkreise der Aufsatzdreiecke schneiden sich in einem Punkte.* (Zum Beweise verbinde man den Schnittpunkt 𝔓 zweier Kreise mit A, B, C, P, Q, R und vergleiche die Peripheriewinkel.)

b) *Um den Schnittpunkt 𝔓 herum liegen sechs Winkel, die den Winkeln der Aufsatzdreiecke bezüglich gleich sind;*

c) *der Punkt 𝔓 ist der Schnittpunkt von* AP, BQ, CR;

d) *die Diagonalen* AP, BQ, CR *stehen im Verhältnisse der Höhen eines der ähnlichen Dreiecke.*

5. Spezialisiert man diesen Satz dahin, dass man nach aussen hin gleichseitige Dreiecke aufsetzt, so erhält man den *Punkt* 𝔒, *für welchen (falls kein Dreieckswinkel* 120^0 *übersteigt) die Summe der Entfernungen von den Ecken ein Minimum ist.**) Der einfachste Beweis dieser Eigenschaft besteht darin, dass man auf den unter 120^0 gegeneinander geneigten Strahlen A𝔒, B𝔒, C𝔒 in A, B, C Lote errichtet, welche ein gleichseitiges Dreieck umschliessen und dann bedenkt, dass die Summe der Lote von einem Punkte im Innern auf die Seiten konstant, also kleiner ist als die Summe irgend dreier schräg zu den Seiten gezogenen Geraden. — *Errichtet man die gleichseitigen Dreiecke über den Seiten des* $\triangle$ABC *nach innen, so erhält man einen zweiten Punkt* 𝔒', *dessen Scheitellinien*

---

*) Dieser Punkt scheint nach den *vier merkwürdigen Punkten* O, J, H, G, welche den Alten bekannt waren, der erste gewesen zu sein, dem die Geometer ihre Beachtung schenkten. (O und J finden sich in *Euklids* Elementen, H und G in *Archimeds* Schriften; 1746 gab *W. Chapple* den algebraischen Ausdruck für die Strecke OJ, 1765 veröffentlichte *Euler* den Zusammenhang zwischen O, H, G.) Die im Texte erwähnte Minimumsaufgabe wurde von *Fermat* dem *Torricelli* vorgelegt, der drei Lösungen fand. *Torricelli* seinerseits legte das Problem dem *Viviani* vor, der eine Lösung in seiner Schrift: *De maximis et minimis*, 1659, mitteilte. *Viviani* findet den Minimumspunkt durch Aufsetzen gleichseitiger Dreiecke und bemerkt, dass die Spitzen der Aufsatzdreiecke von den gegenüberliegenden Ecken des Grunddreiecks um das gesuchte Minimum entfernt sind. S. eine Abh. von *Azzarelli* in den *Atti dell' Academia Pontificia de' Nuovi Lincei*, 1886. Die neuere Literatur s. bei *Uhlich*, *Altes und Neues zur Lehre von den merkwürdigen Punkten des Dreiecks*, Grimma, 1886. — Der im Texte angegebene Beweis der Minimumseigenschaft des Punktes 𝔒 findet sich bei *Steiner*, Ges. Werke II Zusätze, S. 729.

sich gleichfalls unter Winkeln von 60° schneiden. $\mathfrak{O}$ und $\mathfrak{O}'$ heissen die beiden *isogonischen Punkte des Dreiecks.*

Lässt man die nach aussen hin aufgesetzten Dreiecke dem Urdreiecke ähnlich sein, so wird man zum Höhenschnittpunkte und zu den Brocardschen Punkten zurückgeführt.

6. Die Sätze 1 und 3 erweitern die Bedingungen, welche die Punkte A_1, B_1, C_1 durch Winkel bestimmen; der folgende Satz bringt die Abhängigkeit, welche jene Punkte mit den Brocardschen Punkten verbindet, in allgemeinere Form.

Sind O, O' *zwei beliebige Punkte in der Ebene des* $\triangle$ ABC *und schneiden sich*

$$BO,\ CO' \textit{ in } P,\quad CO,\ AO' \textit{ in } Q,\quad AO,\ BO' \textit{ in } R,$$

so sind die Dreiecke PQR, ABC *perspektivisch* (SL).

Beweis. Sind D, E, F die Schnittpunkte von

$$AP \text{ und } BC,\quad BQ \text{ und } CA,\quad CR \text{ und } AB,$$

so hat man

$$\Pi \frac{BD}{CD} = \Pi \frac{PBA}{PCA} = \Pi \frac{PBA}{PBC} \cdot \Pi \frac{PCB}{PCA}$$

$$= \Pi \frac{OBA}{OBC} \cdot \Pi \frac{O'CB}{O'CA} = 1.$$

§ 43. Der Schwerpunkt des ersten Brocardschen Dreiecks; Verallgemeinerungen.

1. *Der Schwerpunkt des Urdreiecks ist zugleich Schwerpunkt des* $\triangle A_1B_1C_1$ (BR).

Beweis. Man konstruiere (Fig. 33)*) den Spiegelpunkt A_2 von A_1 bezüglich BC und verbinde ihn mit B, C, B_1, C_1, ferner B mit C_1 und C mit B_1. $\triangle B_1A_2C \sim ABC$; denn $\angle B_1CA_2 = \gamma$ und $B_1C : A_2C = b : a$. Ebenso $\triangle C_1BA_2 \sim ABC$; mithin, da $A_2B = A_2C$ ist, $\triangle B_1A_2C \cong C_1BA_2$; folglich $B_1A_2 = C_1B = C_1A$ und $C_1A_2 = B_1C = B_1A$. Hiernach ist $AB_1A_2C_1$ ein Parallelogramm. Ist O'_a der Mittelpunkt dieses Parallelogramms, so ist $A_1O'_a$ eine Mittellinie des $\triangle AA_1A_2$. Eine zweite Mittellinie dieses Dreiecks

*) Diese Figur bezieht sich auf den allgemeineren Fall des Satzes 2.

ist AO_a. Somit schneiden sich $A_1O'_a$ und AO_a im Verhältnisse 2 : 1. Diese Geraden sind aber auch Mittellinien der Dreiecke $A_1B_1C_1$, ABC; ihr Schnittpunkt ist daher zugleich der Schwerpunkt dieser Dreiecke.

Fig. 33.

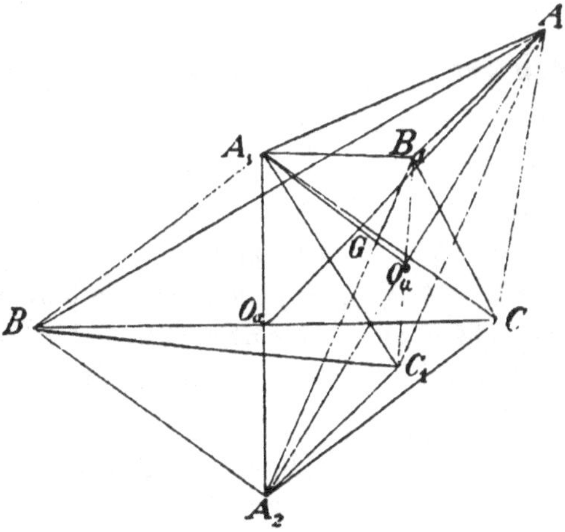

Zusatz. G *ist der Doppelpunkt der beiden ungleichwendig ähnlichen Dreiecke* ABC, $A_1B_1C_1$.

2 (*Erweiterung* von 1.) *Errichtet man über den Seiten eines* △ABC *als Grundlinien, zugleich nach innen oder zugleich nach aussen, ähnliche gleichschenklige Dreiecke, so bilden deren Spitzen die Ecken eines Dreiecks, welches mit dem* △ABC *den Schwerpunkt gemeinsam hat.* — Der vorige Beweis gilt auch für diesen allgemeineren Fall.

3. *Die Mitten der Seiten des ersten Brocardschen Dreiecks (gleichwie der Dreiecke unter 2) sind gleichweit entfernt von den entsprechenden Höhen und Mittelloten des* △ABC; *daher gehen die Lote von jenen Seitenmitten auf die Seiten des Grunddreiecks durch den Mittelpunkt der Strecke* GH *d. h. durch den Mittelpunkt des Feuerbachschen Kreises* (K).

Beweis. Die Gerade AA_2, welche die Ecke A mit einem Punkte des Mittellotes auf a verbindet, wird durch die Mitte O'_a von B_1C_1 halbiert.

4. Ein anderer Beweis für 1 lässt sich vermittelst des folgenden Satzes erbringen, der wieder als eine Verallgemeinerung des Satzes 1 betrachtet werden kann:

Gehen die Arealkoordinaten dreier Punkte P, Q, R *durch zyklische Verwechslung aus einander hervor, so hat* △PQR *mit dem Grunddreieck* ABC *den Schwerpunkt gemeinsam.*

Beweis. Sind λ, μ, ν; μ, ν, λ; ν, λ, μ die Koordinaten der drei Punkte, so ist P der Schwerpunkt der Massen λ, μ, ν in A, B, C respective, Q der Schwerpunkt der Massen μ, ν, λ in A, B, C respective, endlich R der Schwerpunkt der Massen ν, λ, μ in A, B, C respective. Statt nun den Schwerpunkt der mit $\lambda+\mu+\nu$ gleichbelasteten Punkte P, Q, R auf direktem Wege zu suchen, kann man zuerst die Massen der drei Punkte in der angegebenen Weise auf die Ecken A, B, C verteilen und nun den Schwerpunkt der drei neuen Gesamtmassen suchen. Da hierbei die Ecken gleichmässig mit $\lambda+\mu+\nu$ belastet werden, so fällt der Schwerpunkt des $\triangle$PQR mit demjenigen des $\triangle$ABC zusammen.

Hiermit vergleiche man die Werte der Arealkoordinaten von A_1, B_1, C_1 (§ 40, 3).

Anm. Genügen drei Punkte P, Q, R der Voraussetzung des Satzes 4, so bezeichnet man dieselben als *isobarische Gruppe.*

5. (*Verallgemeinerung der Sätze* 1 *und* 2.) *Sind* P, Q, R (Fig. 34) *drei homologe Punkte bezüglich der Seiten eines Dreiecks — die Dreiecke* PBC, QCA, RAB *gleichwendig ähnlich —, so fällt der Schwerpunkt des* $\triangle$PQR *mit demjenigen des Grunddreiecks zusammen* (Lt).*)

Beweis. Man fälle $PP_a \perp a$, $QQ_b \perp b$, $RR_c \perp c$, ziehe ferner durch Q und R Parallelen zu a, welche die Lote von Q_b und R_c

Fig. 34.

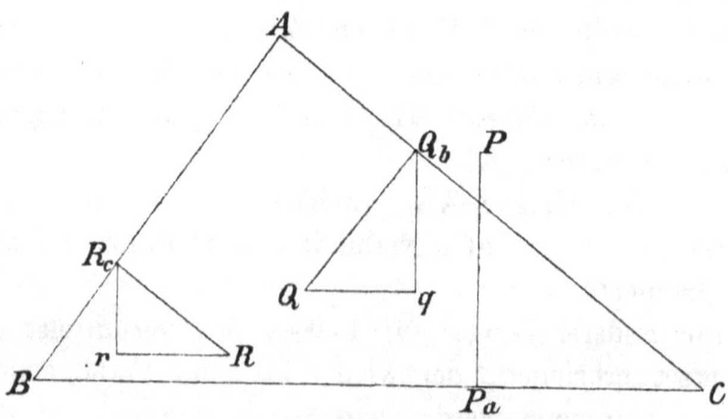

*) Errichtet man auf den Seiten eines Vielecks gleichwendig ähnliche Dreiecke, so fällt der Schwerpunkt des Vielecks, dessen Ecken die Spitzen der Aufsatzdreiecke sind, zusammen mit dem Schwerpunkte des ursprünglichen Vielecks (*Laisant*, Congrès de Havre 1877). — Durchlaufen drei Punkte

auf a in q, r schneiden mögen. Ist nun $PP_a = \lambda a$, $QQ_b = \lambda b$, $RR_c = \lambda c$, so ist

$$Q_b q + R_c r = QQ_b \cos\gamma + RR_c \cos\beta = \lambda b \cos\gamma + \lambda c \cos\beta = \lambda a = PP_a.$$

Hiernach ist die Summe der Lote von P, Q, R auf a gleich der Summe der Lote von Q_b und R_c auf a. Letztere Summe ist aber gleich h_a, wie aus der Proportion $CQ_b : Q_b A = AR_c : R_c B$ zu folgern ist. Vermittelst des Satzes: Das Lot vom Schwerpunkte eines Dreiecks auf eine Gerade in seiner Ebene ist gleich dem algebraischen Mittel der Lote von den Ecken auf dieselbe Gerade, erkennt man, dass der Schwerpunkt des $\triangle$PQR von a um $\frac{1}{3}h_a$ entfernt ist. Analog lässt sich zeigen, dass seine Entfernungen von den Seiten b und c $\frac{1}{3}h_b$ resp. $\frac{1}{3}h_c$ sind.

§ 44. Das zweite Brocardsche Dreieck.

1. *Die beiden Brocardschen Dreiecke liegen perspektivisch mit* G *als Kollineationszentrum* (Br).

Beweis. Da A″ Doppelpunkt zweier gleichwendig ähnlichen Figuren über AB und CA ist (§ 38, 2), so sind die Vierecke ABC_1A'', CAB_1A'' ähnlich; mithin verhält sich $C_1A'' : B_1A'' = c : b$. Für die entsprechenden Entfernungen von A_1 hat man $C_1A_1 : B_1A_1 = b : c$. Multiplikation ergiebt $C_1A_1 . C_1A'' = B_1A_1 . B_1A''$. Da die Winkel A_1C_1A'', A_1B_1A'' auf demselben Kreisbogen stehen, so folgt hieraus $\triangle C_1A_1A'' = B_1A_1A''$. Somit ist A_1A'' Mittellinie des $\triangle A_1B_1C_1$.

2. *Die Kollineationsachse der beiden Brocardschen Dreiecke ist die Polare von* G *bezüglich des Brocardschen Kreises, steht also senkrecht auf* GZ (Br).

Beweis. $A_1B_1A''B''$ ist ein Kreisviereck; die Gegenseiten A_1B_1, $A''B''$ schneiden sich daher in einem Punkte der Polare des Diagonalenschnittpunktes G etc.

3. *Ist* A‴ *der dem Doppelpunkte* A″ *entsprechende Punkt über* BC *und haben* B‴, C‴ *analoge Bedeutung, so befinden sich die Dreiecke* A″B″C″ *und* A‴B‴C‴ *in Ähnlichkeitslage mit* G *als Ähnlichkeitspunkt und dem Ähnlichkeitsverhältnisse* 1 : 2 (Br).

---

die Seiten eines Dreiecks von den Ecken aus in demselben Sinne und mit Geschwindigkeiten, welche den bezüglichen Seiten proportional sind, so bleibt ihr Schwerpunkt unverändert (*Pappus*).

Beweis. A''' (Fig. 35) ist Spiegelpunkt des Punktes G', in welchem die Mittellinie AG_a den Umkreis schneidet; denn ∠G'BC = G'AC = A''AB und ∠G'CB = G'AB = A''AC. Folglich ist △BCG' ähnlich den Dreiecken CAA'', ABA'', aber ungleichwendig; also ist der Spiegelpunkt von G' der dem Punkte A'' entsprechende über BC. Nun ist △A'''K'G' rechtwinklig und O_a die Mitte seiner Hypotenuse; folglich ist AO_a eine Mittellinie und G der Schwerpunkt des △AK'A'''. Eine zweite Mittellinie dieses Dreiecks ist A'''A'' (§ 38, 4). Somit ist der Satz bewiesen. — Derselbe kann auch unmittelbar aus § 43, 5 gefolgert werden.

Fig. 35.

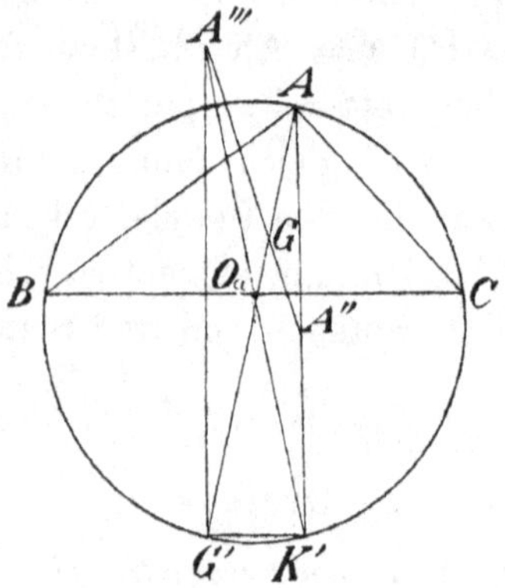

§ 45. Der Brocardsche Kreis als Ort der Schnittpunkte homologer Geraden.*)

1. *Schneiden sich drei bezüglich der Seiten eines Dreiecks homologe Gerade — dieselben teilen die Seiten in gleicher Reihenfolge in gleichem Verhältnisse und sind gegen dieselben in gleichem Sinne unter einem konstanten Winkel* ϑ *geneigt — in einem Punkte, so liegt der Schnittpunkt* U *auf dem Brocardschen Kreise* (Br).

Beweis. Es seien (Fig. 36) DU, EU, FU drei homologe Gerade. Es liegen dann A, F, U, E auf einem Kreise, auf welchem auch Punkt A'' liegen muss; da nämlich △CAA'' ∽ ABA'' und CE : EA = AF : FB ist, so ist auch △CEA'' ∽ AFA'', also ∠CEA'' = AFA'', somit AFA''E ein Kreisviereck. Hiernach ist, wenn X einen Punkt auf der Verlängerung von FU bezeichnet, ∠A''UX

*) Die Theorie dreier gleichwendig ähnlichen Figuren, von welcher die folgenden Sätze zum Teil umschlossen werden, scheint zuerst von *Grouard* unter allgemeineren Gesichtspunkten studiert worden zu sein (*Recherches sur les figures planes semblables; L'Institut*, 1869—70, Comptes rendus de la Société philomatique de Paris).

Fig. 36.

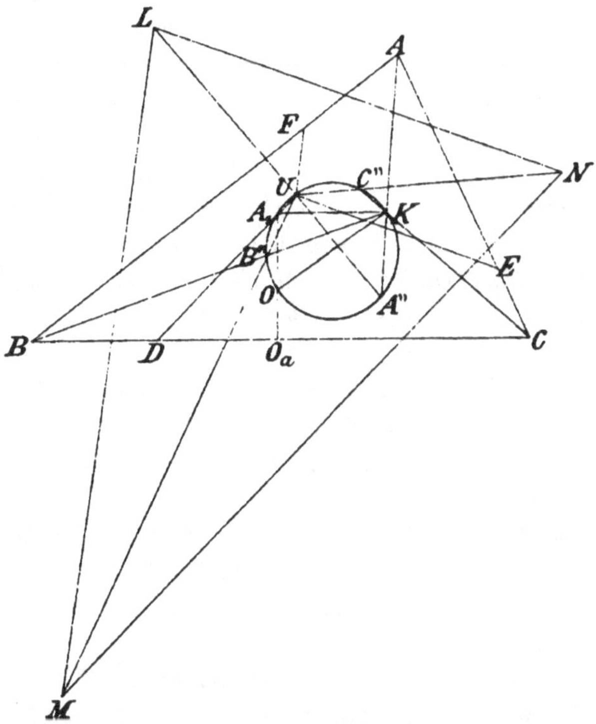

$= FAA''$. — Ferner ist BFUB'' ein Kreisviereck, also $\angle B''UX = FBB''$. Addition ergiebt: $\angle A''UB'' = A''KB''$, also die Behauptung.

Anm. Durch vorstehenden Satz werden die Ternionen

O_aO, O_bO, O_cO; $A\Omega$, $B\Omega$, $C\Omega$; $A\Omega'$, $B\Omega'$, $C\Omega'$; A_1K, B_1K, C_1K

unter einen gemeinsamen Gesichtspunkt gebracht.

2. *Schneiden sich drei homologe Gerade in einem Punkte, so gehen sie durch die Ecken des ersten Brocardschen Dreiecks* (Br).

Beweis. Trifft UD den Brocardschen Kreis in $\mathfrak{A}_1$, so ist $\angle U\mathfrak{A}_1K = UB''K = UFB = UDC$, folglich $\mathfrak{A}_1K \parallel BC$, also $\mathfrak{A}_1$ identisch mit A_1.

3. *Die Verbindungslinien irgend eines Punktes des Brocardschen Kreises mit* A_1, B_1, C_1 *sind homologe Gerade.*

Beweis. Die Neigungen der Geraden gegen die Seiten des

△ ABC sind resp. gleich den auf demselben Bogen stehenden Peripheriewinkeln UA_1K, UB_1K, UC_1K. Die Gleichheit der Teilverhältnisse folgt aus der Ähnlichkeit der Dreiecke A_1DO_a, B_1EO_b, C_1FO_c bei Rücksicht auf $A_1O_a : B_1O_b : C_1O_c = a : b : c$.

4. *Irgend drei homologe Gerade, welche durch A_1, B_1, C_1 gehen, schneiden sich in einem Punkte des Brocardschen Kreises.*

Beweis. Verbindet man den Schnittpunkt U der durch A_1 gehenden Geraden und des Brocardschen Kreises mit B_1 und C_1, so ergeben sich die zu A_1U homologen Geraden nach 3.

Zusatz. Jedes Dreieck, dessen Ecken homologe Punkte bezüglich der Seiten eines △ ABC sind — homologe Punkte sind die Spitzen gleichwendig ähnlicher über a, b, c errichteter Dreiecke — liegt perspektivisch zum ersten Brocardschen Dreieck; das Kollineationszentrum liegt auf dem Brocardschen Kreise.

Beweis. Die Verbindungslinien homologer Punkte sind homologe Gerade, 4.

5. *Irgend drei zu den Seiten des △ ABC homologe Gerade umschliessen ein dem Grunddreieck ähnliches △ LMN, dessen Gegenmittellinien durch die Ecken A'', B'', C'' des zweiten Brocardschen Dreiecks gehen* (Ty).

Beweis. Man nenne den Schnittpunkt von MN und BC : λ, NL und CA : μ, LM und AB : ν und zeige, dass A, L, μ, ν auf einem Kreise liegen, auf dessen Peripherie sich auch Punkt A'' befindet. Daraus folgt, dass ∠ MLA'' = BAK und ∠ NLA'' = CAK ist; es ist demnach LA'' Gegenmittellinie im △ LMN. Dasselbe lässt sich von den Geraden MB'', NC'' beweisen.

6. *Der Grebesche Punkt* U *des* △ LMN *liegt auf dem Brocardschen Kreise des* △ ABC (Ty).

Beweis. Da U, K homologe Punkte der Dreiecke LMN, ABC sind, so ist ∠ LUM = AKB, also ∠ B''UA'' gleich oder supplementar B''KA''. — Einen besonderen Fall dieses Satzes s. § 27, 5b.

7. *Der Doppelpunkt der Dreiecke* LMN, ABC *liegt auf dem Brocardschen Kreise* (Cy).

Beweis. Ist T der Doppelpunkt, so ist ∠ TUL = TKA, ∠ TUA'' = TKA''; also liegt T auf dem Kreise A''UK d. h. auf dem Brocardschen Kreise. — Da ∠ TLA'' = TAA'' ist, so liegt T auch auf dem Kreise ALA'', ebenso auf den Kreisen BMB'', CNC''.

§ 46. Der Punkt S und sein Winkelgegenpunkt S'.

1. $\triangle D\Omega\Omega'$ *hat mit* $\triangle ABC$ *den Schwerpunkt gemeinsam* (BR).

Beweis vermittelst § 43, 4; die Arealkoordinaten von D s. § 41, 2, diejenigen von Ω, Ω' § 17, 1.

Zusatz. Die Punkte D, G, S *liegen in einer Geraden und zwar verhält sich* DG : GS = 2 : 1 (BR).

2. $DH \parallel OK$ (BR):

$$DH = 2OS = 2r\cos\omega\sqrt{1-4\sin\omega^2}.$$

Beweis. Nach *Euler* verhält sich HG : GO = 2 : 1; also ist DHSO ein Trapez, dessen parallele Seiten sich wie 2 : 1 verhalten.

3. *Der Schnittpunkt* H_1 *von* ZG *und* DH *ist der Höhenschnittpunkt des* $\triangle A_1B_1C_1$; $DH_1 = 2ZS$, $H_1H = 2OZ = OK$. F, *das Zentrum des Feuerbachschen Kreises, ist die Mitte von* H_1K (SL).

4. *Normalkoordinaten* von S:

$$\sin(\alpha+\omega),\quad \sin(\beta+\omega),\quad \sin(\gamma+\omega);\quad m = r\sin\omega.$$

Beweis. $\Omega\Omega_a = 2r\sin\omega^2\cdot\frac{c}{b}$, $\Omega'\Omega'_a = 2r\sin\omega^2\cdot\frac{b}{c}$ (§ 17, 2),

also $$SS_a = r\sin\omega^2\cdot\frac{b^2+c^2}{bc} = r\sin\omega\sin(\alpha+\omega) \text{ (§ 2).}$$

5. S *ist Schnittpunkt der Verbindungslinien entsprechender Seitenmitten der Dreiecke* ABC, $A_1B_1C_1$ (BR).

Beweis. Aus den Proportionen

$$AG : GO_a = 2 : 1,\quad A_1G : GO'_a = 2 : 1$$

folgt, dass $O_aO'_a \parallel AA_1$ ist; ebenso ist $O_bO'_b \parallel BB_1$, $O_cO'_c \parallel CC_1$. Nun befinden sich $\triangle ABC$ und sein Mittendreieck $O_aO_bO_c$ in Ähnlichkeitslage mit G als Ähnlichkeitspunkt und dem Ähnlichkeitsverhältnisse 2 : 1. Da sich aber AA_1, BB_1, CC_1 im Punkte D schneiden, so müssen sich auch die entsprechenden Geraden des Mittendreiecks $O_aO'_a$, $O_bO'_b$, $O_cO'_c$ in einem Punkte schneiden, und zwar ist dieser Punkt der Endpunkt der Verlängerung von DG um die Hälfte, also der Punkt S.

6. *Die Geraden, welche die Ecken des* $\triangle ABC$ *mit den Mitten der entsprechenden Seiten des ersten Brocardschen Dreiecks verbinden, schneiden sich in* S', *dem Winkelgegenpunkte von* S (SL).

Beweis. Da $B_1C_1\Omega'\Omega$ ein Kreisviereck ist, so ist $B_1C_1a \parallel \Omega\Omega'$

bezüglich des $\angle \Omega A \Omega'$. Die Mittellinien AS, AO'_a der Dreiecke $A\Omega\Omega'$, AB_1C_1 sind mithin Gegentransversalen bezüglich des $\angle \Omega A \Omega'$, also auch bezüglich des $\angle$ BAC. Hiernach geht AO'_a durch den Gegenpunkt von S. Dasselbe lässt sich von BO'_b, CO'_c beweisen.

7. S' *ist das Kollineationszentrum des Grunddreiecks und des* $\triangle A_2B_2C_2$, *dessen Ecken die Spiegelpunkte von* A_1, B_1, C_1 *bezüglich* a, b, c *sind.* — Folgt aus 6 und dem Beweise von § 43. 1.

8. *Normalkoordinaten* von S':

$$\sin(\alpha+\omega)^{-1},\quad \sin(\beta+\omega)^{-1},\quad \sin(\gamma+\omega)^{-1};$$

$$m = \frac{2(\triangle \cos\omega - r^2 \sin\omega^3)}{r(1+4\cos\omega^2)}.$$

Beweis. S. § 42, 1 Zusatz.

§ 47. Der Gegenpunkt D' des Kollineationszentrums D.

1. D' *liegt auf* OK *und teilt mit* S *den Durchmesser* OK *harmonisch* (Br).

Beweis. $A_1O'_a$ wird durch AH aussen (§ 43, 3) und durch G innen im Verhältnis 2 : 1 geteilt; mithin sind AD, AG, AS', AH vier harmonische Strahlen. Dann aber sind auch die Geraden, welche zu diesen Strahlen symmetrisch liegen bezüglich des $\angle$ A, harmonisch; dies sind die Geraden AD', AK, AS, AO. Ebenso sind BD', BK, BS, BO harmonische Strahlen; folglich hat D' die angegebene Lage.

Zusatz 1. D' *ist der Pol von* $\Omega\Omega'$ *bezüglich des Brocardschen Kreises.*

Zusatz 2. $KD' = OD' \operatorname{tg}\omega^2$;

$$OD' = \frac{r\cos\omega}{\cos 2\omega}\sqrt{1-4\sin\omega^2} = r\sqrt{\frac{\cos\omega\cos 3\omega}{\cos 2\omega\cos 2\omega}}.$$

2. *Normalkoordinaten* von D':

$$\sin(\alpha-\omega),\quad \sin(\beta-\omega),\quad \sin(\gamma-\omega);\quad m = \frac{r\sin\omega}{\cos 2\omega}.$$

Vergl. § 41, 2. Bei der Berechnung von m kommt § 11. 2, Beispiel 1) zur Anwendung.

3. D' *ist das Kollineationszentrum des Grunddreiecks und desjenigen Dreiecks, dessen Ecken die Winkelgegenpunkte* A'_1, B'_1, C'_1 *der Ecken des ersten Brocardschen Dreiecks sind* (Br).

Beweis. Die Kollineation ist offenkundig, da AA_1, AA'_1 Gegentransversalen sind. Da AA_1, BB_1, CC_1 durch D gehen, so schneiden sich AA'_1, BB'_1, CC'_1 in D'.

Zusatz. A'_1, B'_1, C'_1 *sind die Schnittpunkte von* $B\Omega'$ *und* $C\Omega$, $C\Omega'$ *und* $A\Omega$, $A\Omega'$ *und* $B\Omega$; die Kollineation ergiebt sich also auch aus 42, 6, indem man O und O' vertauscht.

4. *Normalkoordinaten* von A'_1:

$$\frac{bc}{a},\ \frac{b^2}{c},\ \frac{c^2}{b}:\ m=\frac{\sin\omega^2}{\sin(\alpha+2\omega)}.$$

Beweis. Vergl. § 40, 3. — $m\left(bc+\frac{b^3}{c}+\frac{c^3}{b}\right)=2\triangle$;

$$m[(b^2+c^2)^2-b^2c^2]=2\triangle bc;$$

$$m\left[\left(\frac{b^2+c^2}{bc}\right)^2-1\right]=\sin\alpha;$$

$$m\left[\frac{\sin(\alpha+\omega)^2}{\sin\omega^2}-1\right]=\sin\alpha;$$

$$m\sin(\alpha+\omega+\omega)\sin(\alpha+\omega-\omega)=\sin\omega^2\sin\alpha.$$

5. $AD':AA'_1=\sin(\alpha+2\omega):2\sin\alpha\cos2\omega$,

$A'_1D':AA'_1=\sin(\alpha-2\omega):2\sin\alpha\cos2\omega$.

Beweis. $AD':AA'_1=D'D'_b:A'_1A'_{1_b}$

$$=\frac{r\sin\omega\sin(\beta-\omega)}{\cos2\omega}:\frac{2r\sin\beta^2\sin\omega^2}{\sin\gamma\sin(\alpha+2\omega)}$$

$$=\frac{r\sin\omega^2\sin\beta^2}{\sin\alpha\sin\gamma\cos2\omega}:\frac{2r\sin\omega^2\sin\beta^2}{\sin\gamma\sin(\alpha+2\omega)};$$

$$A'_1D':AA'_1=AD'-AA'_1:AA'_1$$
$$=\sin(\alpha+2\omega)-2\sin\alpha\cos2\omega:2\sin\alpha\cos2\omega.$$

6. *Auch die Dreiecke* $A_1B_1C_1$, $A'_1B'_1C'_1$ *sind perspektivisch; ihre Kollineationsachse fällt mit derjenigen der Dreiecke* ABC, $A_1B_1C_1$ *zusammen, ihr Kollineationszentrum* E *liegt auf* DD' (Ak, K).

Beweis. Die Dreiecke $BB_1C'_1$, $CC_1B'_1$ sind perspektivisch; denn BB_1, CC_1 schneiden sich in D, $B_1C'_1$, $C_1B'_1$ in A, BC'_1, CB'_1 in A_1, drei Punkten einer Geraden. Folglich laufen die Geraden BC, B_1C_1, $B'_1C'_1$ durch einen Punkt 𝔄, ebenso die Geraden CA, C_1A_1, $C'_1A'_1$ durch einen Punkt 𝔅 und die Geraden AB, A_1B_1, $A'_1B'_1$ durch einen Punkt $\mathfrak{C}$. Die Punkte $\mathfrak{A}$, $\mathfrak{B}$, $\mathfrak{C}$ liegen nun auf einer Geraden, denn sie gehören der Kollineationsachse von ABC und $A_1B_1C_1$ an. Folglich sind $A_1B_1C_1$, $A'_1B'_1C'_1$ perspektivisch. *Fallen aber die Kollineationsachsen dreier Dreiecke zusammen, so liegen ihre Kollineationszentren in einer Geraden.* Um diesen Satz an vorliegendem Beispiele zu begründen, betrachte man die Dreiecke $BB_1B'_1$, $CC_1C'_1$; dieselben sind perspektivisch, da BC, B_1C_1, $B'_1C'_1$ durch $\mathfrak{A}$ gehen. Folglich liegen der Schnittpunkt D von BB_1 und CC_1, der Schnittpunkt D' von BB'_1, CC'_1 und der Schnittpunkt E von $B_1B'_1$, $C_1C'_1$ in einer Geraden.

Anm. $\triangle A_1B_1C_1$ und $A'_1B'_1C'_1$ sind in dreifacher Hinsicht perspektivisch: man bedenke, dass die entsprechenden Ecken der Dreiecke $A_1B_1C_1$, $C'_1A'_1B'_1$ auf Geraden durch Ω und die entsprechenden Ecken der Dreiecke $A_1B_1C_1$, $B'_1C'_1A'_1$ auf Geraden durch Ω' liegen.

7. *Das Kollineationszentrum* E *der Dreiecke* $A_1B_1C_1$, $A'_1B'_1C'_1$ *ist der Schnittpunkt der Geraden* DD' *und* OH (Sl).

Beweis. Für den Schnittpunkt X von DD' und OH hat man

$$DX : D'X = DH : OD' = 2\cos 2\omega : 1.$$

Betrachtet man nun das $\triangle ADD'$, insofern als es von der Geraden $A_1A'_1$ geschnitten wird, so hat man nach dem Satze des Menelaus

$$AA_1 . DE . D'A'_1 : A_1D . ED' . A'_1A = 1, \quad \text{also}$$

$$DE : D'E = A_1D . AA'_1 : A'_1D' . AA_1 .$$

Hieraus erhält man mit den Werten unter § 41, 5 und § 47, 5

$$DE : D'E = 2\cos 2\omega : 1.$$

§ 48. Verallgemeinerungen; andere Sonderfälle.

1. *Das* $\triangle A'_iB'_iC'_i$, *dessen Ecken die Gegenpunkte der in* § 42, 1 *definierten Punkte* A_i, B_i, C_i *sind, liegt perspektivisch zum Grunddreieck; das Kollineationszentrum* X' *ist der Gegenpunkt des Kollineationszentrums* X *der Dreiecke* $A_iB_iC_i$ *und* ABC.

Folgt aus § 42, 1 und der Umkehrung des Cevaschen Satzes in der goniometrischen Form.

Zusatz. A'_i, B'_i, C'_i *sind die Schnittpunkte von* BC_i *und* CB_i, CA_i *und* AC_i, AB_i *und* BA_i.

2. *Normalkoordinaten* von X':

$\sin(\alpha-\varphi)$, $\sin(\beta-\varphi)$, $\sin(\gamma-\varphi)$: $m = \frac{r \sin \omega}{\cos(\omega+\varphi)}$. — Diese Werte ergeben sich aus den entsprechenden für X, wenn man bedenkt, dass die Normalkoordinaten eines Punktes denjenigen seines Gegenpunktes umgekehrt proportional sind (§ 17, Zus. 1). — Für die Bestimmung des Moduls s. § 11, 2.

Beispiele: $\varphi = \omega(D')$, $\varphi = -\omega(S)$, $\varphi = \mp 90^\circ(O)$.

Umgekehrt: Ein Punkt X' *mit obigen Koordinaten ist immer aufzufassen als Kollineationszentrum eines „Gegendreiecks"* $A'_i B'_i C'_i$ *und des Grunddreiecks* ABC.

Beispiele: Die Normalkoordinaten des Zentrums Z des Brocardschen Kreises (§ 39, 5) sind darstellbar unter der Form

$\sin[\alpha-(-90^\circ+\omega)]$, $\sin[\beta-(-90^\circ+\omega)]$, $\sin[\gamma-(-90^\circ+\omega)]$.

Hieraus folgt einmal (§ 42, 2), dass *der Gegenpunkt* Z' *von* Z *das Kollineationszentrum des* $\triangle$ ABC *mit einem Dreiecke ist, dessen Ecken die Spitzen gleichschenkliger über den Seiten des* $\triangle$ ABC *nach aussen aufgesetzter Dreiecke mit dem Basiswinkel* $90^\circ-\omega$ *sind;* andererseits, dass *die Lote auf* BΩ' *in* B *und auf* CΩ *in* C *sich in einem Punkte der Geraden* AZ *begegnen.* — Analog ergiebt sich, dass *Parallelen durch* C *zu* AΩ' *und durch* B *zu* AΩ *sich in einem Punkte der Geraden* AS *schneiden.*

3. (*Verallgemeinerung von* 1.) *Das* $\triangle$ P'Q'R', *dessen Ecken die Gegenpunkte der in* § 42, 3 *definierten Punkte* P, Q, R *sind, liegt perspektivisch zum Grunddreieck; das Kollineationszentrum* 𝔓' *ist der Gegenpunkt von* 𝔓 (Jacobi II)*). — P', Q', R' *sind die Schnittpunkte von* BR *und* CQ, CP *und* AR, AQ *und* BP.

4. *Sind die Aufsatzdreiecke in* § 42, 3 *ähnlich* (§ 42, 4), *so gilt dies auch bezüglich der Dreiecke* P'BC, AQ'C, ABR'; *auch für diese Dreiecke gelten daher die Sätze in* § 42, 4. — Hieran schliessen sich einige bemerkenswerte Folgerungen, falls man die Form der Aufsatzdreiecke mit derjenigen des Grunddreiecks übereinstimmend wählt.

5. Es entstehen *die Gegenpunkte* ℜ, ℜ' *der isogonischen Punkte* 𝔒, 𝔒' (§ 42, 5), *wenn die Aufsatzdreiecke* BCP, CAQ, ABR *als gleichseitig vorausgesetzt werden.* ℜ, der Gegenpunkt von 𝔒,

---

*) *Analytische Behandlung eines Satzes aus der Lehre des geradlinigen Dreiecks.* Programm von Pforta 1843.

ergiebt sich als Schnittpunkt dreier Kreise, die über den Seiten nach innen die Peripheriewinkel $\alpha+60^\circ$, $\beta+60^\circ$, $\gamma+60^\circ$ resp. $\alpha-120^\circ$, $\beta+60^\circ$, $\gamma+60^\circ$ fassen, je nachdem keiner der Winkel des $\triangle ABC > 120^\circ$ oder $\alpha > 120^\circ$ ist. $\mathfrak{R}'$, der Gegenpunkt von $\mathfrak{Q}'$, wird erhalten durch Kreise, die über den Seiten nach innen die Winkel $\alpha-60^\circ$, $\beta+120^\circ$, $\gamma+120^\circ$ resp. $\alpha+120^\circ$, $\beta-60^\circ$, $\gamma-60^\circ$ fassen, je nachdem $\alpha > 60^\circ$, $\beta < 60^\circ$, $\gamma < 60^\circ$ oder $\alpha < 60^\circ$, $\beta > 60^\circ$, $\gamma > 60^\circ$ ist. — $\mathfrak{R}$ liegt mit $\mathfrak{Q}$ so lange innerhalb des Dreiecks, als kein Winkel 120° erreicht; ist $\alpha > 120^\circ$, so fällt $\mathfrak{Q}$ in den Scheitelraum des $\angle A$, also $\mathfrak{R}$ zwischen die Seite BC und die Peripherie des Umkreises. $\mathfrak{R}'$ liegt mit $\mathfrak{Q}'$ jederzeit ausserhalb des Dreiecks. —

Normalkoordinaten von

$$\mathfrak{R}: \sin(\alpha+60^\circ),\quad \sin(\beta+60^\circ),\quad \sin(\gamma+60^\circ);\quad m = \frac{r\sin\omega}{\cos(60^\circ-\omega)},$$

$$\mathfrak{R}': \sin(\alpha-60^\circ),\quad \sin(\beta-60^\circ),\quad \sin(\gamma-60^\circ);\quad m = \frac{r\sin\omega}{\cos(60^\circ+\omega)}.$$

Die Punkte $\mathfrak{R}$, $\mathfrak{R}'$ heissen die *isodynamischen Punkte des Dreiecks;* sie besitzen eine Anzahl merkwürdiger Eigenschaften, welche im folgenden § zusammengestellt sind.

6. Die Sätze unter § 42, 6 und § 47, 6 finden ihre Erweiterung bezw. Verallgemeinerung in folgendem Satze:

Sind O, O′ *zwei beliebige Punkte in der Ebene des* $\triangle$ ABC *und schneiden sich*

$$BO,\ CO' \text{ in } A_1,\quad CO,\ AO' \text{ in } B_1,\quad AO,\ BO' \text{ in } C_1,$$
$$BO',\ CO \text{ in } A_1',\quad CO',\ AO \text{ in } B_1',\quad AO',\ BO \text{ in } C_1',$$

so sind die Dreiecke $A_1B_1C_1$, $A_1'B_1'C_1'$ *sowohl dem Grunddreieck als unter sich perspektivisch; die drei Kollineationsachsen fallen zusammen und die drei Kollineationszentren liegen in gerader Linie* (Sı.).

Für den *Beweis* vergl. § 47, 6.

§ 49. Die isodynamischen Punkte.

1. *Die Fusspunktendreiecke von* $\mathfrak{R}$ *und* $\mathfrak{R}'$ *sind gleichseitig.* Vergl. die erste Anm. zu § 16. — Allgemeiner: *Die Fusspunkte dreier Geraden durch* $\mathfrak{R}$ *bezw.* $\mathfrak{R}'$, *welche gegen die Seiten des Grunddreiecks in gleichem Sinne unter demselben Winkel geneigt sind, bilden die Ecken eines gleichseitigen Dreiecks.*

Zusatz. $\mathfrak{R}$, $\mathfrak{R}'$ *sind die Doppelpunkte der beiden Scharen gleichseitiger Dreiecke, welche dem* $\triangle$ ABC *eingeschrieben werden können.* Vergl. § 23, 1.

2. *Die bis zum Schnitt mit dem Umkreise verlängerten Scheitellinien durch* $\mathfrak{R}$, $\mathfrak{R}'$ *ergeben die Ecken gleichseitiger Dreiecke* (N).

3. $\mathfrak{R}$ *und* $\mathfrak{R}'$ *sind die Schnittpunkte der Apollonischen Kreise des* $\triangle$ ABC*). — Im Kreisviereck $\mathfrak{R}\mathfrak{R}_c B\mathfrak{R}_a$ ist nämlich $\mathfrak{R}_a\mathfrak{R}_c = B\mathfrak{R}\sin\beta$, im Kreisviereck $\mathfrak{R}\mathfrak{R}_b C\mathfrak{R}_a$ ist $\mathfrak{R}_a\mathfrak{R}_b = C\mathfrak{R}\sin\gamma$; also $B\mathfrak{R}\sin\beta = C\mathfrak{R}\sin\gamma$; $B\mathfrak{R} : C\mathfrak{R} = BA : CA$ etc. — Hieran schliesst sich der weitere Befund, dass *die Apollonischen Kreise die Örter von Punkten mit gleichschenkligen Fusspunktendreiecken sind.*

Zusatz. $A\mathfrak{R}\,.\,a = B\mathfrak{R}\,.\,b = C\mathfrak{R}\,.\,c$,

$A\mathfrak{R}'.a = B\mathfrak{R}'.b = C\mathfrak{R}'.c$.

Mit diesen Relationen hängt die Benennung der Punkte $\mathfrak{R}$, $\mathfrak{R}'$ zusammen.

4. *Die Spiegelpunkte von* $\mathfrak{R}$, $\mathfrak{R}'$ *bezüglich der Seiten des* $\triangle$ ABC *liegen auf den entsprechenden Scheitellinien durch* $\mathfrak{O}$, $\mathfrak{O}'$ (N).

Beweis. Ist allgemein P ein Punkt des Apollonischen Kreises L_a, P_a sein Spiegelpunkt bezüglich BC, so folgt aus der Gleichheit der Bogen PJ_a, P_aJ_a die Gleichheit der Peripheriewinkel PAJ_a, P_aAJ_a.

Zusatz. $\mathfrak{R}(\mathfrak{R}')$ *ist der Schnittpunkt der zweiten gemeinsamen inneren Tangenten dreier Kreise um* A, B, C, *welche bezw.* $B\mathfrak{O}$ *und* $C\mathfrak{O}$, $C\mathfrak{O}$ *und* $A\mathfrak{O}$, $A\mathfrak{O}$ *und* $B\mathfrak{O}$ ($B\mathfrak{O}'$...) *berühren* (Sl).

5. $\mathfrak{R}$, $\mathfrak{R}'$ *sind inverse Punkte bezüglich des Umkreises* (N).

Beweis. Aus dem Zusatze zu 3 folgt

$$A\mathfrak{R} : A\mathfrak{R}' = B\mathfrak{R} : B\mathfrak{R}' = C\mathfrak{R} : C\mathfrak{R}'.$$

Hiernach liegen A, B, C auf einem Kreise, der mit den Enden eines Durchmessers die Strecke $\mathfrak{R}\mathfrak{R}'$ harmonisch teilt.

6. $\triangle\, \mathfrak{R}_a\mathfrak{R}_b\mathfrak{R}_c$ *und das Zentralendreieck* $\triangle_q$ *der den Punkt* $\mathfrak{O}$ *erzeugenden Kreise* (§ 42, 4, 5) *befinden sich in Ähnlichkeitslage;*

*) *Crelle* fand, dass die drei Apollonischen Kreise sich in einem Punkte schneiden. *Kiehl* hob (1881) die Zweizahl der Schnittpunkte und ihre Lage auf der Geraden OK hervor. *Fuhrmann* erkannte (1884) die Form der Fusspunktendreiecke der Schnittpunkte und ihre Beziehungen zu den isogonischen Punkten. — Die im Zus. zu 1 hervorgehobene Eigenschaft des Punktes $\mathfrak{R}$ gab *v. Lühmann* (1878).

ebenso $\triangle \mathfrak{R}'_a\mathfrak{R}'_b\mathfrak{R}'_c$ *und* $\triangle_{3'}$. *Der Ähnlichkeitspunkt ist in beiden Fällen der Grebesche Punkt des Grunddreiecks* (Kr).

Beweis. Entsprechende Seiten der Dreiecke $\mathfrak{R}_a\mathfrak{R}_b\mathfrak{R}_c$ und $\triangle_3$ sind parallel, weil sie auf der zugehörigen Scheitellinie durch $\mathfrak{O}$ senkrecht stehen. Sodann verhalten sich die Entfernungen des Ähnlichkeitspunktes von den Seiten b und c wie die Entfernungen der diesen Seiten entsprechenden Ecken des Dreiecks $\triangle_3$ von b und c.

7. $\mathfrak{R}$, $\mathfrak{R}'$ *sind inverse Punkte bezüglich des Brocardschen Kreises;* $O\mathfrak{R} : \mathfrak{R}K = O\mathfrak{R}' : \mathfrak{R}'K = \operatorname{tg} 30^0 : \operatorname{tg} \omega$.

Beweis. In den Dreiecken $\mathfrak{R}_a\mathfrak{R}_b\mathfrak{R}_c$ und $\triangle_3$ sind $\mathfrak{R}$ und O homologe Punkte; folglich liegt $\mathfrak{R}$ auf OK. Ferner verhält sich $O\mathfrak{R}$ zu $\mathfrak{R}K$ wie die Entfernungen der über der Seite a liegenden Ecke des Dreiecks $\triangle_3$ und des Punktes K von a. Denselben Wert hat das Verhältnis $O\mathfrak{R}' : \mathfrak{R}'K$. — Ein anderer Beweis des Satzes lässt sich aus 5 gewinnen mit Rücksicht darauf, dass $\mathfrak{R}$ *und* $\mathfrak{R}'$ *symmetrisch zur Umkreispolare von* K *gelegen sind* (X). Vergl. den Schluss der Fussnote auf S. 76.

8. *Die Mitten* $\mathfrak{M}$, $\mathfrak{M}'$ *der Dreiecke* $\mathfrak{R}_a\mathfrak{R}_b\mathfrak{R}_c$, $\mathfrak{R}'_a\mathfrak{R}'_b\mathfrak{R}'_c$ *liegen auf* GK *und teilen* GK *harmonisch im Verhältnisse* $\operatorname{tg} 30^0 : \operatorname{tg} \omega$ (Kr).

Beweis. Nach § 43, 5 ist G der Schwerpunkt, also der Mittelpunkt der gleichseitigen Dreiecke $\triangle_3$, $\triangle_{3'}$.

Zusatz. $\mathfrak{R}\mathfrak{M}$, $\mathfrak{R}'\mathfrak{M}'$ *sind parallel der Eulerschen Geraden des* $\triangle$ ABC.

9. $\mathfrak{M}$, $\mathfrak{M}'$ *sind die Mittelpunkte von* $\mathfrak{O}\mathfrak{R}$, $\mathfrak{O}'\mathfrak{R}'$ (Kr). — Vergl. die erste Anm. zu § 16.

Zusatz. $\mathfrak{O}\mathfrak{R} \parallel \mathfrak{O}'\mathfrak{R}'$ (Gl) $\parallel$ GH (Kr).

10. a. $\mathfrak{O}\mathfrak{O}'$ *geht durch* K (Mc) *und durch die Mitte von* GH (Wh).

b. $\mathfrak{O}\mathfrak{R}'$ *und* $\mathfrak{O}'\mathfrak{R}$ *schneiden sich in* G (Mc).

§ 50. Der Steinersche und der Tarrysche Punkt.

1. *Parallelen durch die Ecken des Urdreiecks zu den entsprechenden Seiten des ersten Brocardschen Dreiecks schneiden sich auf der Peripherie des Umkreises in einem Punkte* (Ty).

Denn die Parallele durch B zu A_1C_1 schneidet die Parallele durch A zu B_1C_1 unter dem $\angle C_1 = C$, und zwar liegt der Schnittpunkt unter der Annahme $c > b > a$ auf derselben Seite von AB wie △ ABC, also auf der Peripherie des Umkreises; ebenso schneidet auch die Parallele durch C zu A_1B_1 die genannte Parallele durch A auf der Peripherie des Umkreises, und zwar liegt der Schnittpunkt auf derjenigen Seite von AC, auf welcher △ ABC nicht liegt. Da nun die Gerade durch A den Umkreis nur noch in einem Punkte trifft, so sind ihre Schnittpunkte mit den beiden anderen Geraden identisch. — Der Schnittpunkt R der drei Scheitellinien heisst der *Steinersche Punkt des Dreiecks.**)

2. *Dem Punkte* R, *aufgefasst als Punkt des* △ ABC, *entspricht in dem ähnlichen* △ $A_1B_1C_1$ *der Punkt* K. Oder: *Der Grebesche Punkt des Urdreiecks ist der Steinersche Punkt seines ersten Brocardschen Dreiecks* (Sʀ).

Beweis. Da RA ∥ B_1C_1 und AC ∥ B_1K ist, so ist ∠ RAC = KB_1C_1 = KA_1C_1; da ferner RC ∥ A_1B_1 ist, so ist ∠ RCA = KB_1A_1 = KC_1A_1. Mithin ist △ RAC ∽ KA_1C_1.

Zusatz. Der Steinersche Punkt liegt stets im mittleren der Bogen, in welche der Umkreis durch die Punkte A, B, C geteilt wird (§ 40, 1, Zus.).

3. *Lote von den Ecken des Urdreiecks auf die entsprechenden Seiten des ersten Brocardschen Dreiecks schneiden sich auf der Peripherie des Umkreises in einem Punkte* (F).

Denn die Lote auf AR in A, auf BR in B und auf CR in C treffen sich in demjenigen Punkte der Peripherie des Umkreises, der dem Punkte R diametral gegenüberliegt. — Der Schnittpunkt N der drei Scheitellinien heisst der *Tarrysche Punkt des Dreiecks.*

4. *Dem Punkte* N, *aufgefasst als Punkt des* △ ABC, *entspricht in dem ähnlichen* △ $A_1B_1C_1$ *der Punkt* O. Oder: *Der Umkreismittelpunkt des Urdreiecks ist der Tarrysche Punkt seines ersten Brocardschen Dreiecks* (F).

5. N *liegt auf der Eulerschen Geraden des* △ $A_1B_1C_1$ (Bʀ).

Beweis. Den Punkten G, O, N des △ ABC entsprechen in dem ungleichwendig ähnlichen △ $A_1B_1C_1$ die Punkte G, Z, O. Daher

---

*) Die Identität des Punktes R mit dem von *Steiner* (Crelles Journal, Bd. 32, S. 300; Bd. 67 S. 237; Ges. Werke, Bd. 2, S. 689) behandelten *Schnittpunkte des Umkreises und der dem Dreieck umgeschriebenen Minimalellipse* erkannte *Neuberg*. (Sur le point de Steiner, Journ. de Math. spéciales, 1886).

sind die Dreiecke GON, GZO ungleichwendig ähnlich; hieraus folgt die Behauptung.

Zusatz. $GO : GZ = r : r_1$; $GN : GO = r : r_1$;

$GN : GZ = r^2 : r_1^2$; $GN . GZ = GO^2$.

6. R *liegt auf der Polare von* G *bezüglich des Brocardschen Kreises* (LG).

Beweis. Schneidet NG den Umkreis in X, so ist $ZX . ZN = r^2 - r_1^2$, $ZN = GN - GZ = \frac{r^2 - r_1^2}{r_1^2} GZ$, also $ZX . ZG = r_1^2$. Somit ist RX die Polare von G bezüglich des Brocardschen Kreises.

7. D *liegt auf dem Durchmesser* NR (Ty).

Beweis. Wir zeigen, dass die Dreiecke DH_1N, OZN ähnlich sind. Um dies darzuthun, genügt es zu beweisen, dass die Proportion

$$H_1D : ZO = H_1N : ZN$$

stattfindet. Es ist nun $H_1D : ZO = 2ZS : ZO = 2\cos 2\omega$. Ferner ist $H_1N : ZN = GN + 2GZ : GN - GZ = r^2 + 2r_1^2 : r^2 - r_1^2 = 2\cos 2\omega$, wie man durch Einsetzen des Wertes von r_1 (§ 39) bestätigt.

Zusatz.

$OD = r(1 - 4\sin\omega^2)$, $RD = 4r\sin\omega^2$, $ND = 2r\cos 2\omega$ (F).

8. N, D', H *liegen in einer Geraden* (Br).

Beweis. Die Proportion $DH_1 : H_1H = OZ : ZD'$ bedingt, dass $2ZS : 2OZ = OZ : ZD'$, also $OZ^2 = ZS . ZD'$ ist. Dies ist in der That der Fall, da O, S, K, D' vier harmonische Punkte sind und Z die Mitte von OK ist.

9. a. T, *die Mitte von* RH, *liegt mit* N, Z, G, H_1 *in gerader Linie* (Sl). — Denn G ist der Schwerpunkt des △ RNH.

b. *Die Lote von den Mitten der Seiten des* △ ABC *auf die entsprechenden Seiten des* △ $A_1B_1C_1$ *schneiden sich in* T (Sl).

Beweis. $AG : GO_a = 2 : 1$, $NG : GT = 2 : 1$; folglich $O_aT \parallel AN$, also $\perp B_1C_1$.

c. T, F, S *liegen in gerader Linie* (Sl). — Man beachte, dass DH = 2OS ist.

10. a. *Die Simsonlinie von* R *ist die Parallele durch* T *zu* OK.

Beweis. Da T auf dem Mittellote von R_aH_a liegt, so ist $\angle TR_aR = TH_aA$. Bezeichnet nun H' den Schnittpunkt von AH mit dem Umkreise, so ist $RH' \parallel TH_a$, also $\angle TH_aA = RH'A = RNA = KOO_a$. Da $RR_a \parallel OO_a$, so ist $TR_a \parallel OK$. Ebenso TR_b, TR_c.

b. *Die Simsonlinie von N ist* $\parallel \Omega\Omega'$ *und geht durch den Schnittpunkt von* RG, NH, FS.

Anm. Allgemein gilt der Satz: *Die Simsonlinie eines Punktes geht durch die Mitte seiner Verbindungslinie mit dem Höhenschnittpunkte; dieser Mittelpunkt liegt auf dem Feuerbachschen Kreise des Grunddreiecks.* Ferner: *Die Simsonlinien zweier Endpunkte eines Durchmessers stehen aufeinander senkrecht und schneiden sich auf dem Feuerbachschen Kreise.*

11. *Die Winkelgegenpunkte* R' *und* N' *von* R *und* N *sind die unendlich fernen Punkte des Lotes auf* OK *und der Linie* OK *selbst.*

Beweis. Allgemein gilt der Satz: *Die Gegentransversalen eines Punktes des Umkreises stehen senkrecht auf seiner Simsonlinie.* Im vorliegenden Falle ist z. B. $\angle RAC = RR_cR_b = BAR'$. Da nun $RR_c \perp BA$, so ist auch $R_cR_b \perp AR'$.

§ 51. Weitere Beziehungen der Punkte N und R.

1. *Entfernungen der Punkte* N *und* R *von den Ecken.*

$$AN = \frac{2r\cos(\alpha+\omega)}{\sqrt{1-4\sin\omega^2}}; \quad AR = \left[\frac{\sin\alpha\sin(\beta-\gamma)}{\sin\beta\sin\gamma}\right]\frac{2r\sin\omega}{\sqrt{1-4\sin\omega^2}}.$$

Beweis. $AN = 2r\cos ANR$, $\angle ANR = A_1OK = (\Omega\Omega', BC) = \lambda$ (§ 16, 7). — $AR = 2r\sin\lambda$,

$$\sin\lambda^2 = \frac{\sin(\alpha+\omega)^2 - 4\sin\omega^2}{1-4\sin\omega^2}, \quad \text{also nach § 2, (b)}$$

$$= \left[\left(\frac{b}{c}+\frac{c}{b}\right)^2 - 4\right]\frac{\sin\omega^2}{1-4\sin\omega^2}.$$

2. *Arealkoordinaten von*

$$N: \sin\alpha\cos(\alpha+\omega)^{-1}, \ldots, \ldots; \quad \mu = -\frac{2r^2\Pi\cos(\alpha+\omega)}{1-4\sin\omega^2},$$

$$R: \sin\alpha^{-1}\sin(\beta-\gamma)^{-1}, \ldots, \ldots; \quad \mu = -\frac{2r^2\sin\omega^2\Pi\sin(\beta-\gamma)}{1-4\sin\omega^2}.$$

Beweis. Man berechne $\triangle BCN$ und $\triangle BCR$ vermittelst 1.

3. *Normalkoordinaten von*

$$\begin{aligned} N &: \cos(\alpha+\omega)^{-1}, \ldots, \ldots; \\ R &: \sin\alpha^{-2}\sin(\beta-\gamma)^{-1}, \ldots, \ldots; \end{aligned} \quad m = \frac{\mu}{r}.$$

$$\begin{aligned}&N' : \cos(\alpha+\omega), \ldots, \ldots;\\ &R' : \sin\alpha^2 \sin(\beta-\gamma), \ldots, \ldots;\end{aligned} \qquad m = \infty.$$

4. a. *N ist das Kollineationszentrum des* $\triangle ABC$ *und eines* $\triangle A_3B_3C_3$, *dessen Ecken die Spitzen gleichschenkliger über den Seiten des* $\triangle ABC$ *nach innen errichteter Dreiecke vom Basiswinkel* $90^0 - \omega$ *sind.*

Beweis. $\cos(\alpha+\omega)^{-1} = -\sin[\alpha-(90^0-\omega)]$: § 42, 2.

b. *Legt man an BA in B und an CA in C den Winkel* $90^0 - \omega$ *nach der Seite des Dreiecks hin an, so schneiden sich die Endschenkel in einem Punkte, dessen Verbindungslinie mit A der Geraden OK parallel läuft.* — § 48, 1.

5. *Sind B', C' die Spiegelpunkte von B, C bezüglich der Mittellote auf b, c, so liegt R auf der Geraden, welche A mit dem Schnittpunkte X von BC und B'C' verbindet* (Lg).

Beweis. $\triangle XAB : XAC = XB : XC = \frac{XB}{XC'} \cdot \frac{XC'}{XC} = \frac{BB'}{CC'} \cdot \frac{BC'}{CB'}$

$$= \sin(\gamma-\alpha)\sin\beta : \sin(\alpha-\beta)\sin\gamma = \triangle RAB : RAC.$$

6. $\sin ROK = \frac{\sin\omega}{(1-4\sin\omega^2)^{\frac{1}{2}}} \cdot \Pi \frac{\sin(\beta-\gamma)}{\sin\alpha}$ (Sl.).

Beweis. Wird $\angle ROK = v$ gesetzt, so ist (s. die Tafel)

$$\angle ROA_1 = v+\lambda, \quad \angle AOK = \varphi_a \text{ (§ 40, 4)} = v+2\lambda;$$

$$\sin\lambda = -\frac{\sin\alpha\sin(\beta-\gamma)}{\sin\beta\sin\gamma} \cdot \frac{\sin\omega}{\sqrt{1-4\sin\omega^2}} = \mathfrak{z};$$

$$\sin(v+2\lambda) = \frac{\sin\beta\sin\gamma}{\sin\alpha^2}\,\mathfrak{z} \text{ (§ 40, 5)};$$

$$\begin{aligned}\cos(v+\lambda) &= (OO_a - RR_a) : r\\ &= \cos\alpha + \frac{\sin(\gamma-\alpha)\sin(\alpha-\beta)}{\sin\alpha^2} \cdot \frac{2\sin\omega^2}{1-4\sin\omega^2}\\ &= \cos\alpha - \frac{2\sin\omega^2}{1-4\sin\omega^2}\,\mathfrak{y};\end{aligned}$$

$$\begin{aligned}\sin v &\equiv \sin(v+\lambda+\lambda) - 2\cos(v+\lambda)\sin\lambda\\ &= \mathfrak{z}\left(\frac{\sin\beta\sin\gamma}{\sin\alpha^2} - 2\cos\alpha\right) + \mathfrak{y}\mathfrak{z}\frac{4\sin\omega^2}{1-4\sin\omega^2};\end{aligned}$$

$$\sin\beta\sin\gamma - 2\sin\alpha^2\cos\alpha = -\sin(\gamma-\alpha)\sin(\alpha-\beta) = \mathfrak{y}\sin\alpha^2;$$

$$\sin v = \mathfrak{y}\mathfrak{z}\left(1 + \frac{4\sin\omega^2}{1-4\sin\omega^2}\right).$$

§ 52. Spitzendreiecke, deren Parameter sich zu 90° ergänzen.

1. *Errichtet man* (Fig. 37) *auf den Seiten eines* $\triangle$ ABC *als Grundlinien gleichzeitig nach innen oder aussen zwei Systeme ähnlicher gleichschenkliger Dreiecke*

$$BCA_1 \sim CAB_1 \sim ABC_1, \quad BCA_3 \sim CAB_3 \sim ABC_3,$$

deren Basiswinkel sich zu 90° ergänzen, so erhält man zwei Spitzendreiecke $A_1B_1C_1$, $A_3B_3C_3$. *Es stehen dann die Verbindungslinien entsprechender Ecken des Grunddreiecks und des einen dieser Dreiecke senkrecht auf den Seiten des anderen* (Mc).

Fig. 37.

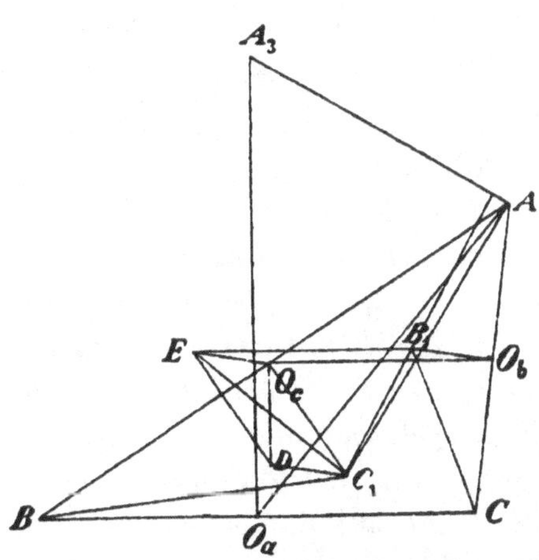

Beweis (N). Bezeichnet man die Tangenten der Basiswinkel der ersten Schar mit λ, so ist

$$B_1O_b = \tfrac{1}{2}\lambda b,$$
$$C_1O_c = \tfrac{1}{2}\lambda c,$$
$$A_3O_a = \frac{1}{2\lambda}a.$$

Man ziehe $O_cE \parallel O_bB_1$, $B_1E \parallel O_bO_c$, $C_1D \parallel O_bB_1$, $ED \parallel O_cC_1$. Dann ist $\triangle C_1O_cD$ gleichwendig ähnlich dem $\triangle$ ABC; denn $\angle O_cC_1D = \alpha$, $C_1D = \frac{1}{2}\lambda b$, $C_1O_c = \frac{1}{2}\lambda c$. Da die entsprechenden Seiten beider Dreiecke aufeinander senkrecht stehen, so ist im Parallelogramm EDC_1O_c $EC_1 \perp AO_a$ und $EC_1 = \lambda . AO_a$. Betrachten wir jetzt $\triangle EB_1C_1$, so ist in diesem $EB_1 \perp O_aA_3$, $EC_1 \perp AO_a$, folglich $\angle B_1EC_1 = A_3O_aA$. Des weiteren ist $EB_1 = O_cO_b = \frac{1}{2}a = \lambda \cdot \frac{1}{2\lambda}a = \lambda . A_3O_a$ und $EC_1 = \lambda . AO_a$; mithin ist $\triangle EB_1C_1$ gleichwendig ähnlich $\triangle O_aA_3A$ und somit $AA_3 \perp B_1C_1$.

Zusatz. $B_1C_1 = \lambda . AA_3$; $AA_1 \perp B_3C_3$, $B_3C_3 = \frac{1}{\lambda} \cdot AA_1$.

2. *Bemerkenswerte Sonderfälle* von 1. a. *Sind* A_1, B_1, C_1 *die Zentren der über den Seiten des* $\triangle$ ABC *nach aussen oder nach*

innen errichteten Quadrate, so stehen die Geraden AA_1, BB_1, CC_1 *senkrecht auf den Seiten des* $\triangle A_1B_1C_1$ *und sind denselben bezüglich gleich* (N). — *Ferner erscheinen von den Fusspunkten* D, E, F *der Höhen des* $\triangle A_1B_1C_1$ *aus die zugehörigen Mittenlinien* ($G_\beta G_\gamma$ *etc.*) *des* $\triangle ABC$ *unter rechtem Winkel, und die Punkte* G_α, G_β, G_γ *liegen so gegen* $\triangle DEF$ *wie die Punkte* P, Q, R *in* § 42, 3 *gegen* $\triangle ABC$ (F).

b. *Es seien* A_1, B_1, C_1 *die Spitzen,* A_3, B_3, C_3 *die Mittelpunkte der über den Seiten des* $\triangle ABC$ *nach aussen oder nach innen errichteten gleichseitigen Dreiecke.* Neben den bereits früher zur Sprache gebrachten Eigenschaften ($AA_1 \perp B_3C_3$; $\triangle A_3B_3C_3$ *gleichseitig, sein Mittelpunkt* G) finden wir: $B_3C_3 = \frac{1}{3}AA_1\sqrt{3}$, *also* $AA_1 = BB_1 = CC_1$; $AA_3 \perp B_1C_1$, $AA_3 = \frac{1}{3}B_1C_1\sqrt{3}$.

3. *Umkehrung* von 1. *Errichtet man auf den Seiten eines* $\triangle ABC$ *als Grundlinien, gleichzeitig nach innen oder nach aussen, ähnliche gleichschenklige Dreiecke, deren Spitzen* A_1, B_1, C_1 *heissen mögen, und fällt Lote von* A *auf* B_1C_1, *von* B *auf* C_1A_1, *von* C *auf* A_1B_1, *so schneiden sich dieselben jederzeit in einem Punkte; ihre Schnittpunkte mit den entsprechenden Mittelloten des* $\triangle ABC$ *bilden die Spitzen dreier ähnlichen über den Seiten des* $\triangle ABC$ *als Grundlinien gelegenen gleichschenkligen Dreiecke, deren Basiswinkel diejenigen der ersten Schar zu* $90°$ *ergänzen.* — Folgt aus 1 mit Rücksicht auf die eindeutige Bestimmtheit des Lotes von einem gegebenen Punkte auf eine gegebene Gerade.

4. *Beispiele.* a. Neben der bereits in § 51, 4a ausgesprochenen Eigenschaft des Tarryschen Punktes finden wir: *Sind* A_3, B_3, C_3 *die Schnittpunkte der Geraden* AN, BN, CN *mit den entsprechenden Mittelloten des* $\triangle ABC$, *so ist* $AD \perp B_3C_3$,

$$AA_3 = \frac{a}{2}\sqrt{\cot\omega^2 - 3}, \quad B_3C_3 = \frac{a}{2\sin\omega}\sqrt{\frac{\sin(\alpha+3\omega)}{\sin(\alpha-\omega)}}.$$

b. *Analoge Beziehungen wie zwischen* D *und* N *bestehen zwischen den Punkten* S' *und* Z', *welche durch gleichschenklige nach aussen errichtete Dreiecke mit den Basiswinkeln* ω *und* $90°-\omega$ *erzeugt werden.*

§ 53. Die Kollineationsachse $\mathfrak{ABC} \equiv \mathfrak{G}$ des Grunddreiecks und seines ersten Brocardschen Dreiecks.

1. *Das* $\triangle$ABC *und die Dreiecke* $A_1B_1C_1$ (§ 39), $A_3B_3C_3$ (§ 51), *welche jenem gemäss* § 41 *und* 42 *perspektivisch sind, haben dieselbe Kollineationsachse.*

Allgemein gilt der Satz (vergl. § 47, 6): *Liegen die Kollineationszentren* D, N, O *dreier Dreiecke in einer Geraden, so fallen ihre Kollineationsachsen zusammen.*

Um diesen Satz an vorliegendem Beispiele zu beweisen, betrachte man die Dreiecke BB_1B_3, CC_1C_3. Es schneiden sich BB_1, CC_1 in D, BB_3, CC_3 in N, B_1B_3, C_1C_3 in O, dreien Punkten einer Geraden; mithin gehen BC, B_1C_1, B_3C_3 durch einen Punkt, nämlich durch den mit $\mathfrak{A}$ bezeichneten Schnittpunkt von BC, B_1C_1. Ebenso zeigt man, dass C_3A_3 durch $\mathfrak{B}$, A_3B_3 durch $\mathfrak{C}$ geht.

2. *Die Kollineationsachse des Grunddreicks und seines ersten Brocardschen Dreiecks steht senkrecht auf dem Durchmesser* RN (Br).

Beweis. $\mathfrak{B}N^2 - \mathfrak{B}D^2 = (\mathfrak{B}N^2 - \mathfrak{B}B^2) - (\mathfrak{B}D^2 - \mathfrak{B}B^2)$.

Da nun $\mathfrak{B}$ auf der Geraden A_1C_1 liegt, welche $\perp$ BN steht, und da ferner $\mathfrak{B}$ auf der Geraden A_3C_3 liegt, welche $\perp$ BD steht, so kann für die erste Klammer $A_1N^2 - A_1B^2$, für die zweite $A_3D^2 - A_3B^2$ geschrieben werden. Es ist also

$$\mathfrak{B}N^2 - \mathfrak{B}D^2 = (A_1N^2 - A_1B^2) - (A_3D^2 - A_3B^2).$$

In derselben Art ergiebt sich

$$\begin{aligned}\mathfrak{C}N^2 - \mathfrak{C}D^2 &= (\mathfrak{C}N^2 - \mathfrak{C}C^2) - (\mathfrak{C}D^2 - \mathfrak{C}C^2)\\ &= (A_1N^2 - A_1C^2) - (A_3D^2 - A_3C^2).\end{aligned}$$

Da aber $A_1B = A_1C$, $A_3B = A_3C$ ist, so sind die beiden Quadratdifferenzen einander gleich; die Gerade $\mathfrak{ABC}$ steht also $\perp$ ND.

Anm. Die Erweiterung vorstehender Sätze wird ermöglicht durch die Folgerung 1 des § 55.

3. *Das Spiegeldreieck* $A_9B_9C_9$ *von* $A_1B_1C_1$ *bezüglich* $\mathfrak{G}$ *liegt perspektivisch zum Grunddreieck mit* R *als Kollineationszentrum* (F).

Beweis. Da $\angle \mathfrak{B}A_9\mathfrak{C} = \alpha$ ist, so ist $A\mathfrak{C}\mathfrak{B}A_9$ ein Kreisviereck; folglich ist $\angle A_9AC = A_9\mathfrak{C}\mathfrak{A} = (A_1B_1, \mathfrak{G}) = RNC = RAC$.

4. *Ist* U *der Schnittpunkt von* OD *mit dem Brocardschen Kreise, so wird* RU *durch* $\mathfrak{G}$ *halbiert* (Ar).

Beweis. $\angle(AR, \mathfrak{S}) = ANR = A_1OK = A_1UK$. Da nun $UK \parallel \mathfrak{S}$ ist, so ergiebt sich vermittelst 3. dass RA und UA_1 sich auf $\mathfrak{S}$ schneiden und daraus die Behauptung.

Zusatz 1. *RK wird durch $\mathfrak{S}$ halbiert.*

Zusatz 2. *Ist* W *einer der Schnittpunkte von $\mathfrak{S}$ mit dem Umkreise, so ist* RW^2 *die Potenz von* R *bezüglich des Brocardschen Kreises* (Ar).

5. *Wird der Brocardsche Kreis um $\mathfrak{S}$ umgeklappt, so schneiden die gemeinsame Sehne* RQ *des neuen Kreises* Z_3 *und des Umkreises und die Umkreispolare von* K *die Gerade $\mathfrak{S}$ in demselben Punkte* (Ar).

Beweis. Die Potenzlinie von Z_3 und O ist RQ, die Potenzlinie von Z und O ist die Umkreispolare von K, endlich die Potenzlinie von Z und Z_3 ist $\mathfrak{S}$.

Zusatz. Q *ist der Doppelpunkt der gleichwendig ähnlichen Dreiecke* ABC, $A_3B_3C_3$. — Denn $\angle ACQ = 180^0 - ARQ = A_3RQ = A_3C_3Q$ etc.

Allgemein gilt der Satz: *Ist das Kollineationszentrum zweier perspektivisch liegenden gleichwendig ähnlichen Dreiecke der eine Schnittpunkt ihrer Umkreise, so ist der zweite Schnittpunkt ihr Doppelpunkt* (Ar).

§ 54. Die Punkte der Geraden OK.

1. Auf der Geraden OK liegen sechs merkwürdige Punkte des Dreiecks:

$$O, \; Z, \; S, \; K, \; D', \; N',$$

deren Normalkoordinaten sämtlich unter der Form

$$\sin(\alpha - \varphi), \quad \sin(\beta - \varphi), \quad \sin(\gamma - \varphi); \quad m = \frac{r \sin\omega}{\cos(\omega + \varphi)}$$

darstellbar sind. Nennt man den besonderen Wert von φ, der zu einem bestimmten dieser Punkte gehört, seinen Parameter, so ergiebt sich als Parameter für

$O: -90^0$, $Z: -(90^0 - \omega)$, $S: -\omega$, $K: 0$, $D': \omega$, $N': 90^0 - \omega$.

Man sieht, dass man den betreffenden Punkt auf OK erhält, indem man ΩK normal um den Parameter des Punktes dreht.

2. *Jeder Punkt* P *mit den Koordinaten*

$$\sin(\alpha - \varphi), \quad \sin(\beta - \varphi), \quad \sin(\gamma - \varphi)$$

liegt auf der Geraden OK.

Beweis. Man ziehe durch P Parallelen zu CB, CA und fälle von O und K Lote auf dieselben. Die Bedingung, dass P, O, K in einer Geraden liegen, ist gleichbedeutend mit der Proportion

$$OO_a - PP_a : KK_a - PP_a = OO_b - PP_b : KK_b - PP_b.$$

Es ist nun

$$OO_a = r\cos\alpha, \quad KK_a = r\sin\alpha\,\mathrm{tg}\,\omega, \quad PP_a = \frac{r\sin(\alpha-\varphi)\sin\omega}{\cos(\omega+\varphi)};$$

somit

$$OO_a - PP_a = \frac{r}{\cos(\omega+\varphi)}[\cos\alpha\cos(\omega+\varphi) - \sin\omega\sin(\alpha-\varphi)]$$

$$= \frac{r\cos\varphi\cos(\alpha+\omega)}{\cos(\omega+\varphi)},$$

$$KK_a - PP_a = \frac{r\,\mathrm{tg}\,\omega}{\cos(\omega+\varphi)}[\sin\alpha\cos(\omega+\varphi) - \cos\omega\sin(\alpha-\varphi)]$$

$$= \frac{r\sin\varphi\cos(\alpha+\omega)\,\mathrm{tg}\,\omega}{\cos(\omega+\varphi)}.$$

Die linke Seite obiger Proportion hat also den Wert $\cot\omega\cot\varphi$; da derselbe unabhängig von α ist, so leuchtet ein, dass analoge Rechnung für die rechte Seite denselben Wert ergeben muss.

3. Auch die *Umkehrung* von 2 ist richtig. Ist nämlich P ein Punkt der Geraden OK, so gilt zunächst obige Proportion; da ferner das Produkt $\cot\omega\cot\varphi$ mit dem festen ω und dem veränderlichen φ aller reellen Werte fähig ist, so kann etwa die linke Seite der Proportion gleich $\cot\omega\cot\varphi$ gesetzt werden. Mit den bekannten Werten für OO_a, KK_a erhält man dann den früheren Wert für PP_a, und ebenso die Werte für PP_b, PP_c zurück.

4. *Ist* P *ein Punkt der Geraden* OK, φ *sein Parameter, so ist* $\angle K\Omega P = \varphi$ (Eh).

Beweis. Nach 2 ist $PO : PK = \cot\omega\cot\varphi$. Ist nun $\angle K\Omega P = \psi$, so ist

$$PO : P\Omega = \cos\psi : \sin\omega,$$
$$P\Omega : PK = \cos\omega : \sin\psi$$
$$\overline{PO : PK = \cot\omega\cot\psi, \text{ also } \psi \equiv \varphi.}$$

Zusatz. $\angle K\Omega\mathfrak{R} = -60^\circ$, $\angle K\Omega\mathfrak{R}' = 60^\circ$.

5. Die Gegenpunkte aller Punkte der Geraden OK sind in § 42 gekennzeichnet als Kollineationszentra des $\triangle$ ABC mit Drei-

ecken, deren Ecken die Spitzen ähnlicher gleichschenkliger Dreiecke über den Seiten des Grunddreiecks sind. Den sechs unter 1 bezeichneten merkwürdigen Punkten der Geraden OK entsprechen die Punkte

$$H: -90^0,\quad Z': -(90^0-\omega),\quad S': -\omega,\quad G: 0,\quad D: \omega,\quad N: 90^0-\omega,$$

wo die beigefügten Parameter die Basiswinkel der zugehörigen gleichschenkligen Dreiecke bezeichnen und durch ihr Zeichen angeben, ob die Dreiecke nach aussen (—) oder nach innen (+) aufzusetzen sind. Diesen Punkten lassen sich dann noch die Ecken des Grunddreiecks (Parameter: α, β, γ) und die isogonischen Punkte (Parameter: $\mp 60^0$) zugesellen.

Anm. Die Untersuchung des Ortes der Gegenpunkte der Geraden OK liegt ausserhalb des Rahmens einer elementar-geometrischen Darstellung; es muss daher an dieser Stelle genügen, den mit den Elementen der synthetischen Kegelschnittslehre Vertrauten auf eine der schönsten und dankbarsten Aufgaben dieses Wissenszweiges hingewiesen zu haben.

§ 55. Der McCaysche Satz.

Besteht zwischen dem Parameter φ *eines Punktes* P *der Geraden* OK *und den Parametern* φ', φ'' *der Gegenpunkte* Q', Q'' *zweier Punkte* P', P'' *der Geraden* OK *die Beziehung*

$$\varphi+\varphi'+\varphi'' = n.180^0 (n = -1, 0, 1),$$

so liegen die Punkte P, Q', Q'' *in einer Geraden.*

Beweis. Es seien

$$\begin{array}{llll} x \equiv \sin(\alpha-\varphi), & y \equiv \sin(\beta-\varphi), & z \equiv \sin(\gamma-\varphi); & m \\ x' \equiv \sin(\alpha-\varphi')^{-1}, & y' \equiv \sin(\beta-\varphi')^{-1}, & z' \equiv \sin(\gamma-\varphi')^{-1}; & m' \\ x'' \equiv \sin(\alpha-\varphi'')^{-1}, & y'' \equiv \sin(\beta-\varphi'')^{-1}, & z'' \equiv \sin(\gamma-\varphi'')^{-1}; & m'' \end{array}$$

die Normalkoordinaten der Punkte P, Q', Q''. Zieht man durch P Parallelen zu den Seiten des $\triangle$ ABC, so ergiebt sich als Bedingung dafür, dass die Punkte in einer Geraden liegen:

$$\frac{m'x'-mx}{m''x''-mx} = \frac{m'y'-my}{m''y''-my} = \frac{m'z'-mz}{m''z''-mz} = \lambda;$$

$$\begin{array}{l|l} (1-\lambda)mx - m'x' + \lambda m''x'' = 0 & y'z''-y''z' \\ (1-\lambda)my - m'y' + \lambda m''y'' = 0 & z'x''-z''x' \\ (1-\lambda)mz - m'z' + \lambda m''z'' = 0 & x'y''-x''y'. \end{array}$$

Multipliziert man die Gleichungen mit den rechts daneben stehenden Differenzen und addiert, so ergiebt sich

$$\Sigma x(y'z''-y''z')=0,$$

$$\Sigma\sin(\alpha-\varphi)[\sin(\beta-\varphi')^{-1}\sin(\gamma-\varphi'')^{-1} \\ -\sin(\beta-\varphi'')^{-1}\sin(\gamma-\varphi')^{-1}]=0,$$

$$\Sigma\sin(\alpha-\varphi)\sin(\alpha-\varphi')\sin(\alpha-\varphi'')[\sin(\beta-\varphi'')\sin(\gamma-\varphi') \\ -\sin(\beta-\varphi')\sin(\gamma-\varphi'')]=0,$$

$$\Sigma\sin(\alpha-\varphi)\sin(\alpha-\varphi')\sin(\alpha-\varphi'')\sin(\beta-\gamma)\sin(\varphi''-\varphi')=0,$$

$$\Sigma\sin(\alpha-\varphi)\sin(\beta-\gamma)[\cos(\varphi''-\varphi')-\cos(2\alpha-\varphi'-\varphi'')]=0.$$

Da $\Sigma\sin(\alpha-\varphi)\sin(\beta-\gamma)=\cos\varphi\,\Sigma\sin\alpha\sin(\beta-\gamma)-\sin\varphi\,\Sigma\cos\alpha$ $\sin(\beta-\gamma)=0$ ist, so vereinfacht sich die Gleichung zu

$$\Sigma\sin(\alpha-\varphi)\cos(2\alpha-\varphi'-\varphi'')\sin(\beta-\gamma)=0,$$

$$\Sigma[\sin(3\alpha-\varphi-\varphi'-\varphi'')+\sin(\varphi'+\varphi''-\varphi-\alpha)]\sin(\beta-\gamma)=0,$$

$$\Sigma\sin(3\alpha-\varphi-\varphi'-\varphi'')\sin(\beta-\gamma)=0.$$

Da

$$\Sigma\sin3\alpha\sin(\beta-\gamma) \\ =3\Sigma\sin\alpha\sin(\beta-\gamma)-4\Sigma\sin\alpha^3\sin(\beta+\gamma)\sin(\beta-\gamma) \\ =-4\Sigma\sin\alpha^3(\sin\beta^2-\sin\gamma^2)=0$$

ist, so erhält man

$$\sin(\varphi+\varphi'+\varphi'')\Sigma\cos3\alpha\sin(\beta-\gamma)=0.$$

Der zweite Faktor hierselbst ist gleich

$$-\Sigma\sin(\beta-\gamma)\cos(\beta+\gamma-2\alpha) \\ =-\Sigma\sin(\beta-\gamma)\cos[(\gamma-\alpha)-(\alpha-\beta)] \\ =-3\Pi\sin(\beta-\gamma)-\Sigma\sin(\beta-\gamma)\cos(\gamma-\alpha)\cos(\alpha-\beta) \\ =-4\Pi\sin(\beta-\gamma)-\sin[(\beta-\gamma)+(\gamma-\alpha)+(\alpha-\beta)] \\ =-4\Pi\sin(\beta-\gamma),$$

mithin im allgemeinen von Null verschieden. Es ergiebt sich also schliesslich

$$\varphi+\varphi'+\varphi''=n.180^\circ.$$

Folgerungen. 1. *Ist* $\varphi'+\varphi''=90^\circ$, *so ist* φ *ebenfalls* $=90^\circ$ d. h. *Errichtet man über den Seiten eines Dreiecks als Grundlinien, gleichzeitig nach innen oder aussen, zwei Systeme ähnlicher gleichschenkliger Dreiecke von der Beziehung, dass die Basiswinkel einander zu 90° ergänzen, so liegen die Kollineationszentra Q', Q'' der beiden zugehörigen Spitzendreiecke und des Grunddreiecks mit dem Mittelpunkte des Umkreises des letzteren in einer Geraden; ferner schneiden sich Q'P'', Q''P' im Höhenschnittpunkte* H. *Beispiel:* D, N.

2. *Ist* $\varphi' + \varphi'' = 0$, *so ist auch* $\varphi = 0$ d. h. *Errichtet man über den Seiten eines Dreiecks als Grundlinien zwei Systeme ähnlicher gleichschenkliger Dreiecke von gleichem Basiswinkel, das eine Dreieck jedesmal nach aussen, das andere nach innen, so liegen die Kollineationszentren* Q', Q'' *der beiden zugehörigen Spitzendreiecke und des Urdreiecks mit dem Grebeschen Punkte des letzteren in einer Geraden* (Le); *ferner schneiden sich* Q'P'', Q''P' *im Schwerpunkte* G. *Beispiel:* D, S'.

3. *Ist* $\varphi' - \varphi'' = 90^\circ$ d. h. *Errichtet man über den Seiten eines Dreiecks als Grundlinien zwei Systeme ähnlicher gleichschenkliger Dreiecke, das eine Dreieck nach innen, das andere nach aussen, so dass die Schenkel zusammengehöriger Dreiecke aufeinander senkrecht stehen, so liegen die Kollineationszentren der beiden zugehörigen Spitzendreiecke und des Grunddreiecks mit dem Zentrum des Feuerbachschen Kreises des letzteren in einer Geraden. Beispiele:* D. Z'; N, S'.

Beweis. Wir ziehen die vier Punkte

$$Q_1 : \varphi, \quad Q_2 : -\varphi, \quad Q_3 : -90^\circ + \varphi, \quad 90^\circ + \varphi, \quad Q_4 : 90^\circ - \varphi,$$

deren Gegenpunkte P_1, P_2, P_3, P_4 heissen mögen, in Betracht. Zu beweisen ist dann, dass der Schnittpunkt von Q_1Q_3 und Q_2Q_4 mit F zusammenfällt. Die Dreiecke $P_1Q_2Q_4$, $P_2Q_1Q_3$ sind perspektivisch, da die Verbindungslinien entsprechender Ecken sich in K schneiden. Da P_1Q_2 und P_2Q_1 durch G, P_1Q_4 und P_2Q_3 durch H laufen, so liegt also der Schnittpunkt X von Q_1Q_3 und Q_2Q_4 auf der Eulerschen Geraden. Nun ist $Q_1Q_2Q_3Q_4$ ein vollständiges Viereck mit den Diagonalpunkten O, K, X; mithin sind Q_1, X, Q_3, I (Schnittpunkt von Q_1Q_3 und OK) vier harmonische Punkte. Projiziert man dieselben von P_2 aus auf OH, so ergiebt sich die Behauptung.

§ 56. Korrelationen merkwürdiger Punkte in der Brocardschen Figur.

1. Wählt man in dem folgenden Verzeichnisse aus der zweiten Reihe zwei beliebige Parameter φ', φ'' aus und dazu aus der ersten

Reihe einen Parameter φ, so dass der Gleichung

$$\varphi + \varphi' + \varphi'' = n . 180^0$$

Genüge geschieht, so liegen die drei zugehörigen Punkte gemäss § 55 in einer Geraden.

O : -90^0, Z : $-90^0+\omega$, S : $-\omega$, K : 0, D' : ω, N' : $90^0-\omega$,

H : -90^0, Z' : $-90^0+\omega$, S' : $-\omega$, G : 0, D : ω, N : $90^0-\omega$.

Hiernach erhält man folgende Tabelle von Punkttriaden, die jedesmal auf einer Geraden vereinigt liegen (Br):

1) HZ'S	6) Z'S'O	11) S'DK
2) HS'Z (§ 26)	7) Z'GN'(GZ' ‖ OK)	12) S'N*d'* **)
3) HGO (Euler)	8) Z'D*o* *)	13) GDS (§ 46)
4) HDN' (§ 50)	9) Z'NK	14) GNZ (§ 50)
5) HND' (§ 50)	10) S'GD'	15) DNO (§ 50)

*) *o* ist der Spiegelpunkt von O bezüglich ΩΩ' (Parameter: $90^0-2\omega$).

**) *d'* ist der Spiegelpunkt von D' bezüglich ΩΩ' (Parameter: $-90^0+2\omega$).

2. a. SS' *geht durch* E (§ 47, 7) (Br).

Denn die Dreiecke DOS, D'HS' sind perspektivisch, da entsprechende Seiten sich in den Punkten N, G, Z schneiden.

b. SS' *geht durch* R (Sl); S, S', E, R *sind vier harmonische Punkte* (F).

Beweis. Für die Verhältnisse, in welchen die Seiten des △DOK durch die Punkte R, S', S geteilt werden, hat man

$$DR : OR = 4 \sin\omega^2 : 1, \quad OS : KS = \cos\omega^2 : \sin\omega^2,$$

$$KS' : DS' = KZ : DH = KZ : 2OS = 1 : 4\cos\omega^2.$$

Daraus die erste Behauptung mit Hülfe der Umkehrung des Menelaus. — Projiziert man H, F, G, O von N aus auf GD' und die so gewonnenen Punkte von O aus auf RS, so ergiebt sich die zweite Behauptung.

c. ZZ', GK, SS' *schneiden sich in einem Punkte* Y, *dem harmonischen Gefährten von* E *bezüglich der Strecke* SS'.

Denn die Dreiecke ZGS, Z'KS' sind perspektivisch mit NOD als Kollineationsachse. — Die vier harmonischen Strahlen GO, GS, GK, GD' schneiden RS in den Punkten E, S, Y, S'.

Siebentes Kapitel.

Gleichbrocardische Dreiecke.

Einleitung.

Verlangt man von einem Dreiecke, dass es mit einem gegebenen △ ABC denselben Brocardschen Winkel habe, so ist es dadurch einer bestimmten Bedingung hinsichtlich seiner Form unterworfen. Im gegenwärtigen Kapitel wird gezeigt, dass u. a. alle Dreiecke, deren Ecken die Seiten des △ ABC fortlaufend in gleichem Verhältnisse teilen, dieser Bedingung entsprechen. Errichtet man ferner auf einem △ ABC als Grundfläche ein gerades Prisma und konstruiert — was immer möglich ist — eine Ebene, welche das Prisma in einem gleichseitigen Dreiecke schneidet, so geben alle gleichseitigen Dreiecke dieser Ebene mit ihren senkrechten Projektionen auf die Ebene ABC alle dem △ ABC gleichbrocardischen Dreiecke. Die Beantwortung der Frage nach den einem Dreieck gleichbrocardischen Fusspunktendreiecken führt zu einer neuen bemerkenswerten Ortseigenschaft des Brocardschen Kreises.

§ 57. Die Winkel an den Mittellinien.

1. Die Kotangente eines der Teile, in welche ein Dreieckswinkel durch die der Gegenseite zugeordnete Mittellinie zerfällt, ist gleich einer dreigliedrigen Summe, an welcher die Kotangente des geteilten Dreieckswinkels doppelt, die des benachbarten einfach beteiligt ist. Führt man (Fig. 38) die Bezeichnungen ein:

Fig. 38.

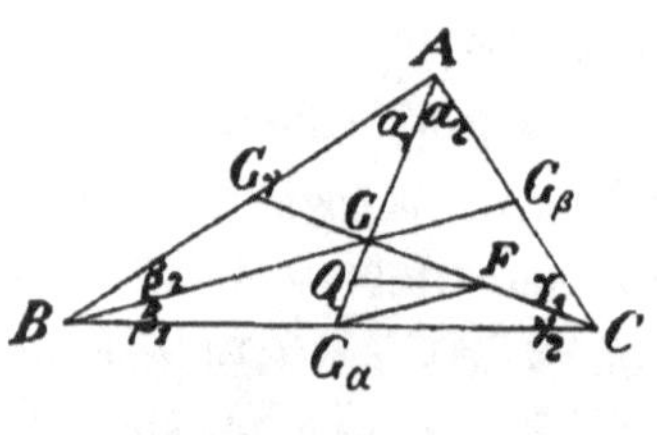

$$\angle(g_a, c) = \alpha_1, \quad \angle(g_b, a) = \beta_1, \quad \angle(g_c, b) = \gamma_1,$$
$$\angle(g_a, b) = \alpha_2, \quad \angle(g_b, c) = \beta_2, \quad \angle(g_c, a) = \gamma_2;$$

so ist

$$\cot\alpha_1 = 2\cot\alpha + \cot\beta, \quad \cot\beta_1 = 2\cot\beta + \cot\gamma, \quad \cot\gamma_1 = 2\cot\gamma + \cot\alpha,$$
$$\cot\alpha_2 = 2\cot\alpha + \cot\gamma, \quad \cot\beta_2 = 2\cot\beta + \cot\alpha, \quad \cot\gamma_2 = 2\cot\gamma + \cot\beta.$$

Beweis. $\sin\alpha_1 : \sin\beta = BG_a : AG_a$, $\sin\alpha_2 : \sin\gamma = CG_a : AG_a$,

$$\sin\alpha_2 : \sin\alpha_1 = \sin\gamma : \sin\beta,$$

$$\frac{\sin(\alpha-\alpha_1)}{\sin\alpha\sin\alpha_1} = \frac{\sin\gamma}{\sin\alpha\sin\beta} = \frac{\sin(\alpha+\beta)}{\sin\alpha\sin\beta}$$

$$\cot\alpha_1 - \cot\alpha = \cot\alpha + \cot\beta.$$

2. a. $\cot\beta_2+\cot\gamma_1 = \cot\gamma_2+\cot\alpha_1 = \cot\alpha_2+\cot\beta_1 = 2\cot\omega$

b. $\cot\alpha_1+\cot\beta_1+\cot\gamma_1 = \cot\alpha_2+\cot\beta_2+\cot\gamma_2 = 3\cot\omega.$ (J).

3. Die Kotangente eines der Teile, in welche ein Dreieckswinkel durch die der Gegenseite zugeordnete Mittellinie zerfällt, ist gleich einer dreigliedrigen Summe, an welcher die Kotangente des benachbarten Mittellinienwinkels einfach, die des abgewandten doppelt beteiligt ist. Bezeichnet man die Supplemente der Winkel, unter denen die Seiten a, b, c vom Schwerpunkte aus erscheinen, mit α_0, β_0, γ_0, so ist

$$\cot\alpha_1 = \cot\beta_0+2\cot\gamma_0,\quad \cot\beta_1 = \cot\gamma_0+2\cot\alpha_0,\quad \cot\gamma_1 = \cot\alpha_0+2\cot\beta_0,$$
$$\cot\alpha_2 = \cot\gamma_0+2\cot\beta_0,\quad \cot\beta_2 = \cot\alpha_0+2\cot\gamma_0,\quad \cot\gamma_2 = \cot\beta_0+2\cot\alpha_0.$$

Beweis. $\sin\alpha_1 : \sin\beta_0 = GG_\gamma : AG_\gamma$, $\sin\beta_2 : \sin\alpha_0 = GG_\gamma : BG_\gamma$,

$$\sin\beta_2 : \sin\alpha_1 = \sin\alpha_0 : \sin\beta_0,$$

$$\frac{\sin(\gamma_0-\alpha_1)}{\sin\gamma_0\sin\alpha_1} = \frac{\sin\alpha_0}{\sin\beta_0\sin\gamma_0} = \frac{\sin(\beta_0+\gamma_0)}{\sin\beta_0\sin\gamma_0}.$$

$$\cot\alpha_1 - \cot\gamma_0 = \cot\gamma_0 + \cot\beta_0.$$

4. a. $\cot\alpha_0 = \frac{1}{3}(2\cot\beta+2\cot\gamma-\cot\alpha)$,

$\cot\beta_0 = \frac{1}{3}(2\cot\gamma+2\cot\alpha-\cot\beta)$, (J).

$\cot\gamma_0 = \frac{1}{3}(2\cot\alpha+2\cot\beta-\cot\gamma)$.

b. $\cot\alpha+\cot\alpha_0 = \cot\beta+\cot\beta_0 = \cot\gamma+\cot\gamma_0 = \frac{4}{3}\cot\omega$ (Tu).

c. $\cot\alpha_0+\cot\beta_0+\cot\gamma_0 = \cot\alpha+\cot\beta+\cot\gamma = \cot\omega$ (R).

Erster Beweis. Aus 3 erhält man

$$\cot\beta_1+\cot\gamma_1-\cot\alpha_2 = 3\cot\alpha_0,$$

aus 1 $\quad \cot\beta_1+\cot\gamma_1-\cot\alpha_2 = 2\cot\beta+2\cot\gamma-\cot\alpha.$

Zweiter Beweis. Zieht man (Fig. 38) durch G_a die Parallele zu BG bis zum Schnitte mit CG in F, so entsteht das $\triangle\, FGG_a$ mit den Winkeln $\alpha_0, \beta_0, \gamma_0$, den Seiten $\frac{1}{3}g_a, \frac{1}{3}g_b, \frac{1}{3}g_c$ und dem Inhalte $\frac{1}{12}\triangle$. Aus diesem Dreiecke ergiebt sich

$$\cot\alpha_0 = \frac{g_b^2+g_c^2-g_a^2}{3\triangle} = \frac{5a^2-b^2-c^2}{12\triangle},$$

folglich

$$\cot\alpha+\cot\alpha_0 = \frac{a^2+b^2+c^2}{6\triangle}$$

$$= \tfrac{3}{2}\cot\omega.$$

Fig. 39.

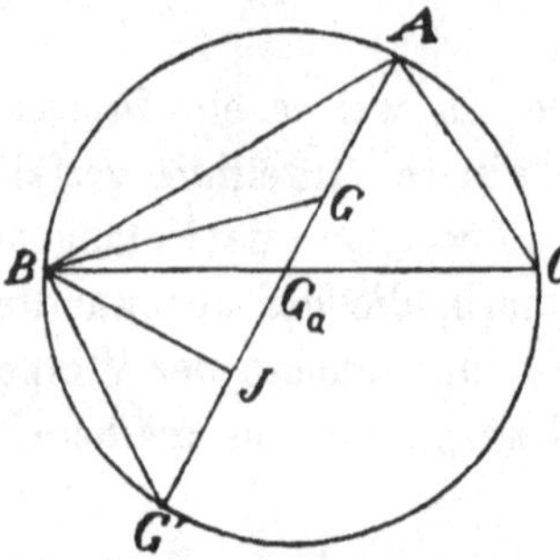

Dritter Beweis. Schneidet (Fig. 39) AG den Umkreis in G' und verbindet man G' mit B, so ist im $\triangle$ BGG' $\angle G' = \gamma$, $\angle G = \gamma_0$. Fällt man daher BJ $\perp$ AG', so ist

$$\cot\gamma+\cot\gamma_0 = \frac{GG'}{BJ} = \frac{GG'.g_a}{BJ.g_a}.$$

Nun ist

$$GG'.g_a = \left(\tfrac{1}{3}g_a+\frac{a^2}{4g_a}\right)g_a = \tfrac{1}{12}(4g_a^2+3a^2) = \tfrac{1}{6}(a^2+b^2+c^2).$$

Andrerseits ist $BJ.g_a = \triangle$; also wird $\cot\gamma+\cot\gamma_0 = \frac{3}{2}\cot\omega$.

Anm. Die Beziehung c kann dahin ausgesprochen werden, dass ein Dreieck und sein Mittelliniendreieck den Brocardschen Winkel gemeinsam haben. Dreiecke von dieser Eigenschaft heissen *gleichbrocardisch (symbrocardal).*

§ 58. Varianten.

1. Die sechs Teile, in welche die Dreieckswinkel durch die Mittellinien zerfallen, lassen sich in mannigfacher Art in Gruppen von je zweien zusammenstellen, wo dann die Kombinationen jedesmal wieder Winkel eines Dreiecks sind. Als erste Anordnung möge diejenige des vorigen § bezeichnet werden:

$$1)\quad \alpha_2+\alpha_1,\quad \beta_2+\beta_1,\quad \gamma_2+\gamma_1.$$

Eine zweite ergiebt sich durch *das Fusspunktendreieck* $G_aG_bG_c$ *des Schwerpunktes:*

$$2)\quad \beta_2+\gamma_1,\quad \gamma_2+\alpha_1,\quad \alpha_2+\beta_1,$$

eine dritte durch *das* $\triangle G'_a G'_\beta G'_\gamma$, *dessen Ecken die Schnittpunkte der Mittellinien mit dem Umkreise sind:*

$$3)\quad \gamma_1+\beta_2,\quad \alpha_1+\gamma_2,\quad \beta_1+\alpha_2.$$

Wie man sieht, *sind die Dreiecke unter* 2) *und* 3) — $\triangle_2$ *und* $\triangle_3$ — *ähnlich; ferner hat* G *in dem einen Dreiecke diejenige Bedeutung, welche der Gegenpunkt von* G *in dem anderen Dreiecke hat.*

2. *Zwischen dem Brocardschen Winkel* ω' *der Dreiecke* $\triangle_2$, $\triangle_3$ *und dem Brocardschen Winkel* ω *des Grunddreiecks besteht die Beziehung*

$$\sin(2\omega+\omega') = 2\sin\omega'.$$

Beweis.

$$\cot\omega' = \Sigma\cot(\beta_2+\gamma_1) = \Sigma\cot(\beta+\gamma-\alpha_0) = -\Sigma\cot(\alpha+\alpha_0)$$

$$= \Sigma\frac{1-\cot\alpha\cot\alpha_0}{\cot\alpha+\cot\alpha_0} = \frac{3-\Sigma\cot\alpha\cot\alpha_0}{\cot\alpha+\cot\alpha_0} = \frac{3-2+\frac{1}{3}\cot\omega^2}{\frac{4}{3}\cot\omega}$$

$$= \frac{3+\cot\omega^2}{2\cot\omega};$$

$$\frac{\cos\omega'}{\sin\omega'} = \frac{3\sin\omega^2+\cos\omega^2}{2\sin\omega\cos\omega} = \frac{2-\cos 2\omega}{\sin 2\omega}.$$

Zusatz 1. In Verbindung mit § 10 folgert man: *Der doppelte Brocardsche Winkel des Grunddreiecks ist die untere Grenze der Winkel der Dreiecke* $\triangle_2$, $\triangle_3$.

Zusatz 2. $\triangle_2$, $\triangle_3$ *sind ähnlich einem Dreiecke, dessen Seiten den Gegenmittellinien parallel laufen* (s. Fig. 40).

3. Vertauscht man in der Anordnung 1) bei jeder Summe die Reihenfolge der Bestandteile:

$$4)\quad \alpha_1+\alpha_2,\quad \beta_1+\beta_2,\quad \gamma_1+\gamma_2,$$

so ändert sich das Dreieck selbst nicht; dagegen tritt an die Stelle von G als Schnittpunkt der Scheitellinien *der Grebesche Punkt* K. *Für dessen Fusspunktendreieck* $K_a K_b K_c$ hat man:

$$5)\quad \beta_1+\gamma_2,\quad \gamma_1+\alpha_2,\quad \alpha_1+\beta_2$$

und für *das* $\triangle K'_a K'_\beta K'_\gamma$, *dessen Ecken die Schnittpunkte der Gegenmittellinien mit der Peripherie des Umkreises sind:*

$$6)\quad \gamma_2+\beta_1,\quad \alpha_2+\gamma_1,\quad \beta_2+\alpha_1.$$

Hinwiederum *sind die Dreiecke* $\triangle_5$, $\triangle_6$ *ähnlich; ferner hat* K *in dem einen Dreiecke diejenige Bedeutung, welche der Gegenpunkt von* K *in dem anderen Dreiecke hat.*

4. *Die Dreiecke* $\triangle_5$ *und* $\triangle_6$ *sind dem Urdreiecke gleichbrocardisch.* Denn sie sind dem Mittelliniendreiecke ähnlich, da

$$\beta_1+\gamma_2=\alpha_0,\quad \gamma_1+\alpha_2=\beta_0,\quad \alpha_1+\beta_2=\gamma_0$$

ist.

Fig. 40.

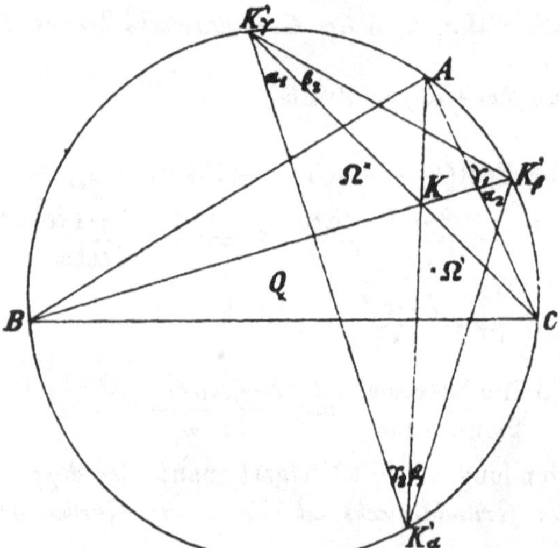

5. Von dem Dreiecke $\triangle_5$ ist bekannt (§ 19, 2), dass der Grebesche Punkt des Urdreiecks sein Schwerpunkt ist. Dies führt zu der merkwürdigen Erkenntnis, dass K der Grebesche Punkt des Dreiecks $\triangle_6$ sein muss. *Es haben daher* $\triangle$ ABC *und* $\triangle$ $K'_\alpha K'_\beta K'_\gamma$ *den Grebeschen Punkt gemeinsam; ferner fallen entsprechende Gegenmittellinien dieser Dreiecke in dieselbe Gerade (cosymmedian triangles* — Cy). *Mehr noch, da die Dreiecke auch den Umkreis und den Brocardschen Winkel gemeinsam haben, so haben sie auch gemeinschaftlich: die Brocardschen Punkte, deren Fusspunktenkreis, den Brocardschen Kreis, die Lemoineschen und die Tuckerschen Kreise.* Eine Sonderstellung nimmt *der Taylorsche Kreis* ein; der Taylorsche Kreis des $\triangle$ ABC ist zwar ebenfalls ein Tuckerscher Kreis des $K'_\alpha K'_\beta K'_\gamma$ und zwar derjenige, der demselben Einschreibungswinkel ϑ entspricht; er ist aber nicht zugleich Taylorscher Kreis dieses Dreiecks, da dessen Radius nicht von r und ω allein, sondern von r und den einzelnen Dreieckswinkeln abhängt.

6. Da die Fusspunkte der Lote von Ω, Ω' auf AB, $K'_\beta K'_\gamma$ auf einem Kreise liegen, so ergiebt sich, wenn V den Schnittpunkt der genannten Seiten bezeichnet, aus ungleichwendig ähnlichen Vier-

ecken: $\angle \Omega VB = \Omega' VK'_\beta$; *es sind also* Ω, Ω' *Winkelgegenpunkte in Bezug auf das von den Seiten der Dreiecke* $\triangle$, $\triangle_6$ *umschlossene Sechseck* (Cʏ). *Die Hauptdiagonalen dieses Sechsecks schneiden einander in* K, wie durch Anwendung des Pascalschen Satzes auf Sechseck $ABCK'_\gamma K'_\beta K'_\alpha$ und die zyklisch verwandten bewiesen wird. *Der Aussenwinkel bei* V *ist den Winkeln gleich, unter welchen die ihm zugehörigen Bogen* AK'_β *von* Ω *und* BK'_γ *von* Ω' *aus gesehen werden.* Denn $\angle \Omega AV = \Omega K'_\beta V = \omega$, also $AV\Omega K'_\beta$ ein Kreisviereck etc.

Anm. $\triangle K'_\alpha K'_\beta K'_\gamma$ ist nicht das einzige Dreieck, welches mit ABC den Umkreis und die Brocardschen Punkte gemeinsam hat; es existiert vielmehr eine Schar unzählig vieler dem $\triangle$ ABC *kobrocardaler* Dreiecke: das Studium derselben (Aʀ, Ss) setzt die Bekanntschaft mit der Theorie der Kegelschnitte voraus.

§ 59. Verallgemeinerungen; um- und eingeschriebene Dreiecke.

Die Seiten eines $\triangle$ ABC seien durch die Punkte D, E, F in gleicher Reihenfolge in demselben Verhältnisse geteilt, so dass

$$BD : DC = CE : EA = AF : FB = m : n;$$

innere und äussere Teilung seien durch einen positiven bezw. negativen Wert des Verhältnisses $m : n$ unterschieden. Ferner sei bei innerer Teilung

$$\angle BAD = A_1,$$
$$\angle CBE = B_1,$$
$$\angle ACF = C_1,$$
$$\angle DAC = A_2,$$
$$\angle EBA = B_2,$$
$$\angle FCB = C_2$$

Fig. 41.

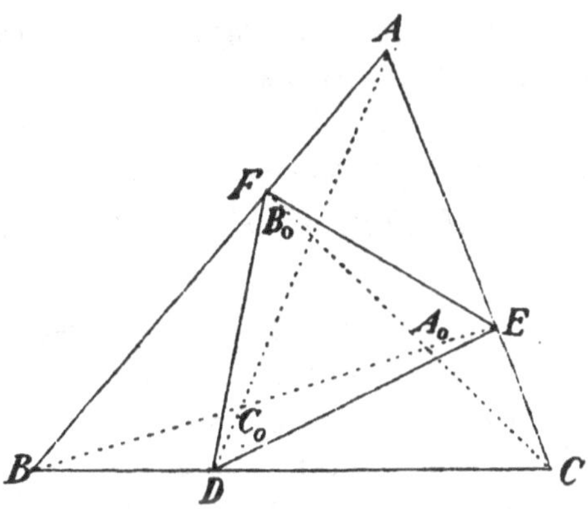

gesetzt, während bei äusserer Teilung diejenigen Teilwinkel negativ darzustellen sind, welche ganz aus dem Dreieck herausfallen. (Liegt z. B. D auf der Verlängerung von BC, so ist $\angle$ BAD mit A_1, $\angle$ DAC mit $-A_2$ zu bezeichnen.)

Unter diesen Festsetzungen treten an die Stelle der Formeln des § 57 die folgenden allgemeineren.

1.
$$\begin{aligned}
m\cot A_1 &= (m+n)\cot\alpha + n\cot\beta,\\
m\cot B_1 &= (m+n)\cot\beta + n\cot\gamma,\\
m\cot C_1 &= (m+n)\cot\gamma + n\cot\alpha;\\
n\cot A_2 &= (n+m)\cot\alpha + m\cot\gamma,\\
n\cot B_2 &= (n+m)\cot\beta + m\cot\alpha,\\
n\cot C_2 &= (n+m)\cot\gamma + m\cot\beta.
\end{aligned}$$

In derselben Art zu beweisen wie die entsprechenden Formeln des § 57.

2. a.
$$\begin{aligned}
n\cot B_2 + m\cot C_1 = n\cot C_2 + m\cot A_1 &= n\cot A_2 + m\cot B_1\\
&= (m+n)\cot\omega.
\end{aligned}$$

b.
$$\begin{aligned}
m(\cot A_1 + \cot B_1 + \cot C_1) &= (m+2n)\cot\omega,\\
n(\cot A_2 + \cot B_2 + \cot C_2) &= (n+2m)\cot\omega \quad (\text{Ar}).
\end{aligned}$$

Bezeichnet man, um die Verallgemeinerungen der Formeln 3 und 4 des § 57 zu erhalten, den Schnittpunkt von BE und CF mit A_0, den von CF und AD mit B_0, endlich den von AD und BE mit C_0, so ist zunächst

$$\begin{aligned}
\triangle\, A_0CA : A_0BC : A_0AB &= m^2 : mn : n^2,\\
\triangle\, B_0AB : B_0CA : B_0BC &= m^2 : mn : n^2,\\
\triangle\, C_0BC : C_0AB : C_0CA &= m^2 : mn : n^2;
\end{aligned}$$

die Punkte A_0, B_0, C_0 *bilden also eine isobarische Gruppe* (§ 43, 4) *besonderer Art.* Da die in einer Zeile stehenden Dreiecke sich zu $\triangle$ ergänzen, so sind die jedesmal untereinanderstehenden Dreiecke gleich, und es verhält sich ferner

$$\begin{aligned}
DC_0 : DB_0 : DA = EA_0 : EC_0 : EB &= FB_0 : FA_0 : FC\\
&= m^2 : n^2 : m^2+mn+n^2.
\end{aligned}$$

3.
$$\begin{aligned}
m\cot A_1 &= n\cot B_0 + (n+m)\cot C_0,\\
m\cot B_1 &= n\cot C_0 + (n+m)\cot A_0,\\
m\cot C_1 &= n\cot A_0 + (n+m)\cot B_0;\\
n\cot A_2 &= m\cot C_0 + (m+n)\cot B_0,\\
n\cot B_2 &= m\cot A_0 + (m+n)\cot C_0,\\
n\cot C_2 &= m\cot B_0 + (m+n)\cot A_0.
\end{aligned}$$

Beweis. $\sin A_1 : \sin B_0 = FB_0 : AF, \quad \sin B_2 : \sin A_0 = A_0F : FB;$

$$\sin B_2 : \sin A_1 = \frac{\sin A_0}{\sin B_0}\cdot\frac{A_0F}{FB_0}\cdot\frac{AF}{FB}.$$

Da $A_0F : FB_0 = n^2 : m^2$, $AF : FB = m : n$, so wird

$$\sin B_2 : \sin A_1 = n \sin A_0 : m \sin B_0,$$

$$m\frac{\sin(C_0 - A_1)}{\sin C_0 \sin A_1} = n\frac{\sin A_0}{\sin B_0 \sin C_0} = n\frac{\sin(B_0 + C_0)}{\sin B_0 \sin C_0},$$

$$m \cot A_1 - m \cot C_0 = n \cot C_0 + n \cot B_0.$$

4\. a.
$$(m^2+mn+n^2)\cot A_0 = m(m+n)\cot\beta + n(n+m)\cot\gamma - mn\cot\alpha,$$
$$(m^2+mn+n^2)\cot B_0 = m(m+n)\cot\gamma + n(n+m)\cot\alpha - mn\cot\beta,$$
$$(m^2+mn+n^2)\cot C_0 = m(m+n)\cot\alpha + n(n+m)\cot\beta - mn\cot\gamma.$$

b.
$$(m^2+mn+n^2)(\cot\alpha + \cot A_0) = (m^2+n^2)\cot\alpha + (m^2+mn)\cot\beta + (mn+n^2)\cot\gamma.$$

c.
$$\cot A_0 + \cot B_0 + \cot C_0 = \cot\alpha + \cot\beta + \cot\gamma = \cot\omega \quad (\text{Ar}).$$

Die Beweise ergeben sich aus den Formeln 1—3. Um a zu erhalten, berechne man aus 1 und 3 das Aggregat $m^2 \cot B_1 + mn \cot C_1 - n^2 \cot A_2$. c ergiebt sich am einfachsten, wenn man den Wert von $n \cot B_2 + m \cot C_1$ aus 3 mit 2a vergleicht.

Die Formel 4c zeigt, dass

1) $\triangle A_0B_0C_0$ *dem Grunddreiecke gleichbrocardisch ist.* — Da ferner homologe Seiten des $\triangle A_0B_0C_0$ und des aus den Scheitellinien AD, BE, CF gebildeten Dreiecks in dem konstanten Verhältnisse $m^2 - n^2 : m^2 + mn + n^2$ stehen, so sind die beiden Dreiecke ähnlich und folglich

2) $\triangle$(AD, BE, CF) *ebenfalls gleichbrocardisch dem* $\triangle$ ABC (Ar);

3) ist auch noch *das von den Verbindungslinien der Teilpunkte* D, E, F *umschlossene Dreieck dem Urdreiecke gleichbrocardisch* (N). Denn $\triangle$ ABC ist dem $\triangle A_0B_0C_0$ in der Weise eingeschrieben, dass dessen Seiten in gleicher Reihenfolge in demselben Verhältnisse geteilt sind; in derselben Beziehung steht aber $\triangle$ DEF zu $\triangle$ ABC. — Zur Schar DEF gehört auch die Form des Mittelliniendreiecks ($m : n = \frac{1}{2}$ oder $= 2$).

§ 60. Orthogonalprojektion gleichseitiger Dreiecke.

1. *Alle gleichseitigen Dreiecke einer Ebene liefern durch senkrechte Projektion auf eine zweite Ebene lauter gleichbrocardische Dreiecke* (Ar).

Beweis. Es seien 𝔄𝔅ℭ, 𝔄'𝔅'ℭ' zwei beliebige gleichseitige gleichwendig bezeichnete Dreiecke der ersten Ebene, ABC, A'B'C' ihre Projektionen auf die zweite Ebene. Man bringe △ 𝔄'𝔅'ℭ' ohne Richtungsänderung seiner Seiten in die Lage 𝔄''𝔅''ℭ'', deren Mittelpunkt mit dem Mittelpunkte 𝔖 des △ 𝔄𝔅ℭ zusammenfällt. Es sind dann 𝔄'', 𝔅'', ℭ'' homologe Punkte bezüglich der Seiten des △ 𝔄𝔅ℭ, und die homologen Geraden 𝔄''𝔖, 𝔅''𝔖, ℭ''𝔖 treffen bezw. 𝔅ℭ, ℭ𝔄, 𝔄𝔅 in homologen Punkten 𝔇, 𝔈, 𝔉, also dass △ 𝔇𝔈𝔉 gleichseitig und in Ähnlichkeitslage zu 𝔄''𝔅''ℭ'' und 𝔄'𝔅'ℭ' ist. Ferner teilen 𝔇, 𝔈, 𝔉 die Seiten des △ 𝔄𝔅ℭ fortlaufend in gleichem Verhältnisse. Da diese Eigenschaft durch Projektion erhalten bleibt, so kommt sie auch den Projektionen D, E, F bezüglich des △ ABC zu. Nach § 59, 3) ist nun △ DEF dem △ ABC gleichbrocardisch. Da aber gleichseitige Dreiecke mit parallelen Seiten formgleiche Projektionen ergeben, so sind auch die Dreiecke ABC, A'B'C' gleichbrocardisch.

2. a. Um welchen Winkel ist ein gleichseitiges Dreieck in seiner Ebene zu drehen, damit die Projektionen der ersten und zweiten Lage auf eine beliebige Ebene zwei Dreiecke von der Beziehung ergeben, dass das eine dem Mittelliniendreieck des anderen ähnlich ist?

Aufl. Teilt man die Seiten des gleichseitigen △ 𝔄𝔅ℭ in 𝔇, 𝔈, 𝔉 fortlaufend im Verhältnisse 1 : 2 und projiziert die Figur auf eine beliebige Ebene, so ist von den Dreiecken ABC, DEF ein jedes dem Mittelliniendreieck des anderen ähnlich. Der Drehungswinkel beträgt mithin 30°.

b. Welche Stellung ist einem gleichseitigen Dreieck in der ersten Ebene gegen die Schnittlinie beider Ebenen zu erteilen, damit die Projektion auf die zweite Ebene ein Dreieck ergebe, das seinem Mittelliniendreieck ähnlich ist (§ 8, 5)?

Aufl. Eine Drehung des gleichseitigen Dreiecks in seiner Ebene um 30° darf in der Projektionsfigur keine Gestaltsveränderung herbeiführen. Dies wird der Fall sein, wenn das Lot von einer Ecke des gleichseitigen Dreiecks auf die Schnittlinie mit der entsprechenden Höhe einen Winkel von 15°, oder auch, wenn eine Seite mit der Schnittlinie einen Winkel von 45° bildet.

3. $\mathfrak{ABC}$, $\mathfrak{A}_1\mathfrak{B}_1\mathfrak{C}_1$ seien zwei einer Ebene angehörende gleichseitige Dreiecke gleichen Mittelpunktes und gleichen Drehungssinnes; ABC, $A_1B_1C_1$ seien ihre Projektionen auf eine zweite Ebene. Die Punkte $\mathfrak{A}_1$, $\mathfrak{B}_1$, $\mathfrak{C}_1$ haben in Bezug auf $\triangle\,\mathfrak{ABC}$ Arealkoordinaten, die durch zyklische Verwechslung auseinander hervorgehen; da sich dieser Sachverhalt durch Orthogonalprojektion nicht ändert, so *bilden die Punkte* A_1, B_1, C_1 *eine isobarische Gruppe allgemeiner Art bezüglich des* $\triangle$ ABC. Erwägt man die Beziehungen der Dreiecke $\mathfrak{ABC}$, $\mathfrak{A}_1\mathfrak{B}_1\mathfrak{C}_1$, so ergiebt sich Folgendes:

Bilden A_1, B_1, C_1 *eine isobarische Gruppe in Bezug auf* $\triangle$ABC, *so ist* 1) $\triangle\,A_1B_1C_1$ *dem* $\triangle$ ABC *gleichbrocardisch; dasselbe gilt* 2) *von den Dreiecken, deren Seiten* AA_1, BB_1, CC_1; AB_1; ...; ... *sind und* 3) *von den Dreiecken, die von den letztgenannten Geraden umschlossen werden* (N).

Anm. Man hat hier die Erweiterung der Sätze des § 59. Zu bemerken ist, dass die Punkte A_1, B_1, C_1 als Schnittpunkte der Seiten zweier Dreiecke der Schar $A_0B_0C_0$ (§ 59) aufgefasst werden können. Die Zahl der gleichbrocardischen Dreiecke erweitert sich beträchtlich, wenn eine weitere isobarische Gruppe A_2, B_2, C_2 hinzugenommen wird. *Beispiele:* § 40, 3; § 46, 1.

4. Aus 1 folgt, *dass der Brocardsche Winkel des* $\triangle$ ABC *nur von dem Winkel* ψ *der beiden Ebenen abhängen kann.* Bezeichnet man die Seiten des $\triangle\,\mathfrak{ABC}$ mit $\mathfrak{a}$, die des $\triangle$ ABC mit a, b, c, so ist

$$\mathfrak{a}^2 = a^2+(\mathfrak{B}B-\mathfrak{C}C)^2 = b^2+(\mathfrak{C}C-\mathfrak{A}A)^2 = c^2+(\mathfrak{A}A-\mathfrak{B}B)^2,$$

$$(\mathfrak{a}^2-a^2)^{\frac{1}{2}}+(\mathfrak{a}^2-b^2)^{\frac{1}{2}}+(\mathfrak{a}^2-c^2)^{\frac{1}{2}}=0,$$

$$3\mathfrak{a}^4-2(a^2+b^2+c^2)\mathfrak{a}^2$$
$$+(2b^2c^2+2c^2a^2+2a^2b^2-a^4-b^4-c^4)=0,$$

$$3\mathfrak{a}^4-2(a^2+b^2+c^2)\mathfrak{a}^2+16\triangle^2=0.$$

Ersetzt man in dieser Gleichung $\triangle$ durch $\frac{1}{4}\mathfrak{a}^2\sqrt{3}.\cos\psi$ und $a^2+b^2+c^2$ durch $\mathfrak{a}^2\sqrt{3}.\cos\psi\cot\omega$, so wird

$$(\vartheta)\qquad (\cos\psi+\sec\psi)\sqrt{3}=2\cot\omega\qquad (\text{Ar, N}).$$

Diese Gleichung bestimmt den Brocardschen Winkel des $\triangle$ ABC durch ψ. Umgekehrt ist (man beachte, dass $\cot\omega \geqq \sqrt{3}$ ist)

$$(\iota) \qquad \cos\psi . \sqrt{3} = \cot\omega - \sqrt{\cot\omega^2 - 3},$$

woraus zu ersehen, *dass alle gleichbrocardischen Dreiecke einer Ebene durch eine unter demselben konstanten Winkel* ψ *geführte Konterprojektion in gleichseitige Dreiecke verwandelt werden können.*

5. Die Gleichung (ι) in Verbindung mit

$$\tfrac{1}{4}\mathfrak{a}^2\sqrt{3}.\cos\psi = \triangle$$

ergiebt

$$\mathfrak{a}^2 = \tfrac{2}{3}\triangle(\cot\omega + \sqrt{\cot\omega^2 - 3}),$$

$$(\varkappa) \qquad \mathfrak{a} = \sqrt{\tfrac{2}{3}\triangle(\cot\omega + \sqrt{3})} + \sqrt{\tfrac{2}{3}\triangle(\cot\omega - \sqrt{3})}.$$

Um also *ein gerades dreiseitiges Prisma in einem gleichseitigen Dreieck zu schneiden*, beschreibe man um diejenige Ecke der Grundfläche ABC, an welcher der grösste Winkel liegt, eine Kugel mit dem Radius $\mathfrak{a}$; dieselbe trifft die in den anderen Ecken auf der Ebene des Dreiecks errichteten Lote in zwei Punkten diesseits und zwei Punkten jenseits. Die durch jedes dieser Punktepaare und den Kugelmittelpunkt bestimmte Ebene entspricht der Forderung; beide Ebenen liegen symmetrisch zur Ebene ABC.

Bei der *Konstruktion* von $\mathfrak{a}$ kann man die Bemerkung nützen, *dass die beiden Summanden in* $(\varkappa)$ *die Seiten der Zentralendreiecke* $\triangle_q$, $\triangle_{q'}$ *der die Punkte* $\mathfrak{Q}$, $\mathfrak{Q}'$ *erzeugenden Kreise sind.**) Bei den Bezeichnungen in § 52, 2b ist nämlich

$$AA_1^2 = b^2 + c^2 - 2bc\cos(\alpha \pm 60^0);$$

mit § 2(b) ergiebt sich dann

$$AA_1^2 = 2\triangle(\cot\omega \pm \sqrt{3}),$$

also beiläufig *für das Minimum* $\Sigma A\mathfrak{Q}$ *der Wert* $\sqrt{2\triangle(\cot\omega + \sqrt{3})}$; ferner $B_3C_3^2 = \tfrac{2}{3}\triangle(\cot\omega \pm \sqrt{3})$.

Anm. Für eine eingehende Behandlung dieser und allgemeinerer Fragen sei auf *Neubergs* jüngste Schrift: *Sur les projections et contre-projections d'un triangle fixe, et sur le système de trois figures directement semblables* (Lüttich, Nierstrasz, 1890) verwiesen. Neben sorglichster Angabe der Litteratur findet man in diesem Buche viele neue Ideen niedergelegt. Auf S. V bringt der

*) *Lionnet*, N. A. 1869, S. 528.

Autor den bereits 1874 (N. C. 1874, S. 111—116) von ihm gefundenen Satz: *Die Umkreismittelpunkte ähnlicher* (in No. 4 unseres § 42 näher bezeichneter) *Aufsatzdreiecke bilden ein den letzteren ähnliches Dreieck* $\triangle_1$: *dasselbe gilt von dem Dreiecke* $\triangle_2$, *dessen Ecken die Spiegelpunkte der Ecken von* $\triangle_1$ *bezüglich der entsprechenden Seiten des* △ ABC *sind.* Ferner *sind die Summen entsprechender Seiten der Dreiecke* $\triangle_1$, $\triangle_2$ *Seiten eines den Aufsatzdreiecken ähnlichen Dreiecks, welches durch Orthogonalprojektion in* △ ABC *verwandelt werden kann.* Diese letztere Eigenschaft führt zur Auflösung der *Aufgabe: Ein gerades dreiseitiges Prisma unter einem Dreieck von vorgeschriebener Gestalt zu schneiden.*

§ 61. Die Gesamtheit der einem △ ABC eingeschriebenen und ihm gleichbrocardischen Dreiecke.

1. *Die dem* △ ABC *gleichwendigen Dreiecke* DEF, *deren Ecken die Seiten des* △ ABC *fortlaufend in gleichem Verhältnisse teilen* (§ 59, Satz 3), *repräsentieren alle gestaltlich verschiedenen dem* △ ABC *gleichbrocardischen Dreiecke.*

Beweis. Wir zeigen, dass irgend ein dem △ ABC gleichbrocardisches und gleichwendiges △ A'B'C' einem Dreiecke der Schar DEF ähnlich ist. Man verwandle zu dem Ende die Dreiecke ABC, A'B'C' durch Konterprojektion in gleichseitige Dreiecke $\mathfrak{A}\mathfrak{B}\mathfrak{C}$, $\mathfrak{A}'\mathfrak{B}'\mathfrak{C}'$, fälle von einem Punkte der Schnittlinie ihrer Ebenen E, E' ein Lot auf die Ebene ABC, drehe E' um dieses Lot bis zum Zusammenfallen mit E (§ 60, 4) und unterwerfe dann △ $\mathfrak{A}'\mathfrak{B}'\mathfrak{C}'$ den im Beweise von § 60, 1 angegebenen Verwandlungen.

2. *Alle dem* △ DEF *gleichwendig ähnlichen und dem* △ ABC *in derselben Art eingeschriebenen Dreiecke**) *haben einen gemeinsamen Doppelpunkt.*

Fig. 42.

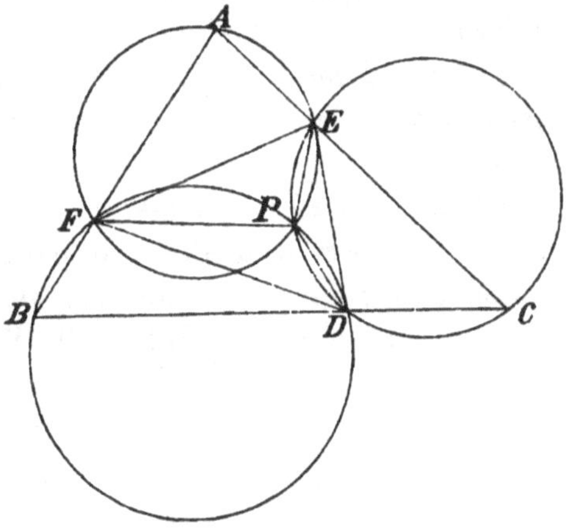

Beweis. Man beschreibe (Fig. 42) um △ BDF und CDE Kreise, welche sich in P schneiden mögen. Es ist dann ∠ BPC = BPD + CPD

*) so dass ∠ D an BC, ∠ E an CA, ∠ F an AB liegt.

$=$ BFD $+$ CED $= \alpha + D$; analog $\angle CPA = \beta + E$, $\angle APB = \gamma + F$. Also ist P ein fester Punkt des △ ABC. Derselbe ist in der That Doppelpunkt der in Rede stehenden Dreiecke, da

$$\angle EPF = 2R - \alpha, \quad FPD = 2R - \beta, \quad DPE = 2R - \gamma.$$

Zusatz. Durch Drehung des Büschels P(D, E, F) *ergeben sich auf den Seiten des* △ ABC *die Ecken aller dem* △ DEF *gleichwendig ähnlichen und dem* △ ABC *in derselben Art eingeschriebenen Dreiecke.*

3. *Der Ort des Doppelpunktes* P *ist der Brocardsche Kreis.*

Beweis. Aus Kreisvierecken folgt, dass DP, EP, FP homologe Gerade sind; § 45, 1.

4. Versteht man unter einem *Brocardschen Büschel* ein System dreier sich in einem Punkte schneidenden Geraden d, e, f, so dass bei normaler Drehungsrichtung

$$\angle(e, f) = 2R - \alpha, \quad \angle(f, d) = 2R - \beta, \quad \angle(d, e) = 2R - \gamma$$

ist, so stellen sich die gewonnenen Ergebnisse also dar:

Stellt man den Scheitel eines Brocardschen Büschels nach und nach in die verschiedenen Punkte des Brocardschen Kreises und erteilt dann dem Büschel alle möglichen Lagen um seinen Scheitel, so ergeben sich auf den Seiten des △ ABC *die Ecken aller demselben eingeschriebenen gleichwendig gleichbrocardischen Dreiecke* (N). *Insbesondere ist also der Brocardsche Kreis der Ort aller Punkte, deren Fusspunktendreiecke dem* △ ABC *gleichwendig gleichbrocardisch sind* (Se).

5. *Zwei Punkte* P, P′, *welche einen Umkreisdurchmesser harmonisch teilen, besitzen ungleichwendig ähnliche Fusspunktendreiecke* (K).

Beweis. Zunächst beachte man, dass das Fusspunktendreieck eines Punktes dem Grunddreiecke gleich- oder ungleichwendig ist, je nachdem derselbe innerhalb oder ausserhalb des Umkreises gelegen ist. Sind nun DEF, D′E′F′ die Fusspunktendreiecke von P, P′, so hat man

$$PA : P'A = PB : P'B = PC : P'C,$$

$$\frac{PA}{\sin\alpha} : \frac{P'A}{\sin\alpha} = \frac{PB}{\sin\beta} : \frac{P'B}{\sin\beta} = \frac{PC}{\sin\gamma} : \frac{P'C}{\sin\gamma},$$

$$EF : E'F' = FD : F'D' = DE : D'E'.$$

6. Bedenkt man, dass sich aus dem Brocardschen Kreise durch Inversion die Umkreispolare von K ergiebt, so kann aus No. 4 und 5 gefolgert werden:

Stellt man den Scheitel eines Brocardschen Büschels nach und nach in die verschiedenen Punkte der Umkreispolare des Grebeschen Punktes und erteilt dann dem Büschel alle möglichen Lagen um seinen Scheitel, so ergeben sich auf den Seiten des △ ABC *die Ecken aller demselben eingeschriebenen ungleichwendig gleichbrocardischen Dreiecke. Insbesondere ist die Umkreispolare von* K *der Ort aller Punkte, deren Fusspunktendreiecke dem* △ ABC *ungleichwendig gleichbrocardisch sind* (Se).

Achtes Kapitel.

Die Neubergschen und die McCayschen Kreise.

Einleitung.

Unter den gleichbrocardischen Dreiecken einer Ebene bilden diejenigen eine einfache Gruppe, welche zwei Ecken, also die Grundlinie, gemeinsam haben. Als Ort der Spitze ergiebt sich ein Kreis, und wenn man nacheinander jede Seite des △ ABC als gegeben betrachtet, ergeben sich drei Ortskreise, welche als *Neubergsche Kreise* bezeichnet werden. Die Mittelpunkte N_a, N_b, N_c dieser Kreise sind die Schnittpunkte der Mittellote der Seiten mit den Scheitellinien des Tarryschen Punktes; die Grösse derselben ergiebt sich aus dem Umstande, dass z. B. die Tangenten von B und C an den Kreis N_a gleich BC sind. In der Theorie der ähnlichen Figuren spielen unsere Kreise insofern eine Rolle, als sie die Örter homologer Punkte J_a, J_b, J_c sind, deren Verbindungslinien mit den entsprechenden Ecken des △ ABC einander parallel laufen. An diese Eigenschaft der Neubergschen Kreise lassen sich die *McCayschen Kreise* anknüpfen. Zieht man nämlich durch den Schwerpunkt G des △ ABC eine Parallele zu den Parallelen AJ_a, BJ_b,

CJ_c, so erhält man auf den Geraden J_aO_a, J_bO_b, J_cO_c drei homologe in gerader Linie gelegene Punkte S_a, S_b, S_c. Die Örter dieser Punkte sind dann Kreise von leicht zu bestimmender Lage und Grösse; sie werden als die McCayschen Kreise des $\triangle ABC$ bezeichnet. Mit ihnen stehen wieder andere Kreise im Zusammenhange, welche sich ergeben, wenn man die Punkte J_a, J_b, J_c anderen Bedingungen unterwirft.

§ 62. Neubergs Aufgabe.

Welches ist der Ort der Spitze eines Dreiecks, dessen Grundlinie und Brocardscher Winkel gegeben sind (N)?

Fig. 43.

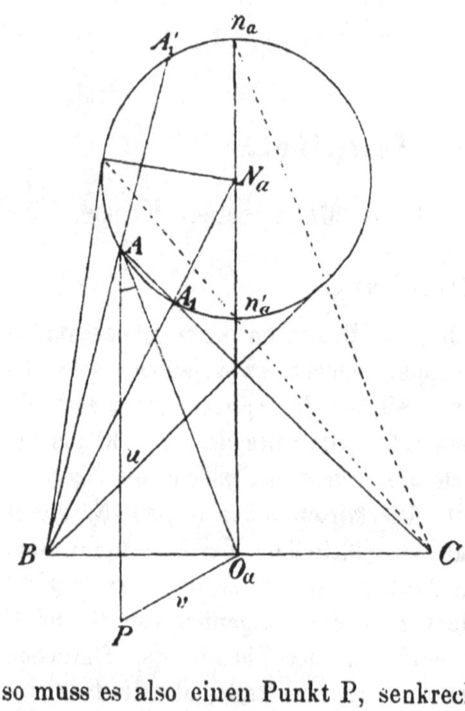

1 (EH). Wird (Fig. 43) $\angle(g_a, h_a) = \lambda$ gesetzt, so kann die Beziehung

$$a^2 + b^2 + c^2 = 4\triangle \cot\omega$$

in die Form gebracht werden

$$\tfrac{3}{2}a^2 + 2g_a^2 = 2ag\cos\lambda\cot\omega.$$

$$g_a^2 - 2g_a \cdot \tfrac{1}{2}a\cot\omega\cos\lambda = -\tfrac{3}{4}a^2.$$

Giebt man dieser Gleichung die Gestalt des Kosinussatzes

$$g_a^2 + u^2 - 2g_a u\cos\lambda = v^2,$$

so erhält man

$$u = \tfrac{1}{2}a\cot\omega,$$

$$v = \tfrac{1}{2}a\sqrt{\cot\omega^2 - 3}.$$

Da u und v konstant sind, so muss es also einen Punkt P, senkrecht unter der veränderlichen Spitze A gelegen, geben, so dass $PA = u$, $O_aP = v$ ihre Grösse unverändert beibehalten. Daher beschreibt P einen Kreis um O_a mit dem Halbmesser $\tfrac{1}{2}a\sqrt{\cot\omega^2 - 3}$, und A beschreibt einen kongruenten Kreis, dessen Mittelpunkt auf dem Mittellote von BC so liegt, dass $O_aN_a = \tfrac{1}{2}a\cot\omega$, also $\angle BN_aC = 2\omega$ ist.

Es sind hierbei nur diejenigen Dreiecke in Betracht gezogen, welche auf der einen Seite der Grundlinie liegen. Der vollständige Ort setzt sich aus zwei gleichen Kreisen zusammen, die symmetrisch gegen die gemeinsame Grundlinie gelegen sind.

2 (*Andere Lösung*, AR). Man errichte (Fig. 44) über BC den Kreisbogen mit dem Peripheriewinkel ω, da die Spitzen der in Rede stehenden Dreiecke zu diesem Bogen in einer gesetzmässigen Beziehung stehen müssen. Sodann verlängere man BA bis zum Schnitte mit der Peripherie in Y und ziehe YC und $A\Omega_a$ ($\parallel$ YC). Dann verhält sich

$c : AY = B\Omega_a : C\Omega_a = c^2 : a^2$ (§ 2),

also ist $AY . AB = a^2$.

Fig. 44.

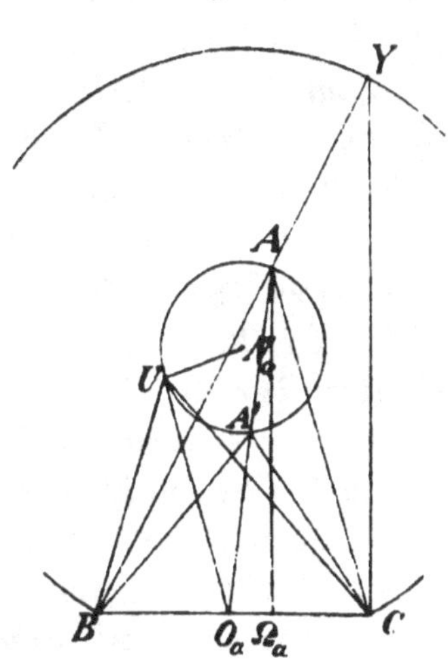

Die Potenz des Punktes A bezüglich des Kreises um N_a mit dem Halbmesser N_aB ist also konstant. Demnach ist der Ort des Punktes A ein jenem Kreise konzentrischer Kreis, dessen Radius N_aA aus der Beziehung $N_aB^2 - N_aA^2 = a^2$ berechnet werden kann.

3. *Die Punkte* N_a, N_b, N_c *sind identisch mit den Spitzen* A_3, B_3, C_3 *gleichschenkliger über den Seiten des* $\triangle$ ABC *nach innen aufgesetzter Dreiecke vom Basiswinkel* $90^0 - \omega$ (S. § 51, 4a). *Es schneiden sich folglich die Radien* AN_a, BN_b, CN_c *auf der Peripherie des Umkreises im Tarryschen Punkte; des weiteren schneiden sich die Tangenten in* A, B, C *an die Kreise* N_a, N_b, N_c *im Steinerschen Punkte, der dem Tarryschen Punkte auf der Peripherie des Umkreises diametral gegenüberliegt. Nach* § 52 *sind ferner die Seiten des* $\triangle N_aN_bN_c$ *gleichzeitig senkrecht und proportional zu den Geraden* AA_1, BB_1, CC_1.

§ 63. Eigenschaften des Kreises N_a.

1. *Verlängert man* (Fig. 43) *die Seiten* BA, CA *bis zum zweiten Schnitt mit dem Kreise* N_a *in* A_1', A_1, *so sind die Dreiecke* BA_1C,

CBA'_1 *dem* $\triangle ABC$ *ungleichwendig ähnlich* (N). — Folgt daraus, dass durch β oder γ und ω die Gestalt eines Dreiecks vollständig bestimmt ist.

Um zu einem $\triangle ABC$ den Kreis N_a zu zeichnen, legt man daher an BC in C den $\angle A$ an, bezeichnet den Punkt, wo der Endschenkel des angelegten Winkels die Gerade BA trifft, mit A'_1 und errichtet die Mittellote auf AA'_1 und BC.

Zusatz. Die Punkte A_1, A'_1 *sind die Schnittpunkte der die Seite* BC *berührenden Beikreise des* $\triangle ABC$ *mit den respective unbeteiligten Seiten* CA, BA (GB). Da N_a durch A, A_1, A'_1 bestimmt ist, so führt diese Bemerkung zu einer von den Brocardschen Gebilden unabhängigen Definition der Neubergschen Kreise.

2. *Die Tangenten von* B *und* C *an den Kreis* N_a *sind gleich* BC; oder: *Der Kreis* N_a *schneidet die Kreise um* B *und* C *mit dem Halbmesser* a *rechtwinklig* (N). — Folgt aus 1.

Um hiernach zu BC und ω den Kreis N_a zu konstruieren, lege man an BC in B $90^0 - \omega$ an, wodurch auf dem Mittellote von BC der Mittelpunkt N_a gewonnen wird, und ziehe von N_a eine Tangente an den um B mit dem Halbmesser BC beschriebenen Kreis.

3. *Die Berührungspunkte der Tangenten von* B(C) *an* N_a *liegen mit* C(B) *und mit dem höchsten oder tiefsten Punkte des Kreises* N_a *in gerader Linie* (N). — Folgt aus 1 und 2.

4. *Liegt* BC *fest und variiert* ω, *so bilden die Kreise* N_a *ein Büschel, dessen Punktkreise die Spitzen der gleichseitigen Dreiecke über* BC *sind.* — Dies giebt einen anschaulichen Beweis dafür, dass $\omega \overline{\overline{<}} 30^0$ ist.

Sind von einem Dreiecke die Grundlinie a und der Brocardsche Winkel gegeben, so lassen sich mit Hülfe des Kreises N_a die Grenzen für b, c, die Höhen, die Mittellinien, r, $\triangle$ leicht angeben. Die Diskussion der bezüglichen Formeln führt in allen Fällen auf $\omega \overline{\overline{<}} 30^0$ zurück.

5. *Es sei* n_a *der höchste,* n'_a *der tiefste Punkt des Kreises* N_a. *Dann ist* $\angle Bn_aC = \delta_1$ *das Minimum,* $\angle Bn'_aC = \delta_2$ *das Maximum des* $\angle A$. Die Figur ergiebt in Übereinstimmung mit § 10

$$\cot\frac{\delta_1}{2} = \cot\omega + \sqrt{\cot\omega^2 - 3}, \quad \cot\frac{\delta_2}{2} = \cot\omega - \sqrt{\cot\omega^2 - 3}.$$

Wird Kreis N_a *von* B *oder* C *aus unter dem* $\angle 2\lambda$ *gesehen, so ist*

$$\delta_1 = 90^0 - \omega - \lambda, \quad \delta_2 = 90^0 - \omega + \lambda,$$
$$\cos\lambda = 2\sin\omega \quad (\mathrm{N}).$$

6. *Die Punkte des Kreises* N_a *können zu je sechs zusammengefasst werden als die Spitzen von ähnlichen Dreiecken mit gemeinsamer Seite* BC. Mit anderen Worten: *Sind* (Fig. 45) A_1, A_2, A_3, A_4, A_5 *die Punkte, wo* N_a *zum zweitenmale von den Geraden* CA, BA_1, CA_2, BA_3, CA_4 *getroffen wird, so liegen* B, A, A_5 *in einer Geraden. Einem Kreise, dessen Potenzen in Bezug auf zwei Punkte* B *und* C *gleich* BC^2 *sind, lassen sich daher unzählig viele Sechsecke einschreiben, deren Seiten abwechselnd durch* B *und* C *gehen* (N).

Fig. 45.

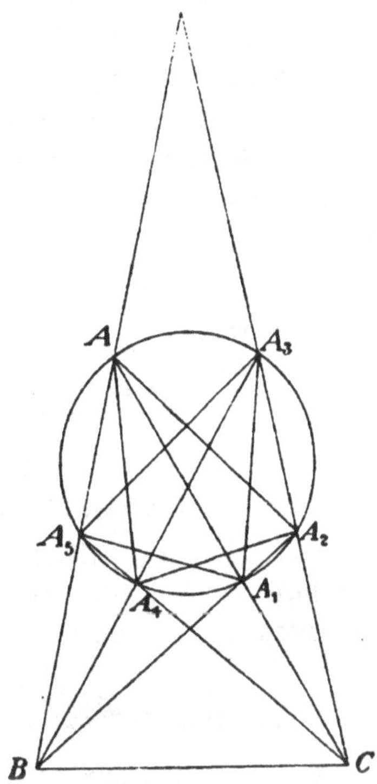

7. *Auch die Dreiecke* AA_2A_4, $A_1A_3A_5$ *sind den sechs Dreiecken der vorigen* No. *ähnlich. Die Figur liefert ferner drei gleichschenklige Dreiecke, in denen sowohl die Basiswinkel als die Winkel an den Spitzen sich zu* 2R *ergänzen.*

§ 64. Beziehungen zur Mittellinie und zum Umkreiszentrum.

1. *Zieht man* (Fig. 44) *von* O_a *eine Sekante durch den Kreis* N_a, *welche ihn in* A, A' *schneidet, so ist von den Dreiecken* ABC, A'BC *ein jedes dem Mittelliniendreiecke des anderen ähnlich. Dabei verhält sich*

$$BC : CA' : A'B = g_a : g_c : g_b \quad (\mathrm{Ar}).$$

Beweis. $\triangle\, GFG_a$ (Fig. 38) hat, ohne dem $\triangle$ ABC ähnlich zu sein, mit $\triangle$ ABC den Brocardschen Winkel gemein, ausserdem den Winkel, den eine Mittellinie mit der zugehörigen Seite bildet: $\angle FQG = CG_aA$; in derselben Beziehung steht $\triangle A'BC$ zu ABC.

2. *Zieht man von* O_a *eine Tangente* O_aU *an den Kreis* N_a, *so ist* $\triangle UBC$ *seinem Mittelliniendreiecke ähnlich* (AR). — Folgt aus 1.

Zusatz. O_aU *ist gleich der Höhe des gleichseitigen Dreiecks über* BC. (Vergl. § 8, 5.)

3. *Ist* 2ψ *der Winkel, unter welchem der Kreis* N_a *von* O_a *aus gesehen wird, so ist* $\cos\psi = \sqrt{3}\,\mathrm{tg}\,\omega = \mathrm{tg}\,60^\circ\,\mathrm{tg}\,\omega$.

4. *Die Entfernungen der Zentren der Neubergschen Kreise vom Umkreismittelpunkte verhalten sich wie die Kuben der entsprechenden Seiten* (GB).

Beweis. Im $\triangle N_aBO$ verhält sich $N_aO : BO = \sin(\alpha - \omega) : \sin\omega$, also ist $N_aO = \frac{a^2 r}{bc} = \frac{a^3}{4\triangle}$.

5.
$$\frac{N_aO}{a} + \frac{N_bO}{b} + \frac{N_cO}{c} = \cot\omega;$$
$$N_aO \, . \, N_bO \, . \, N_cO = r^3;$$
$$ON_bN_c : ON_cN_a : ON_aN_b = a^{-2} : b^{-2} : c^{-2}.$$

Es teilen also die Geraden N_aO, ... die Seiten N_bN_c, ... nach denselben Verhältnissen, wie die Geraden AD, ... oder AK, ... die Seiten des $\triangle$ ABC (GB).

§ 65. Der Potenzpunkt der Neubergschen Kreise.

1. *Der Potenzpunkt* $\mathfrak{N}$ *der Neubergschen Kreise ist der Endpunkt der Verlängerung von* DS *um sich selbst* (V).

Beweis. Treffen sich Parallelen durch B zu AC und durch C zu AB in A_0, so ist BA_0 die Potenzlinie der Kreise N_b und O; denn B hat in Bezug auf beide Kreise die Potenz 0 und die Zentrale N_bO steht $\perp$ AC. Ebenso ist CA_0 die Potenzlinie der Kreise N_c und O; folglich ist das Lot von A_0 auf N_bN_c die Potenzlinie der Kreise N_b, N_c. Jedes Lot auf N_bN_c ist aber parallel AD. Es ist also die Potenzlinie der Kreise N_b, N_c parallel AD, analog die Potenzlinie der Kreise N_c, N_a parallel BD. Hieraus folgt, dass sich die Dreiecke $A_0B_0\mathfrak{N}$, ABD in Ähnlichkeitslage befinden. Das Ähnlichkeitsverhältnis wird durch $A_0B_0 : AB = 2 : 1$ gegeben; der Ähnlichkeitspunkt teilt also die Gerade A_0A im Verhältnisse 2 : 1, ist folglich der Punkt G. $\mathfrak{N}$ ist demnach der Endpunkt der Verlängerung von DG ums Doppelte.

2. *Die Potenzlinie des Kreises* N_a *und des Punktes* A *ist die Gerade* AR, *diejenige des Kreises* N_a *und des Punktes* B *die Gerade* $C\Omega'$, *endlich diejenige des Kreises* N_a *und des Punktes* C *die Gerade* $B\Omega$ (GB).

Beweis. AR ist Tangente in A an N_a. — C hat gleiche Potenzen in Bezug auf B und N_a; ferner ist $C\Omega' \perp BN_a$.

3. *Der Potenzpunkt der Ecken* B, C *und des Kreises* N_a *ist der Punkt* A_1, *der Potenzpunkt des Punktes* A *und der Kreise* N_b, N_c *ist der Winkelgegenpunkt* A'_1 *von* A_1 (GB). — Letzteres folgt daraus, dass gemäss 2 $C\Omega$ die Potenzlinie von A und N_b, $B\Omega'$ diejenige von A und N_c ist.

4. *Auf der Geraden* $A_0\mathfrak{N}$, *der Potenzlinie von* N_b *und* N_c, *liegen folgende Punkte:*

1) *der Fusspunkt* K_a *der Gegenmittellinie* k_a,
2) *der Punkt* A'_1,
3) *der Schnittpunkt von* CR *und* $A\Omega'$,
4) *der Schnittpunkt von* BR *mit* $A\Omega$ (GB).

Denn CR, beispielsweise, ist die Potenzlinie von C und N_c, $A\Omega'$ diejenige von C und N_b, etc.

§ 66. Die Ähnlichkeitskreise der Neubergschen Kreise.

1. *Die Ähnlichkeitspunkte* T_a, T'_a *der Kreise* N_b, N_c *liegen auf den Halbierenden des Winkels* A *und seines Nebenwinkels* (GB).

Denn AN_b, AN_c sind Gegentransversalen, und $N_bT_a : N_cT_a = BN_b : CN_c = AN_b : AN_c$.

2. *Der Ähnlichkeitskreis* N'_a *der Kreise* N_b, N_c d. h. *der Kreis mit dem Durchmesser* $T_aT'_a$ *geht durch* A *und durch den Punkt* G'_a, *in welchem die Mittellinie* g_a *dem Umkreise begegnet* (GB).

Beweis. $\angle T_aAT'_a = 90^0$. Da der Ähnlichkeitskreis zweier Kreise mit diesen dieselbe Potenzlinie besitzt, so liegt A_0 auf der Potenzlinie der Kreise N_b, N'_a. Es liegt aber A_0 auch 2) auf der Potenzlinie der Kreise O und N_b, mithin auch 3) auf der Potenzlinie von O und N'_a. Da die letztgenannten Kreise sich auch in

A schneiden, so ist AA_0 ihre Potenzlinie, und dieses ist eine Gerade, welche dem Umkreise zum zweitenmale in G'_a begegnet.

3. Der Ähnlichkeitskreis zweier Kreise ist der Ort aller Punkte, von denen aus beide Kreise unter gleichen Winkeln gesehen werden. Die drei Ähnlichkeitskreise N'_a, N'_b, N'_c der drei Neubergschen Kreise schneiden sich in zwei Punkten E, E', von denen aus die drei Kreise N_a, N_b, N_c unter demselben Winkel erscheinen. Sie besitzen also dieselbe Potenzlinie EE', und diese geht durch $\mathfrak{N}$. Sie schneiden ferner den Kreis $N_aN_bN_c$ rechtwinklig; folglich geht EE' durch den Mittelpunkt dieses Kreises. EE' geht auch durch den Schnittpunkt G der Geraden AA_0, BB_0, CC_0; denn dieses sind die Potenzlinien des Kreises O und je eines der Kreise N'_a, N'_b, N'_c. Bedenkt man noch, dass G auch Schwerpunkt des $\triangle N_aN_bN_c$ ist, so ergiebt sich:

Die Gerade $G\mathfrak{N} \equiv GD$ *ist die Eulersche Gerade des* $\triangle N_aN_bN_c$ *und geht durch die beiden Punkte, von denen aus die Neubergschen Kreise unter gleichen Winkeln gesehen werden* (GB).

§ 67. Die Neubergschen Kreise als Örter von Spitzen ähnlicher Aufsatzdreiecke.

1. *Sind* J_a, J_b, J_c *homologe Punkte bezüglich der Seiten* a, b, c *eines* $\triangle ABC$, *so schneiden sich* AJ_a, BJ_b, CJ_c — *abgesehen von dem Falle, wo* J_a, J_b, J_c *den Mittelloten angehören — nur dann in einem Punkte, wenn die Aufsatzdreiecke* J_aBC, J_bCA, J_cAB *dem Urdreiecke gleichwendig gleichbrocardisch sind* (N).

Beweis. Man bezeichne $\angle J_aBC$ mit λ, $\angle J_aCB$ mit μ, $\angle BJ_aC$ mit ν. Ferner seien e_a, e_b, e_c die Entfernungen des fraglichen Schnittpunktes der Geraden AJ_a, BJ_b, CJ_c von den Seiten des $\triangle ABC$; dieselben sind positiv oder negativ zu rechnen, je nachdem sie mit $\triangle ABC$ auf einerlei Seite der betreffenden Dreiecksseite liegen oder nicht. Man hat dann, wenn die Dreiecke nach innen errichtet sind,

$$\begin{aligned} e_b : e_c &= CJ_a \sin(\gamma-\mu) : BJ_a \sin(\beta-\lambda) \\ &= \sin\lambda \sin(\gamma-\mu) : \sin\mu \sin(\beta-\lambda) \\ &= \sin\gamma(\cot\mu-\cot\gamma) : \sin\beta(\cot\lambda-\cot\beta). \end{aligned}$$

Entsprechende Werte ergeben sich für die Verhältnisse $e_c : e_a$, $e_a : e_b$.

Multiplikation führt dann zur Bedingungsgleichung

$$(\cot\lambda-\cot\alpha)(\cot\lambda-\cot\beta)(\cot\lambda-\cot\gamma)$$
$$=(\cot\mu-\cot\alpha)(\cot\mu-\cot\beta)(\cot\mu-\cot\gamma).$$

Die Gleichung

$$(x-a)(x-b)(x-c)=(y-a)(y-b)(y-c)$$

lässt folgende Umformungen zu

$$x^3-y^3-(x^2-y^2)(a+b+c)+(x-y)(bc+ca+ab)=0;$$
$$(x-y)[x^2+xy+y^2-(x+y)(a+b+c)+bc+ca+ab]=0.$$

Man genügt dieser Gleichung mit $x-y=0$, $\cot\lambda=\cot\mu$ — dies ist der Fall des § 42 —; oder es ist, weil gegenwärtig

$$a+b+c=\cot\omega,\quad bc+ca+ab=1$$

ist,

$$\cot\lambda^2+\cot\lambda\cot\mu+\cot\mu^2-(\cot\lambda+\cot\mu)\cot\omega+1=0.$$

Wird zu dieser Bedingungsgleichung die Identität

$$\cot\lambda\cot\mu+\cot\lambda\cot\nu+\cot\mu\cot\nu-1=0$$

addiert, so ergiebt sich

$$(\cot\lambda+\cot\mu)^2+(\cot\lambda+\cot\mu)(\cot\nu-\cot\omega)=0,$$
$$(\cot\lambda+\cot\mu)(\cot\lambda+\cot\mu+\cot\nu-\cot\omega)=0.$$

Der zweite Faktor, welcher lediglich in Betracht kommt, lässt erkennen, dass das Aufsatzdreieck dem Urdreiecke gleichbrocardisch sein muss.

Wollte man die Dreiecke über den Seiten des $\triangle$ ABC nach aussen errichten, so würde sich neben $\cot\lambda=\cot\mu$ ergeben:

$$(\cot\lambda+\cot\mu)(\cot\lambda+\cot\mu+\cot\nu+\cot\omega)=0,$$

welcher Gleichung nicht genügt werden kann.

Durch vorstehendes Ergebnis gewinnen die Neubergschen Kreise erhöhte Bedeutung; dieselben sind die Örter der Spitzen gleichwendig ähnlicher über den Seiten eines $\triangle$ ABC *errichteter Dreiecke* J_aBC, J_bCA, J_cAB *für den Fall, dass* AJ_a, BJ_b, CJ_c *nach einem gemeinsamen Punkte hinzielen.*

2. *Welches ist der Ort des Schnittpunktes der Geraden* AJ_a, BJ_b, CJ_c? Aus der vorhergehenden No. folgt

$$e_b(\sin\beta\cot\lambda - \cos\beta) = e_c(\sin\gamma\cot\mu - \cos\gamma),$$
$$e_c(\sin\gamma\cot\lambda - \cos\gamma) = e_a(\sin\alpha\cot\mu - \cos\alpha),$$
$$e_a(\sin\alpha\cot\lambda - \cos\alpha) = e_b(\sin\beta\cot\mu - \cos\beta);$$

daraus durch Addition

$$(e_a\sin\alpha + e_b\sin\beta + e_c\sin\gamma)(\cot\lambda - \cot\mu) = 0,$$
$$e_a\sin\alpha + e_b\sin\beta + e_c\sin\gamma = 0,$$
$$ae_a + be_b + ce_c = 0.$$

Nun stellt aber $ae_a + be_b + ce_c$ die doppelte Fläche des $\triangle$ ABC dar. Wenn dieser Ausdruck verschwinden soll, so ist dies nur dadurch möglich, dass der Ausgangspunkt von e_a, e_b, e_c im Unendlichen liegt. *Die Geraden* AJ_a, BJ_b, CJ_c *sind also parallel, und ihr Schnittpunkt durchläuft die unendlich ferne Gerade* (N).

In der That, schneidet (Fig. 46) BC den Kreis N_b in B_1 und

Fig. 46.

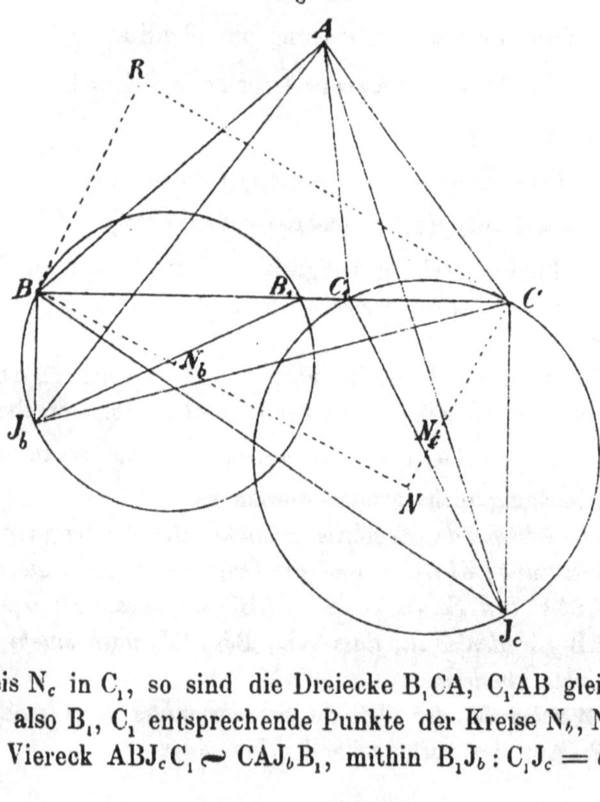

den Kreis N_c in C_1, so sind die Dreiecke B_1CA, C_1AB gleichwendig ähnlich, also B_1, C_1 entsprechende Punkte der Kreise N_b, N_c. Folglich ist Viereck $ABJ_cC_1 \sim CAJ_bB_1$, mithin $B_1J_b : C_1J_c = b : c$. Da die Radien von N_b, N_c sich ebenfalls wie $b:c$ verhalten, so sind die Winkel (BC, BJ_b) und (BC, CJ_c) gleich, und deshalb $BJ_b \parallel CJ_c$.

3. *Auf den Seiten eines* △ ABC *als Grundlinien errichtet man ähnliche gleichschenklige Dreiecke mit den Spitzen* A_i, B_i, C_i. *Unter welcher Bedingung sind die Geraden* AA_i, BB_i, CC_i *parallel?*

Aus No. 2 folgt, dass die Dreiecke BCA_i, CAB_i, ABC_i dem Urdreiecke gleichbrocardisch und auf den Seiten nach innen hin aufgesetzt sein müssen. *Es sind mithin die Schnittpunkte der Neubergschen Kreise mit den Mittelloten der zugehörigen Seiten die Spitzen der gesuchten Dreiecke.* Die Basiswinkel sind $90^\circ - \frac{1}{2}\delta_1$, $90^\circ - \frac{1}{2}\delta_2$, wo δ_1, δ_2 die beiden hohlen Winkel bezeichnen, welche der Gleichung $\sin(\delta + \omega) = 2 \sin \omega$ Genüge leisten.

4. *Die Geraden* An_a, Bn_b, Cn_c; An'_a, Bn'_b, Cn'_c *bestimmen zwei zu einander senkrechte Richtungen, zwei Punkte der unendlich fernen Geraden, deren Winkelgegenpunkte einerseits auf der Peripherie des Umkreises, andrerseits auf der Geraden* OK *gelegen sind; es sind das also die Schnittpunkte* v_1, v_2 *der Richtungen* OK *und* KO *mit dem Umkreise.* Gemäss § 54, 4 ergiebt sich

$$\angle K\Omega v_1 = 90^\circ - \tfrac{1}{2}\delta_2, \quad \angle K\Omega v_2 = 90^\circ + \tfrac{1}{2}\delta_1.$$

So findet sich, dass der durch K gelegte Durchmesser des Umkreises von den Brocardschen Punkten aus unter dem Winkel $180^\circ - \frac{1}{2}(\delta_2 - \delta_1)$ erscheint (Eh).

§ 68. Homologe Punkte in gerader Linie.

1. *Errichtet man über den Seiten eines* △ ABC *nach innen gleichwendig ähnliche Dreiecke* BCJ_a, CAJ_b, ABJ_c, *die dem Urdreiecke gleichbrocardisch sind, so liegen deren Schwerpunkte in einer Geraden, die auch durch den Schwerpunkt des* △ ABC *geht* (N).

Beweis. Nach § 67, 2 sind AJ_a, BJ_b, CJ_c parallel. Eine Parallele durch G zu diesen Geraden teilt daher die Mittellinien J_aO_a, J_bO_b, J_cO_c im Verhältnisse $2:1$, enthält also die Schwerpunkte S_a, S_b, S_c. — Die Punkte S_a, S_b, S_c sind als solche aufzufassen, welche bezüglich der Seiten des △ ABC gleichartig und überdies in gerader Linie liegen.

2. *Die Eigenschaft der Geraden* $S_aS_bS_c$, *durch den Schwerpunkt des* △ ABC *zu gehen, ist ein besonderer Fall des in* § 43, 5

bewiesenen Satzes. Ein anderer Beweis desselben, der dem des Satzes 1 ibid. nachgebildet ist, möge hier noch Platz finden.

Fig. 47.

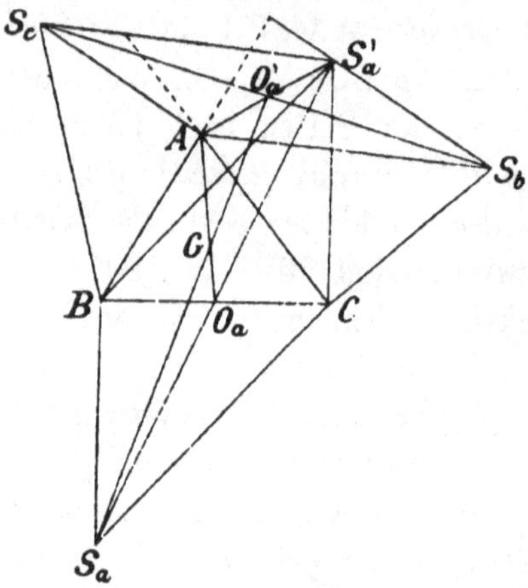

Man ziehe (Fig. 47) durch B und C Parallelen zu CS_a, BS_a, welche sich in S'_a schneiden. Aus der Ähnlichkeit der Dreiecke ACS_b, BCS'_a folgt

$$\angle S'_aCS_b = BCA,$$

$$S'_aC : S_bC = BC : AC;$$

mithin sind auch die Dreiecke $S_bS'_aC$, ABC ähnlich. Ein Gleiches gilt von den Dreiecken $S_cBS'_a$ und ABC. Mit Hülfe von Kreisvierecken ist dann zu zeigen, dass $S_bS'_a \parallel AS_c$, $S_cS'_a \parallel AS_b$, $AS_bS'_aS_c$ ein Parallelogramm ist. Ist O'_a der Mittelpunkt dieses Parallelogramms, so ist $S_aO'_a$ eine Mittellinie des $\triangle S_aAS'_a$. Eine zweite Mittellinie dieses Dreiecks ist AO_a. Somit schneiden sich AO_a, $S_aO'_a$ im Verhältnisse 2 : 1. Diese Geraden sind aber auch Mittellinien der Dreiecke ABC, $S_aS_bS_c$; ihr Schnittpunkt ist daher zugleich der Schwerpunkt dieser Dreiecke.

Zusatz. Liegen drei bezüglich der Seiten eines $\triangle$ ABC *homologe Punkte* S_a, S_b, S_c *in einer Geraden, so geht diese durch den Schwerpunkt des* $\triangle$ ABC.

Der direkte Beweis dieses Satzes ist nicht ohne Interesse.

§ 69. Die McCayschen Kreise.

1. *Die Örter der Punkte* S_a, S_b, S_c *des vorigen § sind Kreise, deren Mittelpunkte* (Fig. 48) M_a, M_b, M_c *die Geraden* N_aO_a, N_bO_b, N_cO_c *im Verhältnisse* 2 : 1 *teilen und deren Radien die dritten Teile der Radien der entsprechenden Neubergschen Kreise sind; diese Kreise schneiden sich im Schwerpunkte* G (N). Sie heissen die *McCayschen Kreise* des $\triangle$ ABC. *Ein McCayscher Kreis und der entsprechende Neubergsche Kreis haben die entsprechende Seitenmitte zum*

äusseren Ähnlichkeitspunkte. Der Radius des Kreises M_a *ist gleich* $\frac{1}{6}a\sqrt{\cot\omega^2-3}$, *die Entfernung seines Mittelpunktes von der Seite* BC *ist gleich* $\frac{1}{6}a\cot\omega$, *also* $\operatorname{tg} M_aBC = \frac{1}{3}\cot\omega$.

Fig. 48.

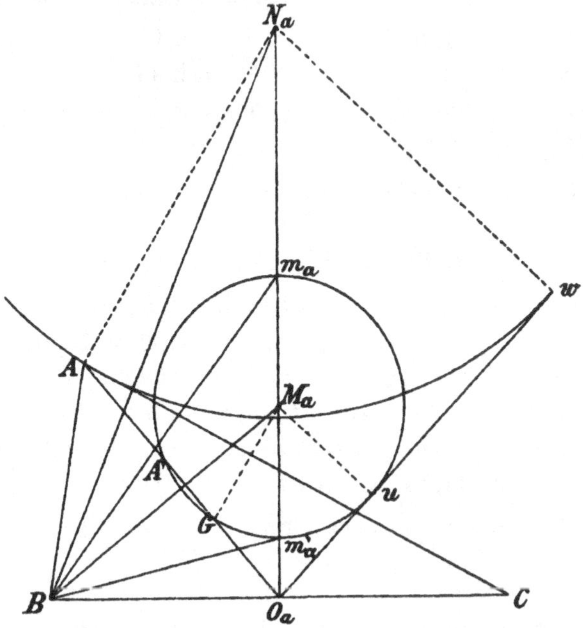

2. *Ein Kreis um* O_a *als Zentrum durch die Mittelpunkte der gleichseitigen Dreiecke über* BC *schneidet Kreis* M_a *rechtwinklig* (Mc). — Zum Beweise beachte man die entsprechende Eigenschaft der Neubergschen Kreise (§ 63, 2). — Die erwähnten Mittelpunkte sind die Punktkreise des Büschels, dem M_a angehört.

3. *Die Kreise* M_a *und* N_a *haben mit dem Kreise über* BC *als Durchmesser die Potenzlinie gemeinsam* (Cy).

Beweis. Ist $O_a uw$ eine Tangente an die Kreise M_a, N_a und schneidet dieselbe den Kreis um O_a mit $\frac{1}{2}a$ in v_1, v_2, so folgt aus $O_a u . O_a w = \frac{1}{6}a\sqrt{3} . \frac{1}{2}a\sqrt{3} = (\frac{1}{2}a)^2 = O_a v_1^2$, dass uw durch v_1, v_2 harmonisch geteilt wird. Die Mitte X von uw ist nun ein Punkt der Potenzlinie von M_a, N_a, und da $Xv_1 . Xv_2 = Xu^2 = Xw^2$ ist, so hat X gleiche Potenzen in Bezug auf die drei Kreise.

4. *Die Tangenten in* G *an* M_a, M_b, M_c *schneiden sich unter den Winkeln* α, β, γ (Mc). — Denn dieselben sind parallel den Geraden AR, BR, CR oder auch den Seiten des ersten Brocardschen Dreiecks.

5. $\triangle M_aM_bM_c$ *ist ähnlich dem Mittelliniendreieck von* ABC (Mc).

Beweis. $M_bG \perp A_1C_1$ und $= \lambda b$, $M_cG \perp A_1B_1$ und $= \lambda c$; folglich ist $\angle M_bGM_c = 180^0 - \alpha$, da G innerhalb des $\angle B_1A_1C_1$ liegt. Ferner ist nun $M_bM_c = \lambda g_a$ und, wie ebenso zu beweisen, $M_cM_a = \lambda g_b$ und $M_aM_b = \lambda g_c$.

6. *Ist* m_a *der höchste,* m'_a *der tiefste Punkt des Kreises* M_a, *so ist*

$$\angle m_aBC = \tfrac{1}{2}\delta_2, \quad \angle m'_aBC = \tfrac{1}{2}\delta_1.$$

Beweis. $\operatorname{tg} m_aBC = m_aO_a : BO_a = \frac{1}{3}n_aO_a : \frac{1}{2}a = \frac{1}{3}\operatorname{tg}(90^0 - \frac{1}{2}\delta_1) = \frac{1}{3}\cot\frac{1}{2}\delta_1 = \operatorname{tg}\frac{1}{2}\delta_2$ (§ 10, 4c), also $\angle m_aBC = \frac{1}{2}\delta_2$ etc. *Wählt man also die Winkel* $\frac{1}{2}\delta_1$, $\frac{1}{2}\delta_2$ *zu Basiswinkeln gleichschenkliger über den Seiten nach innen gelegener Aufsatzdreiecke, so liegen deren Spitzen in einer Geraden* (Br). — An diese Bemerkung knüpfen die Untersuchungen des folgenden § an.

7. *Die Geraden* $m_am_bm_c$, $m'_am'_bm'_c$ *stehen aufeinander senkrecht.* — Denn $\angle m_aGm'_a = R$ etc.

§ 70. Der Inhalt und der Brocardsche Winkel des $\triangle A_iB_iC_i$.

1. *Der Inhalt des* $\triangle A_iB_iC_i$, *dessen Ecken die Spitzen gleichschenkliger über den Seiten eines* $\triangle$ ABC *errichteter Dreiecke vom Basiswinkel* φ *sind, ist gleich* $\pm\dfrac{2\sin\omega - \sin(2\varphi+\omega)}{4\cos\varphi^2\sin\omega}\triangle$, wo φ positiv oder negativ zu rechnen ist, je nachdem die Dreiecke nach innen oder nach aussen aufgesetzt sind, und wo das Plus- oder Minuszeichen gilt, je nachdem $\triangle A_iB_iC_i$ und $\triangle$ ABC gleich- oder ungleichwendig sind (F).

Beweis.

$$\pm\triangle A_iB_iC_i = \triangle - \Sigma BCA_i - \Sigma AB_iC_i;$$

$$\Sigma BCA_i = \Sigma\frac{a^2}{4}\operatorname{tg}\varphi = \triangle\cot\omega\operatorname{tg}\varphi = \frac{\triangle}{4\cos\varphi^2}\cdot 2\cot\omega\sin 2\varphi,$$

$$\Sigma AB_iC_i = \Sigma \frac{bc}{8\cos\varphi^2}\sin(\alpha-2\varphi) = \Sigma\frac{abc}{16r\cos\varphi^2}\cdot\frac{\sin(\alpha-2\varphi)}{\sin\alpha} =$$
$$\frac{\triangle}{4\cos\varphi^2}(3\cos 2\varphi - \cot\omega\sin 2\varphi).$$

Also wird

$$\pm\triangle A_iB_iC_i = \triangle - \frac{\triangle}{4\cos\varphi^2}(\cot\omega\sin 2\varphi + 3\cos 2\varphi)$$
$$= \frac{\triangle}{4\cos\varphi^2}(2-\cos 2\varphi - \cot\omega\sin 2\varphi)$$
$$= \frac{2\sin\omega - \sin(2\varphi+\omega)}{4\cos\varphi^2\sin\omega}\triangle.$$

Hieraus folgt, in Übereinstimmung mit vorigem §, dass der Inhalt des $\triangle A_iB_iC_i$ verschwindet, wenn der Basiswinkel φ der Gleichung $\sin(2\varphi+\omega) = 2\sin\omega$ genügt, wenn also $\varphi = \frac{1}{2}\delta_1$ oder $= \frac{1}{2}\delta_2$ ist. So lange φ zwischen diesen Grenzen liegt, sind die Dreiecke $A_iB_iC_i$ dem $\triangle ABC$ ungleichwendig, gleichwendig jedoch jenseits dieser Grenzen. Dem Werte $\varphi = 0$ entspricht das Mittendreieck $G_\alpha G_\beta G_\gamma$.

2. Führt man unter Benutzung der Identitäten

$$\frac{\cos 2\varphi}{\cos\varphi^2} = 1-\mathrm{tg}\,\varphi^2, \quad \frac{\sin 2\varphi}{\cos\varphi^2} = 2\,\mathrm{tg}\,\varphi, \quad \frac{1}{\cos\varphi^2} = 1+\mathrm{tg}\,\varphi^2$$

$\mathrm{tg}\,\varphi$ in obigem Ausdrucke ein, so ergiebt sich

$$\pm\triangle A_iB_iC_i = \frac{\triangle}{4}(2+2\,\mathrm{tg}\,\varphi^2 - 1 + \mathrm{tg}\,\varphi^2 - 2\cot\omega\,\mathrm{tg}\,\varphi)$$
$$= \frac{\triangle}{4}(3\,\mathrm{tg}\,\varphi^2 - 2\cot\omega\,\mathrm{tg}\,\varphi + 1)$$
$$= \tfrac{3}{4}\triangle[(\mathrm{tg}\,\varphi - \tfrac{1}{3}\cot\omega)^2 - \tfrac{1}{9}(\cot\omega^2 - 3)].$$

Diese Form zeigt, dass es unter den ungleichwendigen Dreiecken ein *grösstes* giebt entsprechend dem Werte $\mathrm{tg}\,\varphi = \frac{1}{3}\cot\omega$ (F). *Dieses Dreieck ist das Mittelpunktsdreieck der McCayschen Kreise* (EH); *sein Inhalt ist gleich* $\frac{1}{12}\triangle(\cot\omega^2-3)$.

3. $$B_iC_i^2 = \frac{1}{4\cos\varphi^2}[b^2+c^2-2bc\cos(\alpha-2\varphi)],$$
$$C_iA_i^2 = \frac{1}{4\cos\varphi^2}[c^2+a^2-2ca\cos(\beta-2\varphi)],$$
$$A_iB_i^2 = \frac{1}{4\cos\varphi^2}[a^2+b^2-2ab\cos(\gamma-2\varphi)].$$

Unter welcher Bedingung ist $\triangle A_iB_iC_i$ gleichseitig? Durch leichte Rechnung findet man $\varphi = \pm 30^0$ (vergl. § 52, 2b). Die Inhalte der entsprechenden Dreiecke sind

$$\tfrac{1}{2}\triangle(\cot 60^0 \cot\omega - 1), \quad \tfrac{1}{2}\triangle(\cot 60^0 \cot\omega + 1);$$

ihre Differenz ist also gleich dem Grunddreiecke, ihre Summe gleich $\triangle \cot 60^0 \cot\omega$.

4. *Die Quadratsumme der Seiten des $\triangle A_iB_iC_i$ ist gleich*

$$\triangle \cot\omega(3\operatorname{tg}\varphi^2 - 6\operatorname{tg}\omega\operatorname{tg}\varphi + 1).$$

Beweis.

$$\begin{aligned}\Sigma B_iC_i^2 &= \frac{1}{4\cos\varphi^2}\left[2\Sigma a^2 - \frac{2abc}{2r}\Sigma\frac{\cos(\alpha-2\varphi)}{\sin\alpha}\right]\\ &= \frac{1}{4\cos\varphi^2}[8\triangle\cot\omega - 4\triangle(\cot\omega\cos 2\varphi + 3\sin 2\varphi)]\\ &= \frac{\triangle\cot\omega}{\cos\varphi^2}(2-\cos 2\varphi - 3\operatorname{tg}\omega\sin 2\varphi)\\ &= \triangle\cot\omega(3\operatorname{tg}\varphi^2 - 6\operatorname{tg}\omega\operatorname{tg}\varphi + 1).\end{aligned}$$

5. Mit den für $\triangle A_iB_iC_i$ und $\Sigma B_iC_i^2$ berechneten Werten lässt sich der Brocardsche Winkel des $\triangle A_iB_iC_i$ darstellen. *Als Bedingung der Symbrocardie des $\triangle A_iB_iC_i$ mit dem Urdreiecke ergiebt sich*

a) *für gleichwendige Dreiecke:*

$$6\operatorname{tg}\omega\operatorname{tg}\varphi = 2\cot\omega\operatorname{tg}\varphi,$$

also entweder $\omega = 30^0$, φ beliebig — es ist klar, dass dann die Dreiecke $A_iB_iC_i$ ebenfalls gleichseitig sind — oder $\varphi = 0$, ω beliebig — der Fall des Mittendreiecks;

b) *für ungleichwendige Dreiecke:*

$$3\operatorname{tg}\varphi^2 - 6\operatorname{tg}\omega\operatorname{tg}\varphi + 1 = -3\operatorname{tg}\varphi^2 + 2\cot\omega\operatorname{tg}\varphi - 1,$$

$$6\operatorname{tg}\varphi^2 - 6\operatorname{tg}\omega\operatorname{tg}\varphi - 2\cot\omega\operatorname{tg}\varphi + 2 = 0,$$

$$(\operatorname{tg}\varphi - \operatorname{tg}\omega)(3\operatorname{tg}\varphi - \cot\omega) = 0;$$

$$\varphi = \omega, \quad \operatorname{tg}\varphi = \tfrac{1}{3}\cot\omega.$$

Dem ersten Falle entspricht das erste Brocardsche Dreieck, das einzige dem Urdreieck ähnliche Dreieck unter den ungleichwendigen Elementen der Schar $A_iB_iC_i$; der andere Fall betrifft unser oben gefundenes Maximaldreieck, das Mittelpunktsdreieck der McCayschen Kreise (Vergl. § 69, 5).

§ 71. Beziehungen des höchsten und tiefsten Punktes des Kreises M_a zu A_1, B und C.

1. *Die Ecken des ersten Brocardschen Dreiecks sind die Pole der Seiten des* $\triangle$ ABC *bezüglich der entsprechenden Mc Cayschen Kreise* (Mc).

Fig. 49.

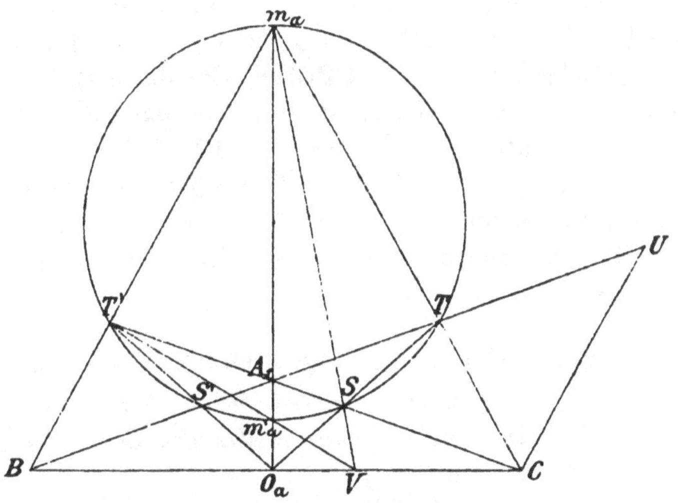

Beweis. $O_aA_1 = \frac{1}{2}a\operatorname{tg}\omega$, $O_aM_a = \frac{1}{6}a\cot\omega$, O_au (Fig. 48) $= \frac{1}{6}a\sqrt{3}$,

$$\text{also } O_aA_1 . O_aM_a = O_au^2.$$

2. *Die Schnittpunkte* T, S' (Fig. 49) *von* BA_1 *mit* Cm_a, Cm'_a, *ebenso die Schnittpunkte* T', S *von* CA_1 *mit* Bm_a, Bm'_a *liegen auf dem Kreise* M_a (Mc).

Beweis. Es lässt sich zeigen, dass TC den Nebenwinkel des $\angle BTO_a$ halbiert. Verlängert man nämlich BT und trifft der Endschenkel des um CT umgelegten $\angle BCT = \frac{1}{2}\delta_2$ die Verlängerung in U, so ist im $\triangle$ BCU $\angle B = \omega$ und $\angle U = 2R-(\omega+\delta_2)$. Aus $\sin(\omega+\delta_2) = 2\sin\omega$ folgt dann: $CU = CO_a$, $\triangle CUT \cong CO_aT$, $\angle CTU = CTO_a$. Da nun der Strahl Tm_a $\angle O_aTU$ halbiert, so steht der konjugierte Strahl $Tm'_a \perp Tm_a$. (m_a, A_1, m'_a, O_a sind vier harmonische Punkte nach 1). Also liegt T auf dem Kreise M_a. Das Übrige wird ähnlich bewiesen.

3. *Das Sechseck* m_aTSm'_aS'T' *hat die Eigenschaft, dass die Hauptdiagonalen durch einen Punkt und jede durch den Schnittpunkt zweier gegenüberliegender Seiten geht* (Mc). — Dass TS, T'S' sich auf BC schneiden, folgt aus dem Pascalschen Satze; aus Gründen der Symmetrie liegt der Schnittpunkt in der Mitte von BC. — $\angle BO_aT = \omega + \delta_2$, $\angle BO_aT' = \omega + \delta_1$.

4 (Mc). m_aS, T'm'_a *schneiden sich auf* BC; denn der Schnittpunkt V liegt auf der Polare von A_1. V *ist der Pol von* A_1B *oder von* S'T. V *teilt* BC *im Verhältnisse* 2 : 1; denn die Diagonale BV des vollständigen Vierseits m_aT'Bm'_aVS wird durch O_a und C harmonisch geteilt. V *ist Mittelpunkt des Kreises durch* S', T, C. Denn BS' : O_aS' $= \sin(\omega+\delta_1) : \sin\omega = 2 : 1$, BT : O_aT $= \sin(\omega+\delta_2) : \sin\omega = 2 : 1$, BC : O_aC $= 2 : 1$; S', T, C liegen also auf dem Kreise, der BO_a harmonisch im Verhältnisse 2 : 1 teilt und den Abstand der Teilpunkte zum Durchmesser hat; der Mittelpunkt dieses Kreises ist aber V.

§ 72. Gegenseitige Beziehungen der McCayschen Kreise.

1. *Die Schnittpunkte je zweier McCayschen Kreise sind die Doppelpunkte gleichwendig ähnlicher über den Seiten des* △ ABC *errichteter Figuren* (Mc).

Beweis. Ist A'' (Fig. 50) der Schnittpunkt der Kreise M_b, M_c, so trifft die Gerade GA'' die Kreise M_b, M_c in homologen Punkten, womit die Behauptung bewiesen ist. — Ist A''' die Spitze des über BC errichteten und den Dreiecken A''AB, A''CA gleichwendig ähnlichen Dreiecks, so liegen A'', A''', G nach § 68, 2 Zus. in einer Geraden. Dabei ist A''' der Schnittpunkt von A''G mit dem Kreise M_a, und es ist GA''' = 2GA'', weil G der Schwerpunkt von A'', A'' und A''' ist. Wir finden hier also den Satz § 44, 3 wieder.

2. *Das Stück einer Tangente an einen McCayschen Kreis im Punkte* G, *welches durch die beiden anderen Kreise begrenzt wird, wird im Berührungspunkte halbiert* (Mc).

Beweis. Fällt S_a auf G, so ist S_bS_c Tangente an M_a und G der Schwerpunkt, also die Mitte von S_bS_c.

3. *Die Schnittpunkte* A', B', C' *je zweier eine Seite des* △ ABC *in ihren Endpunkten berührenden Beikreise liegen auf den bezüglichen McCayschen Kreisen.*

Fig. 50.

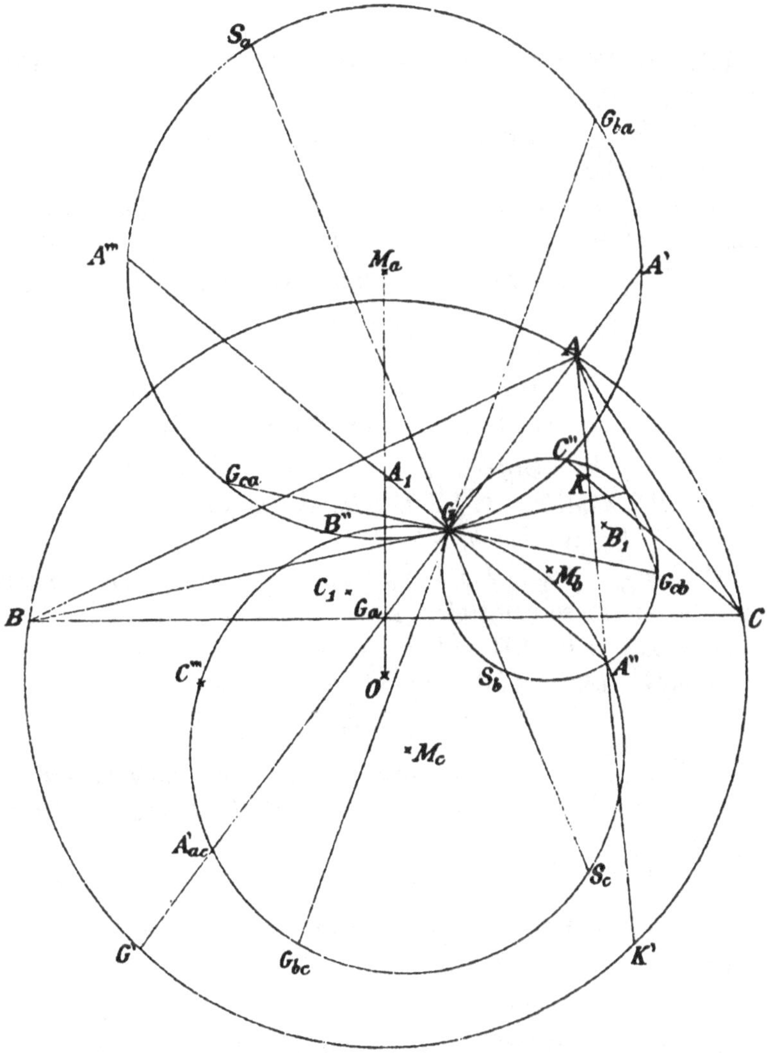

Beweis. Nach § 37, 3 ist A′ der Endpunkt der Verlängerung von $G'G_a$ um sich selbst. Aus § 69, 1 ergiebt sich für die Potenz von G_a bezüglich M_a der Wert $\frac{1}{12}a^2 = \frac{1}{3}G_aB.G_aC = \frac{1}{3}G_aG'.G_aA = G_aA'.G_aG$. Da nun G der eine Schnittpunkt von AG_a mit M_a ist, so ist A′ der andere.

4. *Die dem Punkte A' entsprechenden Punkte* A'_{ab}, A'_{ac} *) *auf* M_b *und* M_c *sind die Schnittpunkte der Kreise* CG_aG_β, BG_aG_γ *mit* AG.

Beweis. Schneidet Kreis CG_aG_β die AG in Y, so ist $\angle YCA = YG_aG_\beta = YAB = G'CB = A'BC$, $\angle YAC = G'BC = A'CB$. Also ist $\triangle YCA \sim A'BC$ d. h. Y ist in einer Figur über b derjenige Punkt, welcher dem Punkte A' in einer ähnlichen Figur über a entspricht.

5 (Mc). *Der Kreis* M_a *geht durch die sieben ausgezeichneten Punkte* G, A', B'', C''', A''', G_{ba} *und* G_{ca}. *Hierbei liegen die Punkte* A' *und* G_{ba} *mit der Ecke* C *in einer Geraden, weil* $\angle A'CB = G_{ba}CB$ *ist.*

§ 73. Dreiecke, deren Ecken homologe Punkte bezüglich der drei Seiten eines Dreiecks sind.

1. *Aufgabe. Gegeben* $\triangle$ ABC *und* $\triangle$ LMN. *Man soll ein dem* $\triangle$ LMN *ähnliches* $\triangle J_aJ_bJ_c$ *zeichnen, so dass* J_a, J_b, J_c *homologe Punkte bezüglich* a, b, c *sind* (Mc).

Auflösung. Da $\triangle J_aJ_bJ_c$ mit ABC den Schwerpunkt gemeinsam haben muss, so konstruiere man den Schwerpunkt des $\triangle$ LMN, wodurch $J_aG : J_bG : J_cG = l : m : n$ erhalten wird, unter G den Schwerpunkt des $\triangle$ ABC verstanden. Nun ist

$$GJ_a : G_{ac}J_c = a : c,$$

folglich $G_{ac}J_c : GJ_c$ bekannt, also der eine Ort für J_c ein Kreis. Ferner ist durch $G_{bc}J_c : GJ_c$ ein zweiter Ort für J_c gegeben, somit J_c zweideutig bestimmt.

2. Ist $\triangle J_aJ_bJ_c$ *gleichschenklig mit der Spitze* J_a, so ist

$$G_{ca}J_a : GJ_c = a : c, \quad G_{ba}J_a : GJ_b = a : b, \quad GJ_b = GJ_c,$$

folglich
$$G_{ca}J_a : G_{ba}J_a = b : c$$

d. h. *der Ort eines Punktes, der von seinen beiden entsprechenden immer gleichweit entfernt ist, ist ein Kreis* (Mc). Dieser Kreis heisse μ_a.

3. *Auf dem Kreise* μ_a *liegen* 1) *die Zentren der beiden gleichseitigen Dreiecke über und unter der Grundlinie* BC (§ 52, 2b); μ_a

---

*) P_{ab} bezeichnet denjenigen Punkt, welcher in einer Figur über b dem Punkte P in einer gleichwendig ähnlichen Figur über a entspricht.

liegt also auf BC, 2) *der Schwerpunkt* G; denn wenn J_a auf G fällt, ist nach § 72, 2 G die Mitte von J_bJ_c, 3) *der Punkt* A'''; denn die dem Punkte A''' entsprechenden Punkte vereinigen sich in A'' (Mc).

4. *Die Kreise* M_a *und* μ_a *schneiden sich rechtwinklig in* G *und* A''' (Mc).

Beweis. Die Mittelpunkte der gleichseitigen Dreiecke sind die Punktkreise für M_a und die Gerade BC; da μ_a durch diese Mittelpunkte geht, so schneiden sich die Kreise rechtwinklig. μ_a ist also der Pol von GA''' bezüglich des Kreises M_a. μ_a teilt $G_{ba}G_{ca}$ im Verhältnisse $b^2 : c^2$.

5. *Ist das Verhältnis zweier Seiten des* $\triangle J_aJ_bJ_c$, *etwa* $J_aJ_c : J_aJ_b = \lambda$, *gegeben, so ist der Ort des Punktes* J_a *ebenfalls ein Kreis; variiert* λ, *so bilden die Örter für* J_a *ein Büschel. Auch* J_b *und* J_c *beschreiben Kreise* (Cy).

Beweis (Mc). $\triangle$ A''J_bJ_c $\sim$ A''AB (folgt aus der Ähnlichkeit der Vierecke A''CJ_bA, A''AJ_cB), also von fester Form; ebenso $\triangle$ B''J_cJ_a, C''J_aJ_b. Es sind daher die Verhältnisse B''J_a : J_aJ_c, C''J_a : J_aJ_b und mit λ auch das Verhältnis B''J_a : C''J_a bestimmt. Hiernach beschreibt J_a einen Kreis, dessen Mittelpunkt auf B''C'' liegt und dessen Peripherie B''C'' nach gegebenem Verhältnisse teilt.

Da die Verhältnisse C''J_b : J_aJ_b, J_aJ_b : J_aJ_c, J_aJ_c : B''J_a, B''J_a : B'''J_b gegeben sind, so erhält man als Ort des Punktes J_b einen Kreis, dessen Peripherie die Strecke B'''C'' harmonisch teilt. In analoger Beziehung steht dann J_c zu C''' und A''.

Zusatz. B''C'' *geht durch den Schnittpunkt* μ_a *von* $G_{ba}G_{ca}$ *und* BC (Mc).

6. *Ist ein Winkel des* $\triangle J_aJ_bJ_c$, *etwa* J_a, *gegeben, so ist der Ort des Punktes* J_a *ein Kreis durch* B'', C''; *auch* J_b *und* J_c *beschreiben Kreise* (Cy).

Beweis (Mc). $\angle$ B''J_aC'' $= J_a \mp ($B''$J_aJ_c +$ C''$J_aJ_b) = J_a \mp$ (KBA + KCA) $= J_a \mp$ (GBC + GCB) $= J_a \mp \alpha_0$, womit der erste Teil der Behauptung bewiesen und erweitert ist. — Da ferner $\angle$ B''J_aC'' = B'''J_bC'' = B''J_cC''' ist, so beschreiben J_b, J_c Kreise durch B''', C'' resp. B'', C''' mit dem Peripheriewinkel $J_a - \alpha_0$ oder $J_a + \alpha_0$.

Besondere Fälle. a) $J_a = 180^0$. Es ist $\angle$ B''GC'' $= B_1GC_1$

$= BGC = 180^\circ - \alpha_0$; somit fällt der Ortskreis für J_a zusammen mit dem Kreise M_a, wie auch aus früherem unmittelbar erhellet.

b) $J_a = \alpha$. Der eine Teil des Ortes ist der Brocardsche Kreis, der andere Teil ist der Kreis durch B'', C'', O_a (Mc). Es folgt dies aus den Beziehungen:

$$\begin{aligned} B''A_1C'' &= B_1A_1C_1 + B_1A_1C'' + C_1A_1B'' = \alpha + B_1C_1G + C_1B_1G \\ &= \alpha + \alpha_0; \\ B''O_aC'' &= 180^\circ - (B''O_aB + C''O_aC) = 180^\circ - (K'_\beta CB + K'_\gamma BC) \\ &= 180^\circ - (\gamma + K'_\beta CA + \beta + K'_\gamma BA) = \alpha - (GBC + GCB) \\ &= \alpha - \alpha_0. \end{aligned}$$

7. *Ist der Inhalt des* $\triangle J_aJ_bJ_c$ *gegeben, so bewegen sich seine Ecken auf drei Kreisen, welche den bezüglichen McCayschen Kreisen konzentrisch sind* (Cy).

Beweis (Mc). Aus $J_aJ_c . J_aJ_b . \sin J_a = \text{const.}$ folgt $J_aB''. J_aC''. \sin(B''J_aC'' \pm \alpha_0) = \text{const.}$ Schneidet nun J_aB'' den Kreis M_a in D, so ergiebt sich aus dem $\triangle J_aC''D$

$$J_aC'' : J_aD = \sin\alpha_0 : \sin(B''J_aC'' \pm \alpha_0).$$

Der Ausdruck, welcher konstant bleibt, gewinnt daher die Form

$$J_aB''. J_aD . \sin\alpha_0,$$

ist also gleich dem Produkte aus der Potenz des Punktes J_a bezüglich des Kreises M_a und dem konstanten Faktor $\sin\alpha_0$. Mithin besteht der Ort des Punktes J_a aus zwei dem Kreise M_a konzentrischen Kreisen, für deren Punkte die Potenzen in Bezug auf jenen gleichwertig sind.

Versteht man unter P *die Potenz des Punktes* J_a *in Bezug auf Kreis* M_a *und unter* λ *eine Konstante, so ist also allgemein*

$$\triangle J_aJ_bJ_c = P . \lambda.$$

Zur Ermittlung von λ wählen wir das spezielle hierhergehörige $\triangle O_aO_bO_c$. Für dasselbe ist $P = \frac{1}{12}a^2$ (§ 69); aus $\frac{1}{4}\triangle = \frac{1}{12}a^2\lambda$ folgt dann $\lambda = \dfrac{3\triangle}{a^2}$ und *somit für den Inhalt eines jeden der Dreiecke* $J_aJ_bJ_c$

$$\frac{3P}{a^2} . \triangle.$$

8. *Ist eine Seite des* $\triangle J_a J_b J_c$, *etwa* $J_b J_c$, *gegeben, so beschreiben* J_b, J_c *Kreise um* A″ *als Mittelpunkt*, J_a *bewegt sich auf einem Kreise mit dem Mittelpunkte* A‴ (Mc).

Beweis. Die Gestalt des $\triangle A'' J_b J_c$ ist fest, ferner verhält sich $J_a A''' : J_b A'' = a : b$.

Zusatz. $J_b J_c = \frac{2 g_a}{a} \cdot J_a A'''$, $J_c J_a = \frac{2 g_b}{b} \cdot J_b B'''$, $J_a J_b = \frac{2 g_c}{c} \cdot J_c C'''$ (Mc). — Denn $J_b J_c : J_b A'' = c : AA''$, $J_b A'' : J_a A''' = b : a$, $AA'' = \frac{bc}{2 g_a}$ (§ 38, 8). —

Noch manche andere Fragen lassen sich mit den hier behandelten in Zusammenhang bringen. Casey fand, dass die Örter der Punkte J_a, J_b, J_c auch dann Kreise sind, wenn Tangenten von irgend zweien der Punkte an einen gegebenen Kreis in einem konstanten Verhältnisse stehen; wenn die Summe der Quadrate der Entfernungen der drei Punkte von gegebenen Punkten oder auch die Summe der Quadrate der Seiten des $\triangle J_a J_b J_c$ (jedes allenfalls noch multipliziert mit einer Konstanten) gegeben ist; endlich, wenn der Brocardsche Winkel des $\triangle J_a J_b J_c$ eine vorgeschriebene Grösse hat. Auch die genauere Untersuchung des Inhaltes und des Brocardschen Winkels des $\triangle J_a J_b J_c$ nach Analogie des § 70 bildet eine weitere dankbare Aufgabe.

Anhang.

Zusammenstellung der Normalkoordinaten der in der Brocardschen Tafel bezeichneten merkwürdigen Punkte des Dreiecks.

Bem. Mit Ausnahme von A_1, B_1, C_1 sind sämtliche Punkte sog. Symmetriepunkte d. h. die zweite und dritte Koordinate ergeben sich aus der ersten durch zyklische Verwechslung, weshalb die Angabe der letzteren genügt. In den Fällen, wo die Moduln nicht Funktionen von r und ω allein sind, wurden dieselben weggelassen; die Berechnung nach Anleitung von § 17 und mit Hülfe von § 11 macht jedoch keine Schwierigkeit, wenn $\sin\alpha \sin\beta \sin\gamma$ oder $\triangle$ als weiteres Bestimmungsstück des Dreiecks hinzugenommen wird.

K (§ 17): $\sin\alpha;\quad m = r\,\mathrm{tg}\,\omega.$

G (§ 17): $\sin\beta\sin\gamma;\quad m = \frac{2}{3}r.$

O (§ 17): $\cos\alpha;\quad m = r.$

H (§ 17): $\cos\beta\cos\gamma;\quad m = 2r.$

F (§ 17): $\cos(\beta-\gamma);\quad m = \frac{1}{2}r.$*)

Ω (§ 17): $\sin\gamma : \sin\beta;\quad m = 2r\sin\omega^2.$

Ω' (§ 17): $\sin\beta : \sin\gamma;\quad m = 2r\sin\omega^2.$

A_1 (§ 40): $\sin\omega,\quad \sin(\gamma-\omega),\quad \sin(\beta-\omega);\quad m = r\sin\alpha : \cos\omega.$

B_1 (§ 40): $\sin(\gamma-\omega),\quad \sin\omega,\quad \sin(\alpha-\omega);\quad m = r\sin\beta : \cos\omega.$

C_1 (§ 40): $\sin(\beta-\omega),\quad \sin(\alpha-\omega),\quad \sin\omega;\quad m = r\sin\gamma : \cos\omega.$

D (§ 41): $\sin(\alpha-\omega)^{-1};\quad m = 2r\sin\omega^3.$

D' (§ 47): $\sin(\alpha-\omega)\quad;\quad m = r\sin\omega : \cos 2\omega.$

S' (§ 46): $\sin(\alpha+\omega)^{-1}.$

S (§ 46): $\sin(\alpha+\omega);\quad m = r\sin\omega.$

Z' (§ 48): $\cos(\alpha-\omega)^{-1}.$

Z (§ 39): $\cos(\alpha-\omega);\quad m = r : 2\cos\omega.$

N (§ 51): $\cos(\alpha+\omega)^{-1}.$

N' (§ 51): $\cos(\alpha+\omega);\quad m = \infty.$

R (§ 51): $\sin\alpha^{-2}\sin(\beta-\gamma)^{-1}.$

R' (§ 51): $\sin\alpha^2\sin(\beta-\gamma);\quad m = \infty.$

H_1 (§ 46): $\dfrac{\mathrm{tg}\,2\omega - \sin 2\alpha}{\sin(\alpha-\omega)};\quad m = r\cos 2\omega : 2\cos\omega.$

E (§ 47): $\dfrac{\sin\omega^2 + \sin(\alpha-\omega)^2}{\sin(\alpha-\omega)};\quad m = 2r\sin\omega^2 : \sin 3\omega.$

Y (§ 56): $\dfrac{2\sin\alpha + \sin(\alpha - 2\omega)}{\sin\alpha^2}.$

---

*) Der Gegenpunkt F' von F (Koordinaten: $\cos(\beta-\gamma)^{-1}$ etc.) ergiebt sich als Schnittpunkt der Geraden, welche die Ecken des $\triangle$ ABC mit den Umkreiszentren der Dreiecke BCO, CAO, ABO verbinden (*Neuberg*, M. 1884, S. 216).

Emmerich die Brocardschen Gebilde.

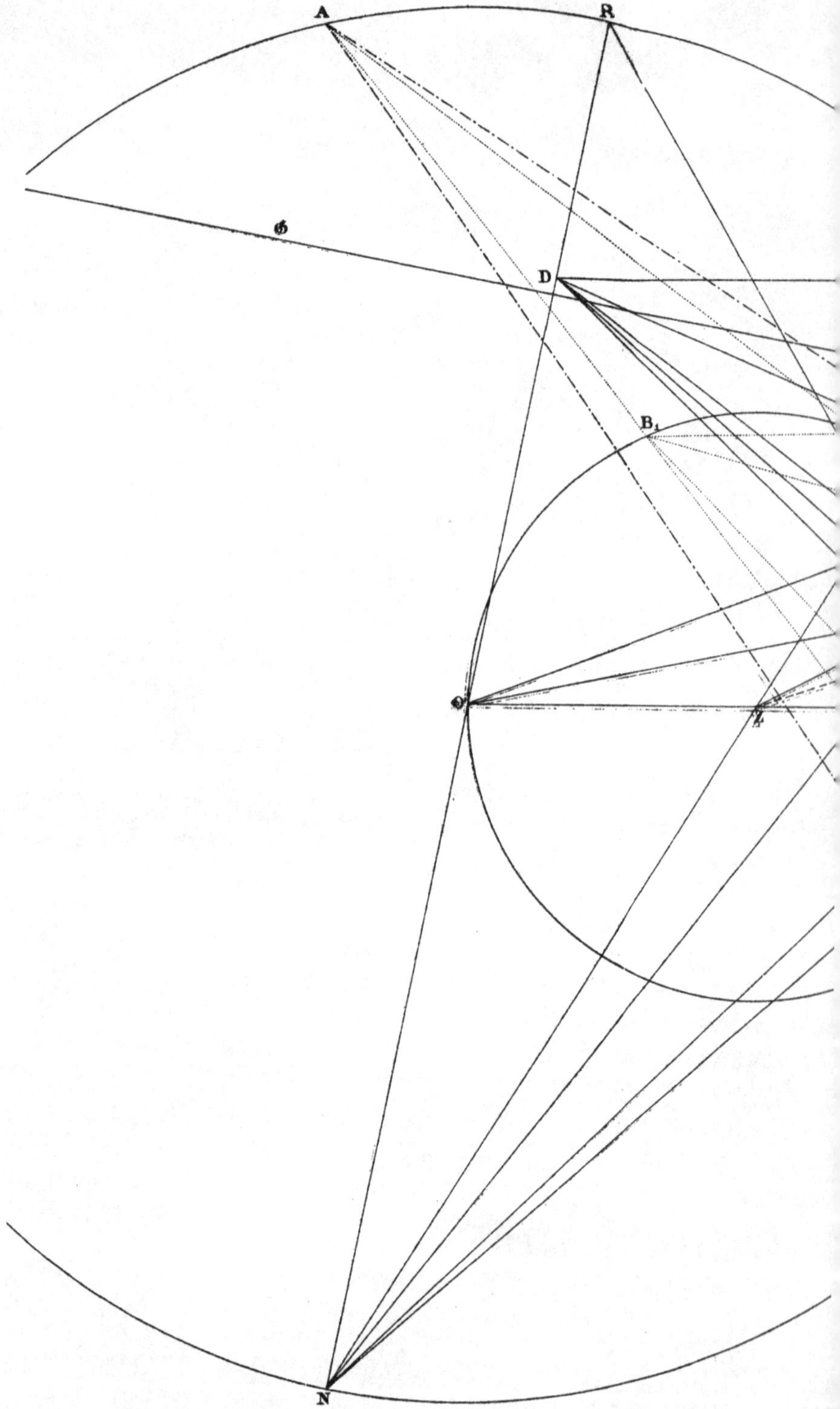

Verlag v. Georg Reimer. Berlin.

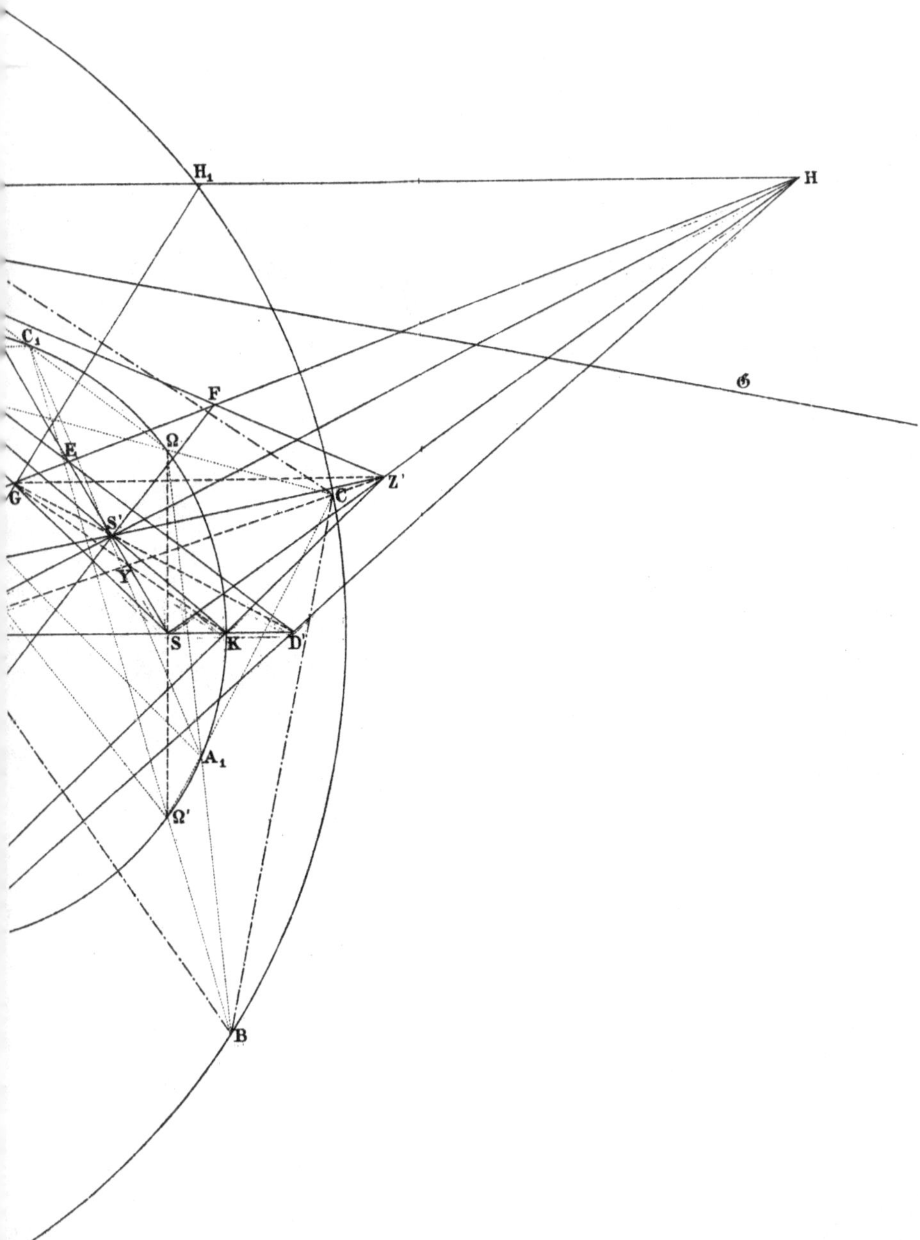

Lith. Anst. v. L. Kraatz, Berlin.